高等职业教育优质校建设轨道交通通信信号技术专业群系列教材

单片机应用技术

（C语言版）（活页式）

主　编◎冯　笑　陈享成
副主编◎陈志红　丁　婷　杨靖雅

西南交通大学出版社
·成都·

图书在版编目（CIP）数据

单片机应用技术：C 语言版：活页式 / 冯笑，陈享成主编. —成都：西南交通大学出版社，2022.8
ISBN 978-7-5643-8753-2

Ⅰ. ①单… Ⅱ. ①冯… ②陈… Ⅲ. ①单片微型计算机 Ⅳ. ①TP368.1

中国版本图书馆 CIP 数据核字（2022）第 110075 号

Danpianji Yingyong Jishu
（C Yuyan Ban）（Huoye Shi）

单片机应用技术
（C 语言版）（活页式）

主　编 / 冯　笑　陈享成	责任编辑 / 李　伟
	封面设计 / 吴　兵

西南交通大学出版社出版发行

（四川省成都市金牛区二环路北一段 111 号西南交通大学创新大厦 21 楼　610031）
发行部电话：028-87600564　028-87600533
网址：http://www.xnjdcbs.com
印刷：四川玖艺呈现印刷有限公司

成品尺寸　　185 mm×260 mm
印张　20　　字数　480 千
版次　2022 年 8 月第 1 版　　印次　2022 年 8 月第 1 次

书号　ISBN 978-7-5643-8753-2
定价　49.80 元

课件咨询电话：028-81435775
图书如有印装质量问题　本社负责退换
版权所有　盗版必究　举报电话：028-87600562

前言 PREFACE

　　郑州铁路职业技术学院"单片机应用技术"课程组在省高等职业学校精品在线开放课程建设项目的基础上，汲取多年教学改革的成果与经验，编写了这本配套教材。本书力求从"教、学、做"一体化出发，以"项目引领、任务驱动"模式引导教与学，体现理论知识和实践能力并重，突出高职教学特色，实现高职单片机课程教学与信息技术的深度融合。本书适合作为高职高专院校机电、电气、电子类专业单片机课程的立体化教材，尤其是面向轨道交通类工科专业，可以作为一门公共技术基础课程教材使用。

　　本书设计总体思路是以突出职业技术技能应用为根本，以技术与能力培养为目标，以项目化教学为方法设计教学情景单元，遵循学生认知规律，强化学生动手实践能力；课程内容采用"项目引领、任务驱动"模式重构教学知识体系，内容由易到难、循序渐进，突出理论与实践相结合，强调"呈现项目结果"，注重培养学生的应用技能和解决问题的实际工作能力；在内容组织形式上以学生为中心，强调学生的主体性学习，学生针对项目任务实现进行相关知识的学习；知识内容以满足项目实现为基本原则。

　　本书主要特色如下：

　　（1）以培养学生的应用技能为主线，适应"教、学、做"一体化教学的需要，符合高职高专课程建设与改革的要求。

　　（2）实施项目教学，设计一系列能力要求不断提升的应用项目，用任务驱动教学的各个环节，生动展现相关知识点。通过对项目分析、设计与实现的过程讲解，使学生边学边做、边做边学，教学做一体，将抽象的知识实物化，激发学生的学习兴趣，培养学生的学习能力。

　　（3）程序设计语言采用 C51 语言编程。以单片机作为学习平台，采用 C 语言编程，将 C 语言学习融合在应用实例中，易教易学；同时辅以汇编语言的基础知识内容，帮助学生理解单片机的内部结构和原理，以及 C51 编程语言的内容。

　　（4）引入仿真工具，拓宽知识和应用。将 Proteus 单片机仿真实验引入教学，虚实结合，打造一个可提高学生应用技能实践的仿真途径。

　　（5）结合实际应用场景开发项目实例，作为单片机课程思政教学设计案例。项目应用案例分基础应用与综合应用两种，其中项目 3 中的模拟地铁行车指示灯设计、项目 9 中的数字测温系统设计的任务扩展部分（模拟车辆轴温报警器设计）为轨道交通应用场景下的开发项目，可以作为轨道交通特色院校单片机课程思政教学设计案例。

（6）引入本校电子设计竞赛项目参考案例，辅助指导学生进行单片机应用技能实践。

（7）力求构建以单片机应用技能为核心的"岗课赛证"融通课程体系。内容以培养单片机开发、硬件电路设计、软硬件调试及软件编程等职业技术技能为基本目标，辅助提高学生技能大赛的单片机应用实践能力，同时可以作为"电子设计工程师""混合集成电路装调工""集成电路开发与测试"等技能认证辅助教材使用。

（8）以内容为核心，形成立体化、移动式教学资源库，实现教育教学与信息技术的深度融合。基于精品在线开放课程建设项目的丰富教学资源，本书形成了包括电子教学课件、微课视频、动画等在内的立体化教学资源库，极大地方便了各种教学活动，拓展了学生的学习空间；更多资源也可以访问中国大学 MOOC 平台的"单片机应用技术"课程资源 https://www.icourse163.org/course/ZZRVTC-1207518802。

本书编写团队包括多年从事单片机教学的骨干教师、参加全国职业院校学生技能大赛或大学生电子设计竞赛的实践经验丰富的校内教师，以及企业一线从事单片机应用项目开发的工程技术人员。全书按照项目编排，共分 9 个项目，分为技能基础篇与技能提高篇，全书涵盖了单片机技术应用的基本内容；其中前 7 个项目为技能基础篇，包含 9 个具体项目实施案例，后 2 个项目为技能提高篇，包含 6 个综合应用案例。

本书由"河南省高等职业学校精品在线开放课程立项建设项目"（教职成〔2019〕714 号）、"河南省高校人文社会科学研究一般项目"（项目编号：2023-ZDJH-311）、"河南省职业教育教学改革研究与实践项目"（项目编号：ZJB20233）资助。

本书由冯笑、陈享成担任主编，陈志红、丁婷、杨靖雅担任副主编。具体编写分工如下：冯笑编写项目 3 的任务 3-8、思考与练习，项目 4 的任务 4-2、任务 4-3，项目 8，项目 9 的任务 9-2、任务 9-3；陈享成编写项目 1，项目 5 的任务 5-3、任务 5-4、任务 5-6、思考与练习，项目 9 的项目简介、任务 9-1、任务 9-4；陈志红编写项目 2；梁明亮编写项目 5 的项目简介、任务 5-1、任务 5-2，项目 7 的任务 7-3、任务 7-4、任务 7-5；江兴盟编写项目 5 的任务 5-5，项目 6 的项目简介、任务 6-1、任务 6-2、任务 6-3、任务 6-4；孙逸洁编写项目 3 的项目简介、任务 3-1、任务 3-2、任务 3-3、任务 3-4、任务 3-5；丁婷编写项目 3 的任务 3-6、任务 3-7，项目 6 的任务 6-5、思考与练习；杨靖雅编写项目 4 的任务 4-4、任务 4-5、任务 4-6、任务 4-7、思考与练习；高基豪编写项目 9 的任务 9-5；房新荷编写项目 7 的项目简介、任务 7-1、任务 7-2、思考与练习，项目 4 的项目简介、任务 4-1，项目 9 的思考与练习。微课视频教学资源主要由冯笑、陈志红、陈享成、梁明亮、高基豪等主讲，动画主要由冯笑、陈志红等设计制作。

本书参考学时如下表所示，读者可根据具体情况酌情增减。

项 目		参考学时
技能基础篇(64 学时)	项目 1 单片机基础知识认知与实践	8 学时
	项目 2 MCS-51 单片机汇编语言编程应用	12 学时
	项目 3 单片机 C51 语言编程应用	10 学时
	项目 4 单片机定时器和中断的分析与应用	10 学时
	项目 5 模拟量输入/输出的设计与实现	6 学时
	项目 6 单片机串行通信设计与实现	8 学时
	项目 7 人机交互接口技术应用	10 学时
技能提高篇（任选）	项目 8 单片机应用系统仿真开发	6 学时
	项目 9 单片机应用系统开发与实践	12 学时

由于时间紧迫，编者水平有限，对于书中的不足之处，敬请广大读者和专家批评指正。

编 者

2022 年 5 月

数字资源列表

序号	项目	资源名称	资源类型	页码
1	项目1	初识单片机	视频	001
2		认识单片机数制与码制	视频	005
3		51单片机内部结构	视频	009
4		单片机引脚功能	视频	010
5		单片机并行口结构	动画	013
6		单片机存储器配置	动画	016
7		单片机程序存储器	视频	016
8		单片机数据存储器	视频	017
9		搭建单片机最小系统电路	视频	021
10		时钟周期、机器周期与指令周期的关系	动画	022
11		单片机最小系统制作	视频	025
12	项目2	认识汇编指令系统与寻址方式	视频	027
13		寄存器间接寻址过程	视频	030
14		数据传送类指令	视频	033
15		算术运算类指令	视频	039
16		逻辑运算类指令	视频	044
17		控制转移与位操作类指令	视频	047
18		子程序调用及返回指令	视频	050
19		顺序与分支结构程序设计	视频	060
20		循环结构程序设计	视频	063
21		PC作基地址的查表指令	动画	067
22		WAVE6000开发软件使用	视频	069
23		LED流水灯设计	视频	069
24	项目3	C51程序的基本结构	动画	075
25		C51数据类型	视频	076
26		C51运算符	视频	082
27		C51程序结构	视频	086
28		if语句	动画	087
29		for循环语句	视频	091
30		C51函数	视频	097

续表

序号	项目	资源名称	资源类型	页码
31		Keil 项目文件的创建、编译和运行	视频	101
32		Keil 项目的仿真与调试	视频	105
33	项目 3	单片机的 STC-ISP 下载方法介绍	动画	109
34		C51 实现模拟地铁行车指示灯设计	视频	111
35		模拟地铁行车指示灯动画效果	动画	111
36		定时器/计数器的原理分析	视频	117
37		方式 0 的逻辑电路结构	动画	121
38		方式 2 的逻辑电路结构	动画	121
39		定时器/计数器应用	视频	123
40		中断概念	动画	132
41	项目 4	认识单片机中断系统结构	视频	135
42		单片机中断系统的结构	动画	135
43		中断处理过程分析	视频	139
44		中断技术应用	视频	142
45		定时器控制实现 LED 闪烁灯设计与制作	视频	144
46		定时器流水灯 Keil 仿真	视频	145
47		D/A 转换器原理分析	视频	149
48		单片机与 D/A 转换器的接口应用	视频	151
49		逐次逼近式 A/D 转换器的工作原理	视频	161
50	项目 5	A/D 转换器 ADC0809 介绍	视频	162
51		A/D 转换器接口应用程序设计步骤	动画	164
52		简易锯齿波信号发生器的设计	视频	170
53		PWM 控制直流电机转速原理	动画	172
54		PWM 控制 LED 亮度动画	动画	172
55		串行通信原理	视频	176
56		异步通信数据帧格式	视频	177
57		串行通信的三种形式	动画	178
58	项目 6	RS-232 接口电路	视频	180
59		RS-232 通过电平转换芯片与 MCU 通信动画	动画	181
60		串口相关寄存器与波特率介绍	视频	181
61		MCS-51 串行口结构	动画	182
62		单片机串行口工作方式	动画	184

续表

序号	项目	资源名称	资源类型	页码
63	项目6	单片机串口发送应用编程	视频	187
64		单片机与PC机的串行通信仿真实验	视频	190
65		PC通过UART来调试MCU	动画	192
66		单片机双机通信效果	动画	194
67	项目7	数码管结构	视频	198
68		数码管显示方式	视频	201
69		单片机驱动单数码管显示数字的原理	动画	201
70		单片机与独立按键接口设计	视频	205
71		矩阵式键盘逐列扫描法识别按键过程	视频	207
72		点阵显示器原理	动画	210
73		字符型LCD液晶显示器应用	视频	214
74		数码管显示系统设计与制作	视频	233
75	项目8	Proteus软件使用演示	视频	237
76		Proteus用户界面	动画	239
77		简易锯齿波信号发生器的仿真设计过程	视频	244
78		Proteus仿真调试过程	动画	245
79		电子秒表的仿真设计	视频	249
80		单片机控制的数字时钟仿真设计	视频	252
81	项目9	单片机应用系统的设计开发流程	动画	254
82		单总线与温度传感器DS18B20应用	视频	261
83		数字温度计的设计与制作	视频	265
84		简易车辆轴温报警器设计	视频	271
85		I^2C总线传输动画	动画	279
86		数字电压表的硬件电路	动画	281
87		SPI数据传输动画	动画	288
88		SPI时序信号	动画	289
89		简易多功能液体容器	视频	298

目录 CONTENTS

项目 1 单片机基础知识认知与实践 ·············· 001

　任务 1-1　初识单片机 ·············· 001
　任务 1-2　单片机的数制与码制 ·············· 005
　任务 1-3　认知单片机结构和引脚 ·············· 009
　任务 1-4　单片机的存储器结构 ·············· 016
　任务 1-5　单片机的时钟与复位电路设计 ·············· 021
　任务 1-6　搭建单片机最小系统电路 ·············· 024
　思考与练习 ·············· 026

项目 2 MCS-51 单片机汇编语言编程应用 ·············· 027

　任务 2-1　MCS-51 汇编指令系统认知 ·············· 027
　任务 2-2　认知寻址方式 ·············· 029
　任务 2-3　认知汇编指令 ·············· 033
　任务 2-4　伪指令 ·············· 054
　任务 2-5　汇编语言程序设计 ·············· 056
　任务 2-6　用汇编语言编程实现 LED 流水灯系统 ·············· 069
　思考与习题 ·············· 071

项目 3 单片机 C51 语言编程应用 ·············· 074

　任务 3-1　C51 语言概述 ·············· 074
　任务 3-2　C51 数据类型 ·············· 076
　任务 3-3　C51 运算符 ·············· 082
　任务 3-4　C51 程序结构 ·············· 086
　任务 3-5　C51 函数与数组 ·············· 094
　任务 3-6　Keil μVision 软件的使用方法 ·············· 101
　任务 3-7　HEX 文件的生成和烧写 ·············· 106
　任务 3-8　模拟地铁行车指示灯设计 ·············· 111
　思考与练习 ·············· 114

项目 4 单片机定时器和中断的分析与应用 …………………………………… 116

- 任务 4-1 MCS-51 单片机定时器/计数器原理分析 …………………… 116
- 任务 4-2 定时器/计数器的 4 种工作方式分析 ……………………… 120
- 任务 4-3 定时器/计数器的应用 ……………………………………… 123
- 任务 4-4 MCS-51 单片机中断系统 …………………………………… 132
- 任务 4-5 中断处理过程分析 ………………………………………… 139
- 任务 4-6 中断技术应用 ……………………………………………… 142
- 任务 4-7 定时器控制实现 LED 闪烁灯设计与制作 ………………… 144
- 思考与练习 ……………………………………………………………… 146

项目 5 模拟量输入/输出的设计与实现 …………………………………… 149

- 任务 5-1 D/A 转换器原理及指标分析 ……………………………… 149
- 任务 5-2 单片机与 D/A 转换器的接口应用 ………………………… 151
- 任务 5-3 A/D 转换器原理及指标分析 ……………………………… 160
- 任务 5-4 单片机与 A/D 转换器的接口应用 ………………………… 162
- 任务 5-5 简易锯齿波信号发生器的设计与制作 …………………… 170
- 任务 5-6 简易直流电机转速控制系统的设计 ……………………… 172
- 思考与练习 ……………………………………………………………… 174

项目 6 单片机串行通信设计与实现 ………………………………………… 176

- 任务 6-1 串行通信基础知识认知 …………………………………… 176
- 任务 6-2 MCS-51 单片机的串行口及控制寄存器应用 ……………… 181
- 任务 6-3 串行口的应用与编程 ……………………………………… 186
- 任务 6-4 单片机与 PC 机的串行通信模块的设计 …………………… 190
- 任务 6-5 单片机双机串行通信的设计 ……………………………… 193
- 思考与练习 ……………………………………………………………… 196

项目 7　人机交互接口技术应用 ··· 198

　　任务 7-1　LED 数码管显示接口的应用 ································· 198
　　任务 7-2　键盘接口技术应用 ·· 204
　　任务 7-3　点阵显示器分析及应用 ·· 209
　　任务 7-4　LCD1602 液晶显示器分析与应用 ························ 214
　　任务 7-5　按键控制数码管显示系统的设计与制作 ············· 233
　　思考与练习 ··· 236

项目 8　单片机应用系统仿真开发 ··· 237

　　任务 8-1　Proteus 软件安装与功能简介 ······························· 237
　　任务 8-2　Proteus 电路原理图绘制 ······································ 240
　　任务 8-3　Proteus 仿真运行调试 ·· 244
　　任务 8-4　电子秒表的设计与仿真开发 ································ 249
　　思考与练习 ··· 253

项目 9　单片机应用系统开发与实践 ··· 254

　　任务 9-1　单片机应用系统设计开发方法 ···························· 254
　　任务 9-2　数字测温系统设计 ·· 261
　　任务 9-3　简易数字电压表的设计 ·· 278
　　任务 9-4　数字时钟的设计 ·· 288
　　任务 9-5　简易多功能液体容器的设计 ································ 298
　　思考与练习 ··· 305

参考文献 ··· 306

项目 1　单片机基础知识认知与实践

项目简介

单片机是什么？有哪些应用？它的内部结构包含什么？单片机最小系统由哪些部分组成？项目 1 从单片机的概念入手，介绍单片机的基本情况、计算机中的数制及编码概念，重点介绍 MCS-51 单片机的内部结构、存储器结构、引脚功能、时钟与复位电路、并行输入/输出接口等内容。通过本项目的学习，学生应理解单片机的概念及特点，熟悉主流单片机的种类及型号，熟练掌握 AT89S51 单片机的基本结构、引脚功能及存储器结构，最终实现搭建单片机最小系统电路的项目终极目标。

本项目在介绍单片机的发展历史时，特别介绍了中国单片机的发展，使学生能够在世界大环境中了解中国单片机的发展历程、现状、趋势，培养学生以世界眼光和格局来勇于承担国家发展的责任和使命感。

任务 1-1　初识单片机

1.1.1　单片机概念

"单片机"是单片微型计算机（Single Chip Microcomputer）的简称。由于单片机主要用于控制领域，故又称为微型控制器（Microcontroller Unit，MCU）。单片机与微型计算机都是由 CPU（中央处理器）、存储器和输入/输出接口电路（I/O 接口电路）等组成的，但两者又有所不同。如图 1-1 所示，微型计算机是将 CPU、存储器和输入/输出接口电路等安装在计算机主板上，外部输入/输出设备通过接口电路连接起来。单片机则是把 CPU、存储器（Memory）、定时器/计数器、I/O（Input/Output）接口电路等主要计算机功能部件集中在一块集成电路芯片上。几种常见单片机外形如图 1-2 所示。单片机的引脚较多，同型号的单片机可以采用直插式引脚封装，也可以采用贴片式引脚封装。

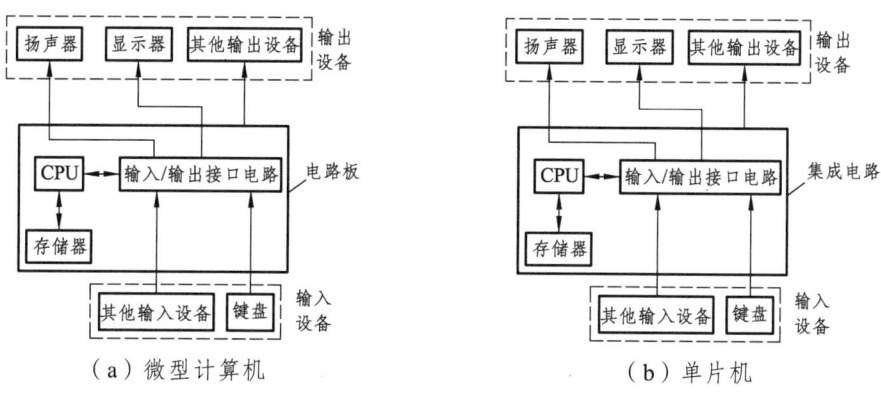

图 1-1　微型计算机与单片机的结构

图 1-2　几种常见的单片机外形

1.1.2　单片机的发展历史

单片机自问世以来，性能不断提高和完善，它不仅能满足很多应用场合的需要，而且具有集成度高、功能强、速度快、体积小、功耗低、使用方便、性能可靠、价格低廉等特点，因此，在工业控制、智能仪器仪表、数据采集处理、通信系统、网络系统、汽车工业、国防工业、高级计算器具、家用电器等领域的应用日益广泛，并且正在逐步取代现有的多片微机应用系统；单片机的潜力越来越被人们所重视。特别是当前用 CMOS（互补金属氧化物半导体）工艺制成的各种单片机，由于其功耗低、使用的温度范围大、抗干扰能力强，能满足一些特殊要求的应用场合，使得单片机的应用范围进一步扩大，同时也促进了单片机技术的发展。

自从 1974 年世界上出现第一块单片机以来，许多半导体公司竞相研制和发展自己的单片机系列。到目前为止，国际市场上 8 位、16 位、32 位单片机系列已有很多，随着单片机技术的不断发展，新型单片机还将不断涌现，单片机技术正以惊人的速度向前发展。单片机的发展大致可以分为四个阶段：

第一阶段（1974—1976 年）为单片机初级阶段。由于受工艺及集成度的限制，单片机采用双片形式，且功能比较简单。如美国 Fairchild 公司 1974 年推出的单片机 F8，它包含 8 位 CPU、64 B 容量的 RAM（随机存储器）。F8 还需要外接一片 3851（内含 1 KB 只读存储器 ROM、1 个定时器/计数器和 2 个 I/O 口）电路才能构成一个完整的微型计算机。

第二阶段（1976—1978 年）为低性能单片机阶段。单片机采用单芯片形式，如美国 Intel 公司 1976 年推出的 MCS-48 系列单片机，8 位 CPU，并行 I/O 口，8 位定时器/计数器，无串行口，中断处理比较简单，RAM、ROM（只读存储器）容量较小，寻址范围不超过 4 KB。它把单片机推向市场，促进了单片机的变革，各种 8 位单片机纷纷应运而生。

第三阶段（1978—1982 年）为高性能单片机阶段，也是单片机普及阶段。此时的单片机品种多、功能强，8 位 CPU，片内 RAM、ROM 容量加大，片外寻址范围可达 64 KB，增加了串行口、多级中断处理系统、16 位定时器/计数器。如美国 Intel 公司在 MCS-48 的基础上推出的高性能 MCS-51 系列单片机。

第四阶段（1982 年以后）为 16 位及以上单片机阶段。单片机的 CPU 为 16 位，片内 RAM、ROM 容量进一步增大，增加了 AD/DA 转换器（模数/数模转换器）、8 级中断处理功能，实时处理能力更强。它允许用户采用面向工业控制的专用语言，如 C 语言等，如 Intel 公司的 MCS-96/98 系列单片机、TI 公司的 MSP430 系列单片机等。32 位单片机的字长为 32 位，是单片机的顶级产品，具有极高的运算速度。如 Intel 公司的 MCS-80960 系列单片机、ARM 公司的 ARM 系列单片机等。此外，还出现有 64 位 RISC 微处理器 TX99/H4 系列单片机、TX49/L3 系列单片机等。

我国的单片机（MCU）发展历史很短，但是发展迅速。从初级要求到低性能，再到高性能已全面进步，如今 MCU 已经实现了定制化的需求。国内消费电子市场无论是在规模上还是在质量上都在不断崛起，以美的、格力为代表的家电企业，以及以华为、小米、OPPO、VIVO 为代表的手机厂商已进入全球市场前列，广阔的市场空间为本土电子 MCU 企业提供了优越的成长环境。国内现有百余家 MCU 企业，这些企业具备开发和生产当今市场主流 MCU 的能力。目前，中国的 MCU 不论是市场份额还是技术先进性，还与国外企业存在一定差距，但是随着我国半导体产业的迅速发展，中国必将在国际半导体产业竞争中占据优势地位。当前我国企业占据的主流市场还停留在 8 位 MCU 和 16 位 MCU，32 位 MCU 也正发展并逐渐成熟，如宏晶科技的单片机 STC15/STC89/STC90/STC12C5A60S2 系列，以及兆易创新的国产 Cortex-M3/4 32 位 MCU 与国产 RSIC-V 32 位 MCU。

未来单片机将朝着智能化、高效能、低功耗、高集成等方向继续发展。单片机发展可归结为以下几个方面：

（1）增加字长，提高数据精度和处理的速度。
（2）改进制作工艺，提高单片机的整体性能。
（3）由复杂指令集（CISC）转向简单指令集（RISC）技术。
（4）多功能模块集成技术。
（5）融入高级语言的编译程序。
（6）低电压、宽电压、低功耗。
（7）微处理器与数字信号处理（DSP）技术相结合。

1.1.3　MCS-51 单片机的主流产品

单片机产品很多，较常见的有 Intel 公司生产的 MCS-51 系列单片机、Atmel 公司生产的 AVR 系列单片机、Micro Chip 公司生产的 PIC 系列单片机和美国德州仪器（TI）公司生产的 MSP430 系列单片机等。尽管各类单片机种类繁多，但目前使用最为广泛的单片机系列是 Intel 公司生产的 MCS-51 系列单片机，后来许多公司以 MCS-51 的基础结构 8051 为基核推出了许多各具特色、性能优异的单片机。MCS-51 系列包括很多型芯片，如 8051、8031 等，其中 8051 是 MCS-51 系列中最早最典型的产品，它最能体现单片机"Single Chip Microcomputer"的基本结构。我们把具有 8051 硬件内核且兼容 8051 指令的单片机称为 MCS-51 系列单片机，简称 51 单片机。

1. 51 子系列和 52 子系列

MCS-51 系列又可分为 51 和 52 两个子系列，如 8031、8032。其中 51 子系列为基本型，52 子系列为强化型。以下如果不特别说明，MCS-51 就是指 51 子系列。52 子系列功能强化主要体现在以下几个方面：片内 ROM 容量从 4 KB 增加到 8 KB；片内 RAM 容量从 128 B 增加到 256 B；定时器/计数器数量从 2 个增加到 3 个；中断源数量从 5 个增加到 6 个。

2. 51 系列单片机半导体工艺

51 系列单片机采用两种半导体工艺：一种是 HMOS（高密度沟道 MOS，MOS 即金属氧化物半导体）工艺；另一种是 CHMOS（互补高性能金属氧化物）工艺。在单片机芯片型号中带有字母"C"的，指的是采用 CHMOS 工艺。CHMOS 是 CMOS 和 HMOS 的结合，两类器件的功能是完全兼容的，CHMOS 除了保持 HMOS 高速度和高密度的特点之外，还有 CMOS 低功耗的特点。例如：8051 的功耗为 630 mW，而 80C51 的功耗只有 120 mW。在便携式、手提式和野外作业仪器设备上，低功耗是非常有意义的。

3. 两种主流的 51 单片机芯片

（1）AT89C51

AT89C51 是这几年我国非常流行的单片机，由 Atmel 公司开发生产，在 8051、8751 的基础上增强了许多特性。如时钟频率更高，运行速度更快；采用 CHMOS 工艺，功耗更低；工作电压范围更大；其最大的提高还是内部程序存储器由原来的 ROM 或 EPROM（可擦除可编程存储器）转变成 Flash 存储器（闪存），使用更方便，寿命更长，可以反复擦写 1000 次以上。

（2）AT89S51

AT89C51 最大的缺陷在于不支持 ISP（在线编程）功能。AT89S51 就是在这样的背景下取代 AT89C51 的。AT89S51 向下完全兼容 51 系列的所有产品。相对于 AT89C51，AT89S51 单片机在结构和功能上有了一些新变化。最典型的就是支持在线编程功能、支持程序存储器串行写入方式、写入电压更低、反复烧写次数更多、工作频率更高、电源适应范围更宽、抗干扰性更强、加密功能更强、支持低功耗模式等。另外，AT89S51 在结构上还设计了双数据指针（Dual Data Pointer），并设置了电源关闭标志（Power Off Flag）。表 1-1 给出了 AT89 系列单片机的基本情况。

表 1-1 AT89 系列单片机一览表

型号	快闪 ROM	片内 RAM	寻址范围	并行口	串行口	中断源	定时器
AT89C51	4 KB	128 B	2×64 KB	32	1	5	2×16 位
AT89C52	8 KB	256 B	2×64 KB	32	1	6	3×16 位
AT89LV51	4 KB	128 B	2×64 KB	32	1	5	2×16 位
AT89LV52	8 KB	256 B	2×64 KB	32	1	6	3×16 位
AT89C2051	2 KB	128 B	2×4 KB	15	1	5	2×16 位
AT89C4051	4 KB	128 B	2×4 KB	15	1	5	2×16 位
AT89S51	4 KB	128 B	2×64 KB	32	1	5	2×16 位
AT89S52	8 KB	256 B	2×64 KB	32	1	6	3×16 位
AT89S53	12 KB	256 B	2×64 KB	32	1	7	3×16 位

1.1.4 单片机的特点及应用

1. 单片机的特点

单片机有以下特点：

（1）可嵌入性：体积小、价格低、性价比高、灵活性强。单片机很容易嵌入系统，在嵌入式系统设计中有广泛的应用。

（2）实时控制：功能齐全、实时性强、可靠性高、抗干扰能力强，满足工业控制要求，便于实现各种方式的检测和控制。

（3）灵活选型：单片机技术发展迅速，形式多样、品种齐全、前景广阔，为单片机大规模应用奠定了坚实的基础。

（4）容易实现：单片机结构简单、技术成熟、容易掌握和普及、设计周期短，是各类电子工程师首选的微控制器。

2. 单片机的应用

单片机由于体积小、集成度高、成本低、抗干扰能力和控制能力强等优点，广泛应用于各个领域，主要包括工业自动化、消费类电子产品、仪器仪表、通信系统、武器装备、汽车电子设备、计算机终端及外部设备等，如图1-3所示。

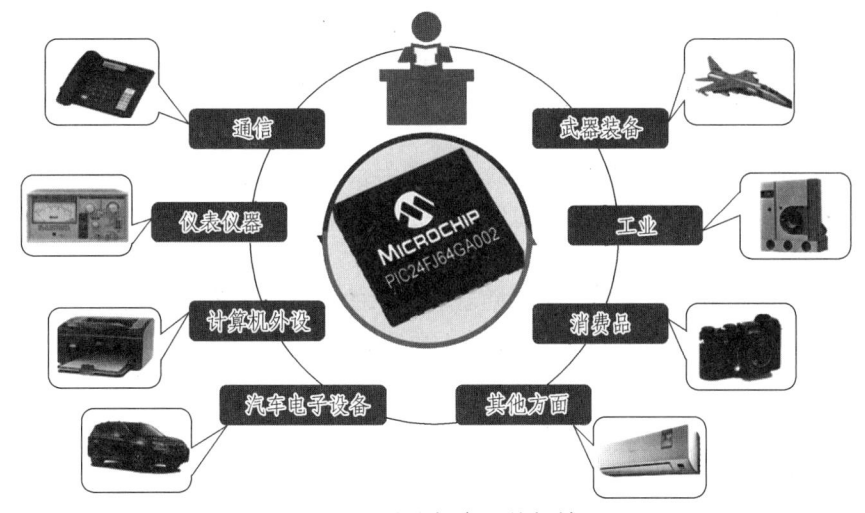

图1-3　单片机应用的领域

单片机应用的意义绝不仅限于它的广阔范围以及所带来的经济效益，更重要的意义还在于单片机的应用正从根本上改变着传统控制系统的设计思想和设计方法。从前通过继电接触器控制、模拟电路、数字电路实现的大部分控制功能，现在已能使用单片机通过软件方法实现。随着单片机应用的推广普及，微控制技术必将不断发展，日益完善，因此，了解单片机并掌握其应用技术，具有重要的意义。

任务1-2　单片机的数制与码制

认识单片机数制与码制

计算机是用于处理数字信息的，单片机也是如此。各种数据及非数据信息在进入计算机前必须转换成二进制数或二进制编码。下面介绍计算机中常用数值和编码以及数据在计算中的表示方法。

1.2.1 数制及其相互转换

数制是指数的制式,是人们利用符号计数的一种科学方法。数制有很多种,微型计算机中常用的数制有十进制、二进制和十六进制 3 种。

1. 数 制

1)十进制数

十进制数共有 0、1、2、3、4、5、6、7、8 和 9 十个数字符号。这十个数字符号又称为数码,每个数码在数中最多可有两个值的概念。例如:十进制 54 中数码 5,其本身的值为 5,但它实际代表的值为 50。在数学上,数制中数码的个数定义为基数,故十进制的基数为 10。

十进制数通常具有如下两个主要特点:基数是 10,有 0~9 十个不同的数码;进位规则是"逢十进一"。

因此,任何一个十进制数不仅与构成它的每个数码本身的值有关,还与这些数码在数中的位置有关。这就是说,任何一个十进制数都可以展开成幂级数的形式。例如:

$$123.4 = 1 \times 10^2 + 2 \times 10^1 + 3 \times 10^0 + 4 \times 10^{-1}$$

式中:指数 10^2、10^1、10^0 和 10^{-1} 在数学上称为权,10 为它的基数;整数部分中每位的幂是该位位数减一,小数部分中每位的幂是该位小数的位数。

2)二进制数

二进制比十进制更为简单,它是随着计算机的发展而兴盛起来的。二进制数也有如下两个主要特点:基数是 2,只有 0 和 1 两个数码;进位规则是"逢二进一"。

二进制数也可展开成幂级数的形式。

例如:二进制数 $11.1 = 1 \times 2^1 + 1 \times 2^0 + 1 \times 2^{-1} = 3.5$

3)十六进制数

十六进制是人们学习和研究计算机中二进制数的一种工具,它是随着计算机的发展而广泛应用的。十六进制数也有以下两个主要特点:基数是 16,共由 16 个数码构成,即 0、1、2…9、A、B、C、D、E、F,其中 A、B、C、D、F、F 分别代表十进制数中的 10、11、12、13、14、15;进位规则是"逢十六进一"。

与其他进制的数一样,同一数码在不同数位所代表的数值是不相同的。十六进制数也可展开成幂级数的形式。

例如:十六进制数 $3B = 3 \times 16^1 + 11 \times 16^0 = 48 + 11 = 59$

人们采用十六进制数可以大大减轻阅读和书写二进制数时的负担。例如:11011011 = DBH(H 表示十六进制数),显然,采用十六进制描述一个二进制数特别简短,尤其在被描述的二进制数位较长时更令计算机工作者感到方便。在阅读和书写不同数制的数时,如果不在每个数上外加一些辨认标记,就会混淆而无法分清。通常,标记方法有两种:一种是把数加上方括号,并在方括号右下角标注数制代号,如 $[101]_{16}$、$[101]_2$、$[101]_{10}$ 分别表示十六进制、二进制和十进制;另一种是用英文字母标记,加在被标记数的后面,分别用 B、D 和 H 大写字母表示二进制、十进制和十六进制数，如 89H 为十六进制数、101B 为二进制数等。其中，十进制数中的 D 标记可以省略。

2. 不同数制之间的转换

1）二进制、十六进制转换为十进制

根据定义，只需将二进制数、十六进制数按权展开后相加即可。例如：

$1101B = 1 \times 2^3 + 1 \times 2^2 + 0 \times 2^1 + 1 \times 2^0 = 13$

$ABH = 10 \times 16^1 + 11 \times 16^0 = 176$

2）十进制转换为二进制、十六进制

一个十进制数转换为二进制数时通常所采用的方法：整数部分采用"除 2 取余"法，即将十进制数整数部分连续除 2，并依次记下余数，一直至商为 0，最后把全部余数按倒序排列即可得到。例如，将 45 转换成二进制数，最终结果：45 = 101101B。小数部分则采用"乘 2 取整"法，与整数部分类似，区别为连续乘 2，并依次记下整数，若最后一位小数乘不到 0，则根据误差要求计算，最后把全部整数按正序排列即可得到。例如，将 0.25 转换成二进制数，最终结果：0.25 = 0.01B。

同理，十进制转换为十六进制时，采用整数部分"除 16 取余"法，小数部分"乘 16 取整"法。或者可以先转换为二进制，然后把二进制转换为十六进制。

3）二进制、十六进制间相互转换

二进制数转换为十六进制数的方法是：从小数点向左、右按 4 位分组，不足 4 位的，整数部分在最高位的左边加"0"补齐，小数点部分不足 4 位的在最低位右边加"0"补齐，每 4 位一组以其十六进制数代替，将各个十六进制数依次写出即可。

例如，二进制数 1011000110.111101 转换为十六进制数，过程为：

<u>0010</u>　<u>1100</u>　<u>0110</u>.<u>1111</u>　<u>0100</u>
　2　　　C　　　6 . F　　　4

即为 $(2C6.F4)_{16}$。

同理，十六进制数转换为二进制数的过程与上述方法相反。其过程为：从左到右将待转换的十六进制数中的每个数依次用 4 位二进制数表示。

1.2.2　计算机中数的表示

在实际控制过程中，数是有正有负的，而计算机只能识别 0、1 两种信息，那么正、负数在计算机中如何表示呢？

1. 机器数与真值

机器数是指机器中数的表示形式。它将数值连同符号位一起数码化，表示成一定长度的二进制数，其长度通常为 8 的整数倍。机器数通常有两种：有符号数和无符号数。有符号数的最高位为符号位，代表了数的正负，其余各位用于表示数值的大小；无符号数的最高位不作符号位，所有各位都用来表示数值的大小。

真值是指机器数所代表的实际正负数值。有符号数的符号数码化的方法通常是将符号用"0 正 1 负"的原则表示,并以二进制数的最高位作为符号位。

2. 有符号数的表示方法

有符号数的表示方法有原码、反码和补码 3 种。以下均以长度为 8 位的二进制数表示有符号数。

1)原码表示法

将 8 位二进制数的最高位(D7 位)为符号位(0 正 1 负),其余 7 位 D6 ~ D0 表示数值的大小。例如: + 55 的原码为 00110111B, - 55 的原码为 10110111B。

有符号数的原码表示的范围为 - 127 ~ + 127(FFH ~ 7FH),其中 0 的原码有两个:00H 和 80H,分别是 + 0 的原码和 - 0 的原码。原码表示简单,与真值转换方便,但进行加、减运算时电路实现较为繁杂。

2)反码表示法

正数的反码与原码相同,但负数的反码其符号位不变,其余各数值位按位取反。

例如: + 0 的反码为 00000000B; + 127 的反码为 01111111B; - 0 的反码为 11111111B, - 127 的反码为 10000000B。

有符号数的反码表示的范围为 - 127 ~ + 127,其中 0 的反码与原码类似,也有两个值。

3)补码表示法

正数的补码与原码相同,负数的补码等于其反码加 1(即相应数值的原码按位取反,再加 1)。

例如: - 127 的补码为 10000001B, -1 的补码为 11111111B。

有符号数的补码表示的范围为 - 128 ~ + 127,其中 0 的补码只有一种表示,即 + 0 = - 0 = 00000000;当有符号数用补码表示时,可以把减法转换为加法进行计算。

对于计算机同一个二进制数,当采用不同的表达方式时,它所表达的实际数值是不同的。要想确切地知道计算机中的二进制数所对应的十进制究竟是多少,首先需要确定这个数是有符号数还是无符号数,计算机中的有符号数通常是用补码表示的。

1.2.3 常用编码

1. BCD 码(Binary Code Decimal)

人们习惯于使用十进制数,但计算机又不能识别十进制数,为了将十进制数用二进制表示,并按十进制的运算规则运算,就出现了 BCD 码。BCD 码就是二进制编码的十进制代码。它用 4 位二进制数表示一位十进制数,称为压缩的 BCD 码。因为 4 位二进制数共有 2^4 = 16 种组合状态,故可选其中 10 种编码来表示 0 ~ 9 这 10 个数字。

8421BCD 码是一种最常用的编码。4 位二进制码的权分别为 8、4、2、1。其特点如下:

(1)由 4 位二进制数 0000 ~ 1001 分别表示十进制数 0 ~ 9。

(2)每 4 位二进制数进位规则应为逢 10 进 1。

例如:十进制数 9172 =(1001 0001 0111 0010)BCD

当进行两个 BCD 码运算时,为了得到 BCD 码结果,需进行十进制调整。调整方法为：加（减）法运算的和（差）数所对应的每一位十进制数大于 9 时或低 4 位向高 4 位产生进（借）位时，需加（减）6 调整。

2. ASCII 码

美国标准信息交换码简称 ASCII（American Standard Code for Information Interchange）码，用于表示在计算机中需要进行处理一些字母、符号等。ASCII 码是由 7 位二进制数码构成的字符编码，共有 $2^7 = 128$ 种组合状态。用它们表示了 52 个大小写英文字母、10 个十进制数、7 个标点符号、9 个运算符号及 50 个其他控制符号。在表示这些符号时，用高 3 位表示行码，低 4 位表示列码。

任务 1-3　认知单片机结构和引脚

1.3.1　单片机的内部结构

51 单片机内部结构

MCS-51 系列单片机是目前使用最为广泛的一种单片机，典型芯片有 8031、8051、8751 及 89C51。它们除了程序存储器结构不同之外，内部结构完全相同，引脚完全兼容。下面以 8051 单片机为例介绍 51 系列单片机的内部结构，如图 1-4 所示。

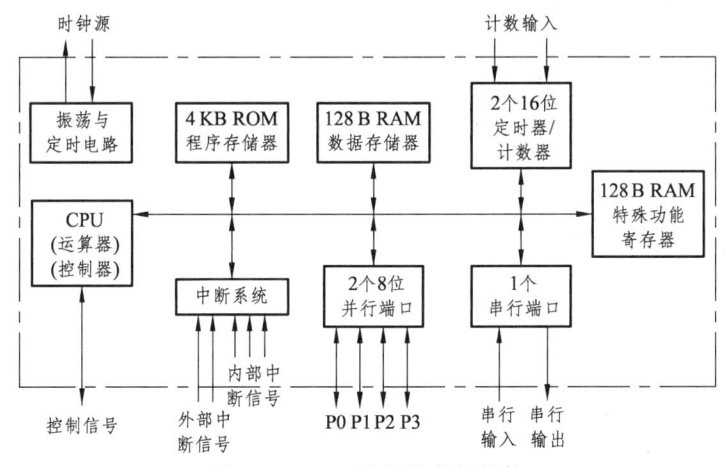

图 1-4　8051 单片机内部结构

8051 单片机的内部结构包括：

（1）适于控制应用的 8 位 CPU；

（2）一个片内振荡器及时钟电路，最高工作频率可达 33 MHz；

（3）工作电压 4.0 ~ 5.5 V；

（4）4 KB Flash 程序存储器，支持在系统编程（ISP）1000 次擦写周期；

（5）128 B 数据存储器；

（6）可寻址 64 KB 外部数据存储器空间及 64 KB 程序存储器空间的控制电路；

（7）32 根双向可按位寻址的 I/O 口线；

（8）1个全双工串行口，实现单片机与其他设备之间的串行数据传送；

（9）2个16位定时器/计数器，实现定时或计数功能；

（10）5个中断源，具有两个优先级。

1. 中央处理器（CPU）

中央处理器是一个字长为8位的中央处理单元，它对数据的处理是以字节为单位的。中央处理器是单片机的核心部件，由运算器和控制器两部分构成，主要完成运算和控制功能。

2. 存储器

存储器是单片机的主要组成部分，其用途是存放程序和数据。单片机的存储器有两种：一种用于存放已编写好的程序及数据表格，称为程序存储器（ROM），常用ROM、EPROM、E2PROM等类型，AT89S51/STC89C51/AT89C51中采用的就是Flash E2PROM，其存储容量为4 KB；另一种用于存放输入/输出数据、中间运算结果，称为数据存储器（RAM），其数据存储器容量仅为128 B。

3. 定时器/计数器

共有2个16位的定时器/计数器，以实现定时或计数功能，并以其定时或计数结果对计算机进行控制。

4. 并行I/O口

共有4个8位的I/O口（P0、P1、P2、P3），以实现数据的并行输入/输出。

5. 串行口

有一个全双工的串行口，以实现单片机与其他设备之间的串行数据传送。该串行口既可作为全双工异步通信收发器使用，也可作为同步移位器使用。

6. 中断控制系统

共有5个中断源，以满足控制应用的需要，分别为外中断2个，定时/计数中断2个，串行口中断1个。全部中断分为高级和低级共两个优先级别。

7. 时钟电路

8051单片机内部有时钟电路，只需要外接石英晶体和微调电容即可。时钟电路为单片机产生时钟脉冲序列，系统允许的最高晶振频率为33 MHz，通常选择6 MHz、12 MHz或11.0592 MHz。

1.3.2 单片机的引脚功能

单片机引脚功能

MCS-51系列单片机中各类型单片机芯片的端子是相互兼容的，其产品多采用双列直插封装式（DIP）、方形扁平式（QFP）和无引脚芯片载体（LLC）贴片形式封装。下面介绍常见的 DIP40 封装的 8051 单片机，其引脚图与逻辑符号如图 1-5 所示。

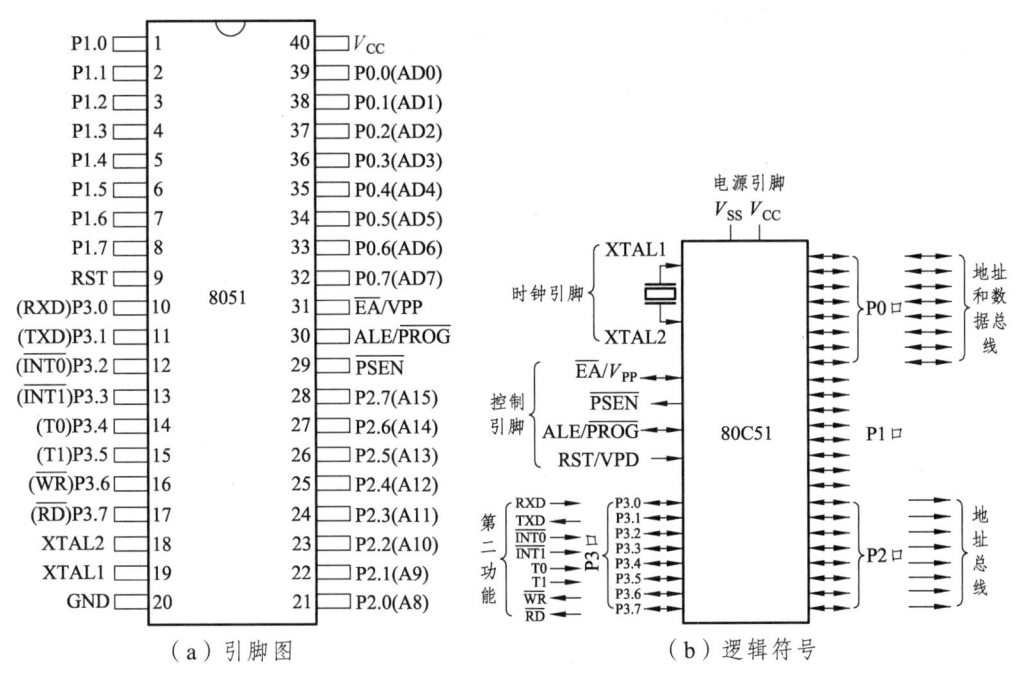

图 1-5 DIP40 封装的 8051 单片机

8051 单片机的 40 个引脚按功能可以分为 4 类：电源、时钟、控制和并行 I/O 口引脚。下面介绍各引脚功能。

1. 电源及时钟引脚（4 个）

V_{CC}（40 端子）：芯片工作电源，+5 V。
V_{SS}（20 端子）：电源接地端（GND）。
XTAL1（19 端子）与 XTAL2（18 端子）：外接晶体引线端。当使用芯片内部时钟时，两引脚用于接外部石英晶体和微调电容；当使用外部时钟时，用于连接外部时钟脉冲信号。

2. 控制引脚（4 个）

ALE/$\overline{PROG}$（30 端子）：ALE 功能（地址锁存允许信号），能够把 P0 口输出的低 8 位地址锁存起来，以实现低 8 位地址和数据的隔离。在 MCS-51 单片机上电正常工作后，该端子不断以晶体振荡器 1/6 的固定频率向外输出正脉冲信号，可用作对外输出的时钟信号或用于定时。此外，可用示波器检查 ALE 端子是否有脉冲信号输出来判断 MCS-51 芯片的好坏。此引脚的 $\overline{PROG}$ 功能，对于 EPROM 型单片机，在 EPROM 编程期间，此引脚低电平有效，用于接收编程脉冲，如 8751 单片机。

$\overline{PSEN}$（29 端子）：外部程序存储器读选通信号。$\overline{PSEN}$ 低电平有效时，此端子定时输出负脉冲作为读取外部程序存储器的选通信号，可实现对外部程序存储器的读操作。

RST/VPD（9 端子）：复位信号输入端。在该端子上保持两个机器周期的高电平时，可对 MCS-51 单片机实现复位操作。该端子的第二功能 VPD 是作为备用电源的输入端，在 V_{CC} 掉电或电压降至低电平规定值时，由 VPD 向内部数据存储器提供电源，以保持存放其中的数据。

$\overline{EA}/V_{PP}$（31 端子）：外部程序存储器地址允许输入端。在 MCS-51 单片机内、外程序存储器都具备时，$\overline{EA}$ 为高电平，从内部程序存储器开始访问，并可延至外部程序存储器；$\overline{EA}$ 为低电平时，则跳过内部程序存储器，限定在外部程序存储器的读操作。对 8031 单片机，由于其内部无程序存储器，故其 $\overline{EA}$ 端子一般接地。

3. 并行 I/O 口（4 个 8 位端口，共 32 个）

P0 口（32~39 端子）：它是一个 8 位漏极开关型双向 I/O 口，作普通 I/O 口使用需要外接上拉电阻，还可作为 MCS-51 单片机的 8 位准双向数据总线和低 8 位地址总线复用引脚。

P1 口（1~8 端子）：它是一个带内部上拉电阻的 8 位准双向 I/O 端口。

P2 口（21~28 端子）：它是一个带内部上拉电阻的 8 位准双向口。在访问外部存储器时，它输出高 8 位地址，与 P0 口输出的低 8 位地址共同作为 16 位地址总线。

P3 口（10~17 端子）：它是一个带内部上拉电阻的准双向 I/O 口，并具有第二功能。P3 口线的第二功能详见表 1-2。

表 1-2　P3 口线的第二功能

口　线	第二功能	信号名称
P3.0	RXD	串行数据接收
P3.1	TXD	串行数据发送
P3.2	$\overline{INT0}$	外部中断 0 申请
P3.3	$\overline{INT1}$	外部中断 1 申请
P3.4	T0	定时器/计数器 0 计数输入
P3.5	T1	定时器/计数器 1 计数输入
P3.6	$\overline{WR}$	外部 RAM 写选通
P3.7	$\overline{RD}$	外部 RAM 读选通

1.3.3　单片机并行口

51 单片机共有 4 个 8 位的并行 I/O 口：P0、P1、P2、P3。各口（端口）是一个集数据输入缓冲、数据输出驱动及锁存等多项功能为一体的 I/O 电路。这 4 个端口为单片机与外部器件或外部设备进行信息（数据、地址、控制信号）交换提供了多功能的输入/输出通道，也为单片机扩展外部功能、构成应用系统提供了必要的条件。作为通用 I/O 口使用时，每个 I/O 口可以按位操作，使用单个引脚；也可以按字节操作，使用 8 个引脚。虽然各口的功能不同，且结构也存在不少差异，但各口自身的位结构是相同的，所以各口结构的介绍均以其位结构说明。

1. P0 口和 P2 口的结构

当不需要外部总线扩展（不在单片机芯片的外部扩展存储器芯片或其他接口芯片）时，P0 口、P2 口用作通用的输入/输出口；当需要外部总线扩展（在单片机芯片的外部扩展存储器芯片或其他接口芯片）时，P0 口作为分时复用的低 8 位地址/数据总线，P2 口作为高 8 位地址总线。

1) P0 口的结构

如图 1-6 所示，P0 口由一个输出锁存器、一个转换开关（MUX）、两个三态输入缓冲器、输出驱动电路和一个与门及一个反相器组成。

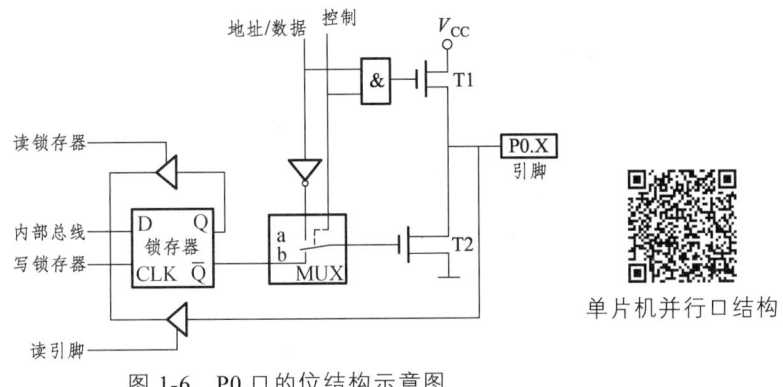

图 1-6　P0 口的位结构示意图

（1）P0 口作为通用 I/O 口使用：当 MCS-51 的 CPU 对片内存储器和 I/O 口进行读写时，由硬件置控制线为 0，使开关 MUX 接向输出锁存器的反相输出端，输出极 T2 与锁存器 Q 端接通。同时与门输出的"0"使输出驱动器的上拉场效应管 T1 处于截止状态。因此，输出极工作需要外接上拉电阻的漏极开路方式。

① P0 口用作输出口：在 CPU 执行输出指令时，写脉冲加到端口锁存器的 CLK（时钟端口）上，与内部总线相连的 D 端数据取反后出现在 Q 端上，再经 T2 反相，出现在 P0.X 端口上的数据正好是内部总线的数据。必须注意：当 P0 口用作输出端口时，输出极属开漏电路，因此 P0 口必须外接上拉电阻，否则无法可靠输出"1"或"0"。

② P0 口用作输入：数据可以读自口的锁存器，也可以读自引脚。这要根据输入操作采用的是"读锁存器"指令还是"读引脚"指令决定。

当 CPU 在执行"读—修改—写"类输入指令时，如"ANL P1, A"，则采用读锁存器的操作方式。它将锁存器 Q 端的数据读入内部数据总线，与累加器 A 进行运算修改后，将结果送回到端口锁存器并输出到引脚。

CPU 执行"MOV"类指令（数据传送类指令）时，则进行"读引脚"操作，引脚数据经下部缓冲器读入内部数据总线。必须注意：在读引脚前必须先对锁存器写"1"，使场效应管 T2 截止，才能正确输入引脚上的信息。因此，P0 端口作为通用 I/O 口时，属于准双向口。

（2）P0 口作为地址/数据总线使用：当 MCS-51 单片机进行外部存储器扩展，CPU 对片外存储器进行读写时，内部硬件使控制线为 1，开关 MUX 拨向上方，此时 P0 口可作为地址/数据总线使用。

① P0口用作输出地址/数据总线：在 MCS-51 单片机与外扩存储器或外围器件组成的系统中，P0 口端子输出低 8 位地址或数据。此时，开关 MUX 将 CPU 内部的地址/数据线经反相后与 T2 相连。从图 1-6 中可以看到，T1 和 T2 处于反相状态，构成推拉式输出电路，从而增大了负载能力。

② P0口用作数据输入总线：读端子信号有效时，打开输入缓冲器，使输入端口数据进入内部总线。

2. P2 口的结构

由图 1-7 可以看到，P2 口的位结构与 P0 口类似，由一个输出锁存器、一个转换开关（MUX）、两个三态输入缓冲器、输出驱动电路和一个反相器组成。其输出驱动电路与 P0 口不同，内部设有上拉电阻。

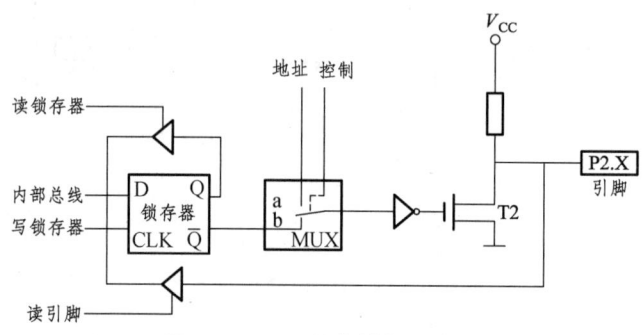

图 1-7 P2 口的位结构示意图

（1）P2 口用作通用 I/O 口。

① 执行输出指令时，内部数据总线的数据在"写锁存器"信号的作用下由 D 端进入锁存器，经反相器反相后送至场效应管 T，再经 T 反相，在 P2.X 引脚出现的数据正好是内部数据总线的数据。

② 用作输入时，数据可以读自口的锁存器，也可以读自口的引脚。这要根据输入操作采用的是"读锁存器"指令还是"读引脚"指令来决定，与 P0 口作通用 I/O 输入口使用的原理相同。

所以，P2 口在作为通用 I/O 口时，也属于准双向口。

（2）P2 口用作地址总线

当需要在单片机芯片外部扩展程序存储器（$\overline{EA}=0$）或扩展了 RAM（或接口芯片）且采用"MOVX @DPTR"类指令访问时，单片机内部硬件会使转换开关（MUX）接向地址线，这时 P2.X 引脚的状态与地址线信息相同。

3. P1 口和 P3 口的结构

P1 口是 8051 单片机的唯一单功能口，仅能用作通用的数据输入/输出口。P3 口是双功能口，除具有数据输入/输出功能外，每一口线还具有特殊的第二功能。

1）P1 口的结构

P1 口的位结构如图 1-8 所示。P1 口由一个输出锁存器、两个三态输入缓冲器和输出驱动电路组成。输出驱动电路与 P2 口相同，内部设有上拉电阻。

P1 口是通用的准双向 I/O 口。由于内部有约 30 kΩ 的上拉电阻，引脚可以不接上拉电阻。用作输入时，必须向口锁存器先写入 "1"。

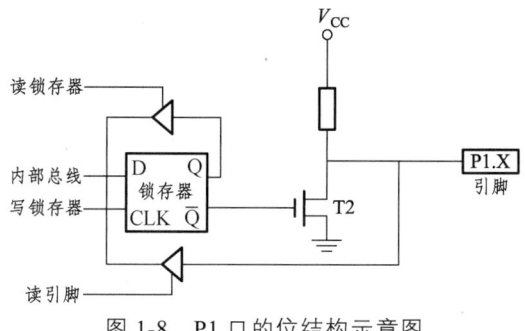

图 1-8　P1 口的位结构示意图

2）P3 口的结构

P3 口的位结构如图 1-9 所示。P3 口由一个输出锁存器、三个输入缓冲器（其中两个为三态）、输出驱动电路和一个与非门组成。输出驱动电路与 P2 口和 P1 口相同。

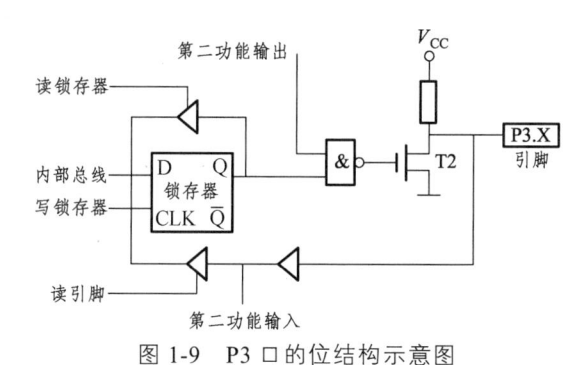

图 1-9　P3 口的位结构示意图

（1）P3 口作为通用 I/O 口使用。

P3 口作为通用 I/O 使用时，其工作原理同 P1 口类似，第二功能输出端保持高电平，D 锁存器的 Q 端状态可经与非门和 T2 输出。

当 P3 口作为输入使用时，应先用软件向端口锁存器写 1，使 Q 端为 1，经与非门输出为 0，T2 截止。此时，CPU 给出读端子信号，将端子上的信号经缓冲器 1（常开）和输入三态缓冲器送到内部总线。

（2）P3 口作为第二功能使用。

当 P3 口的某位被用作第二功能时，内部硬件自动设置该位 D 锁存器 Q 端为 1，使与非门保持对第二功能输出端状态的畅通输出。第二功能输出端主要指对 TXD、$\overline{WR}$、$\overline{RD}$ 的输出。P3 口被用作第二功能时 D 锁存器 Q 端已被置 1，所以第二功能输出端不作输出时也保持为 1，使得输出 T2 截止。由于此时端口已不作为通用 I/O 口，读端子信号无效，输入三态缓冲器不导通，这样 P3 口端子的第二输入功能信号（RXD、TXD、$\overline{INT0}$、$\overline{INT1}$、T0 和 T1）经缓冲器 1 送入第二功能输入端。

任务 1-4　单片机的存储器结构

MCS-51 系列单片机的存储器从物理结构上可以分为如下 4 个物理存储空间：片内数据存储器（IDATA 区）、片外数据存储器（XDATA 区）、片内程序存储器和片外程序存储器（程序存储器合称为 CODE 区）；从逻辑上（即从用户使用的角度）来划分有 3 个存储空间：片内外统一编址的 64 KB（0000H～FFFFH）程序存储器、片内 256 B（00H～FFH）数据存储器、片外 64 KB（0000H～FFFFH）数据存储器地址空间。

1.4.1　程序存储器

51 单片机有 64 KB ROM 的寻址区，其中 0000H～0FFFH 的 4 KB 地址区可以为片内 ROM 和片外 ROM 共用，1000H～FFFFH 的 60 KB 地址区为片外 ROM 所专用。在 0000H～0FFFH 的 4 KB 地址区，片内 ROM 可以占用，片外 ROM 也可以占用，但不能为两者同时占用。51 单片机上电复位后，PC = 0000H（PC 为程序计数器），程序将自动从 0000H 地址单元开始取指令执行。为了指示机器的这种占用，设计者为用户提供了一条专用的控制引脚 $\overline{EA}$。如图 1-10 所示，当 $\overline{EA}$ 为高电平，CPU 从片内 0000H 开始执行程序，如果程序代码超过 4 KB 范围，则自动访问片外程序存储器。当 $\overline{EA}$ 为低电平，则只能寻址片外 ROM 0000～FFFFH 范围的程序代码，不理会片内 ROM。一般情况下，使用片内程序存储器就足够了，此时 $\overline{EA}$ 须接高电平。

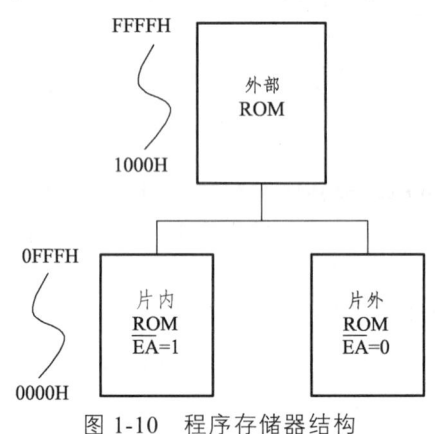

图 1-10　程序存储器结构

在程序存储器 64 KB 中，有一小段范围是 51 单片机系统的特殊单元，其中一组单元为 0000H～0002H。51 单片机上电复位后，PC = 0000H，程序将自动从 0000H（程序入口地址）单元开始执行程序。这 3 个字节一般存放 1 条跳转指令，跳转到程序存放处。

还有 1 组特殊单元为 0003H～002AH，共 40 个单元，分为 5 段，作为 5 个中断源的中断程序入口地址区。

0003H：外部中断 0 入口地址。

000BH：定时器 0 溢出中断入口地址。
0013H：外部中断 1 入口地址。
001BH：定时器 1 溢出中断入口地址。
0023H：串行口中断入口地址。

在单片机 C 语言程序设计中，用户无须考虑程序的存放地址，程序会在编译过程中按照上述规定，自动安排程序的存放地址。例如，C 语言是从 main（）函数开始执行的，编译程序会在程序存储器的 0000H 处自动存放一条转移指令，跳转到 main（）函数存放的地址；中断函数也会按照中断类型号，自动由编译程序安排存放在程序存储器相应的地址。所以，读者只需了解程序存储的结构即可。

1.4.2 数据存储器

单片机数据存储器

51 单片机的数据存储器分为片外 RAM 和片内 RAM 两大部分。片外最多可扩展 64 KB RAM（0000H～FFFFH），单片机使用不同指令访问内部 RAM 和外部 RAM，所以即使地址相同的存储单元，也不会发生数据冲突。

片内 RAM 共有 256 个单元，通常把这 256 个单元划分为低 128 B 单元和高 128 B 单元。内部数据存储器低 128 字节（地址范围是 00H～7FH）分成工作寄存器区、位寻址区、用户 RAM 区三部分，如图 1-11 所示。基本型单片机片内 RAM 地址范围为 00H～7FH，高 128 字节为特殊功能寄存器区（SFR，地址范围为 80H～FFH）。增强型单片机片内除地址范围在 00H～7FH 的 128 字节 RAM 外，又增加了 80H～FFH 的高 128 字节的 RAM。增加的这一部分 RAM 仅能采用间接寻址方式访问（旨在与特殊功能寄存器的访问相区别）。

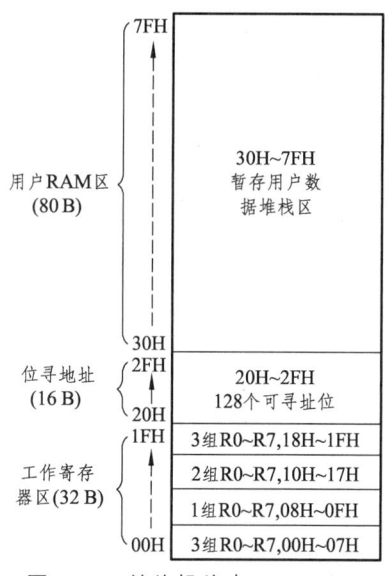

用户RAM区 (80 B)	30H~7FH 暂存用户数据堆栈区	7FH ↑ ↓ 30H
位寻址地址 (16 B)	20H~2FH 128个可寻址位	2FH ↑ ↓ 20H
工作寄存器区 (32 B)	3组R0~R7,18H~1FH	1FH
	2组R0~R7,10H~17H	
	1组R0~R7,08H~0FH	
	3组R0~R7,00H~07H	00H

图 1-11　单片机片内 RAM 配置

1. 工作寄存器区

共有 4 个工作寄存器组，每组 8 个寄存器单元（8 位），各组都以 R0～R7 为寄存器单元编号。寄存器常用于存放操作数及中间结果等，由于它们的功能及使用不作预先规定，因此称之为通用寄存器，有时也叫工作寄存器。4 组通用寄存器区占据内部 RAM 的 00H～1FH 单元地址。在任一时刻，CPU 只能使用其中的一组寄存器，并且把正在使用的那组寄存器称之为当前寄存器组。选择哪一个工作寄存器组，由程序状态字寄存器（PSW）中 RS1、RS0 位的状态组合来决定。

2. 位寻址区

内部 RAM 的 20H～2FH 单元具有双重功能，既可作为一般 RAM 单元使用，进行字节操作，也可以对单元中的每一位进行操作，因此把该区称为位寻址区。位寻址区共有 16 个 RAM 单元，计 128 位，位地址为 00H～7FH。表 1-3 为位寻址区的位地址表。

表 1-3 内部 RAM 位寻址区的位地址

单元地址	MSB←			位地址			→LSB	
2FH	7F	7E	7D	7C	7B	7A	79	78
2EH	77	76	75	74	73	72	71	70
2DH	6F	6E	6D	6C	6B	6A	69	68
2CH	67	66	65	64	63	62	61	60
2BH	5F	5E	5D	5C	5B	5A	59	58
2AH	57	56	55	54	53	52	51	50
29H	4F	4E	4D	4C	4B	4A	49	48
28H	47	46	45	44	43	42	41	40
27H	3F	3E	3D	3C	3B	3A	39	38
26H	37	36	35	34	33	32	31	30
25H	2F	2E	2D	2C	2B	2A	29	28
24H	27	26	25	24	23	22	21	20
23H	1F	1E	1D	1C	1B	1A	19	18
22H	17	16	15	14	13	12	11	10
21H	0F	0E	0D	0C	0B	0A	09	08
20H	07	06	05	04	03	02	01	00

注：MSB 为 Most Significant Bit（最高有效位）的简称；LSB 为 Least Significant Bit（最低有效位）的简称。

3. 用户 RAM 区

在位寻址区之后的其余 80 个单元为用户 RAM 区，其单元地址为 30H～7FH。这些单元可以作为数据缓冲器使用，其操作指令非常丰富，数据处理方便灵活。对用户 RAM 区的使用没有任何规定或限制，但在实际应用中一般把堆栈开辟在此区中。

4. 内部 RAM 高 128 单元

内部 RAM 高 128 单元是供给专用寄存器使用的，因此称之为特殊功能寄存器区（SFR）。该 SFR 区离散地布置了 18 个专用寄存器，地址范围为 80H～FFH，其中 DPTR、T0、T1 都由两个字节组成，所以专用寄存器共占用 21 个寄存器，如表 1-4 所示。还有一个不可寻址的专用寄存器，即程序计数器（PC），它不占据 RAM 单元，在物理上是独立的。

表 1-4 MCS-51 单片机专用寄存器地址

寄存器符号	MSB←			位地址/位定义			→LSB		字节地址
B	F7	F6	F5	F4	F3	F2	F1	F0	F0H
ACC	E7	E6	E5	E4	E3	E2	E1	E0	E0H
PSW	D7	D6	D5	D4	D3	D2	D1	D0	D0H
	CY	AC	F0	RS1	RS0	OV	—	P	
IP	BF	BE	BD	BC	BB	BA	B9	B8	B8H
	—	—	—	PS	PT1	PX1	PT0	PX0	
P3	B7	B6	B5	B4	B3	B2	B1	B0	B0H
	P3.7	P3.6	P3.5	P3.4	P3.3	P3.2	P3.1	P3.0	
IE	AF	AE	AD	AC	AB	AA	A9	A8	A8H
	EA	—	—	ES	ET1	EX1	ET0	EX0	
P2	A7	A6	A5	A4	A3	A2	A1	A0	A0H
	P2.7	P2.6	P2.5	P2.4	P2.3	P2.2	P2.1	P2.0	
SUBF									(99H)
SCON	9F	9E	9D	9C	9B	9A	99	98	98H
	SM0	SM1	SM2	REN	TB8	RB8	TI	RI	
P1	97	96	95	94	93	92	91	90	90H
	P1.7	P1.6	P1.5	P1.4	P1.3	P1.2	P1.1	P1.0	
TH1									(8DH)
TH0									(8CH)
TL1									(8BH)
TL0									(8AH)
TMOD	GATE	C/T	M1	M0	GATE	C/T	M1	M0	(89H)
TCON	8F	8E	8D	8C	8B	8A	89	88	88H
	TF1	TR1	TF0	TR0	IE1	IT1	IE0	IT0	
PCON	SMOD	—	—	—	GF1	GF0	PD	IDL	(87H)
DPH									(83H)
DPL									(82H)
SP									(81H)
P0	87	86	85	84	83	82	81	80	80H
	P0.7	P0.6	P0.5	P0.4	P0.3	P0.2	P0.1	P0.0	

在 21 个可寻址的专用寄存器中，有 11 个寄存器不仅能以字节寻址，也可以位寻址。全部特殊功能寄存器中可寻址的位共 83 位，这些位都具有专门的定义和用途。下面简单介绍常用的专用寄存器功能。

1）程序计数器（Program Counter，PC）

PC 是一个 16 位的计数器，其内容为下一条将要执行的指令地址，寻址范围达 64 KB。PC 有自动加 1 功能，从而实现程序的顺序执行。PC 没有物理地址，是不可寻址的。因此用户无法对它进行读写，但可以通过转移、调用、返回等指令改变其内容，以实现程序的转移。

2）累加器（Accumulator，ACC）

累加器为 8 位寄存器，是最常用的专用寄存器，功能较多，地位重要。它既可用于存放操作数，也可用来存放运算的中间结果。MCS-51 单片机中大部分单操作数指令的操作数就取自累加器，许多双操作数指令中的一个操作数也取自累加器。

3）B 寄存器

B 寄存器是一个 8 位寄存器，主要用于乘除运算。乘法运算时，B 是乘数。乘法操作后，乘积的高 8 位存于 B 中。除法运算时，B 是除数。除法操作后，余数存于 B 中。此外，B 寄存器也可作为一般数据存储器使用。

4）程序状态字（Program Status Word，PSW）

程序状态字是一个 8 位寄存器，用于寄存程序运行的状态信息。其中有些位状态是根据程序执行结果，由硬件自动设置的，而有些位状态则使用软件方法设定。PSW 的位状态可以用专门指令进行测试，也可以用指令读出。一些条件转移指令将根据 PSW 有关位的状态，进行程序转移。PSW 的各位定义如表 1-5 所示。

表 1-5　PSW 的各位定义

位序	PSW.7	PSW.6	PSW.5	PSW.4	PSW.3	PSW.2	PSW.1	PSW.0
位标志	CY	AC	F0	RS1	RS0	OV	—	P

除 PSW.1 位保留未用外，对其余各位的定义及使用介绍如下：

（1）CY（PSW.7）：进位标志位。

CY 是 PSW 中最常用的标志位，它有两个功能：一是存放算术运算的进位标志；二是在位操作中，作累加位使用，用于位传送、位与、位或等位操作。

（2）AC（PSW.6）：辅助进位标志位。

加减运算中，当有低 4 位向高 4 位进位或借位时，AC 由硬件置位，否则 AC 位被清 0。在十进制调整中要用到 AC 位状态。

（3）F0（PSW.5）：用户标志位。

这是一个供用户定义的标志位，需要时用软件方法置位或复位，用以控制程序的转向。

（4）RS1 和 RS0（PSW.4，PSW.3）：寄存器组选择位。

用于设定通用寄存器的组号。通用寄存器共有 4 组，其对应关系选择情况见工作寄存器区内容讲述。这两个选择位的状态是由软件设置的，被选中的寄存器组即为当前通用寄存器组，其对应关系如下：

RS1	RS0	寄存器组	R0~R7 地址
0	0	组 0	00~07H
0	1	组 1	08~0FH
1	0	组 2	10~17H
1	1	组 3	18~1FH

（5）OV（PSW.2）：溢出标志位。

在带符号数加减运算中，OV = 1 表示加减运算超出了累加器 A 所能表示的符号数有效范围（-128~+127），即产生了溢出，因此运算结果是错误的；否则，OV = 0，运算结果无溢出。在除法运算中，OV = 1 表示除数为 0，除法不能进行；否则，OV = 0，除数不为 0，除法可正常进行。

（6）P（PSW.0）：奇偶标志位。

表明累加器 A 中"1"的个数的奇偶性，在每个指令周期由硬件根据 A 的内容对 P 位自动置位或复位。

5）数据指针（DPTR）

数据指针为 16 位寄存器，它是 MCS-51 特殊寄存器中唯一的一个 16 位寄存器。编程时，DPTR 既可以按 16 位寄存器使用，也可以按两个 8 位寄存器分开使用，即

DPH   DPTR 高字节位
DPL   DPTR 低字节位

DPTR 通常在访问外部数据存储器时作地址指针使用。由于外部数据存储器的寻址范围为 64 KB，故把 DPTR 设计为 16 位。

6）堆栈指针（SP）

堆栈指针（SP）的内容就是堆栈顶部在内部 RAM 中的位置，即栈顶的存储单元地址。堆栈是为子程序调用和中断操作而设立的，它有两个具体功能：保护断点和保护现场。

任务 1-5 单片机的时钟与复位电路设计

搭建单片机最小系统电路

从本质上讲，单片机本身就是一个最小应用系统。由于晶振、开关等器件无法集成到芯片内部，这些器件又是单片机工作所必需的器件，因此，由单片机、晶振电路及由开关、电阻、电容等构成的复位电路共同构成单片机的最小应用系统。

AT89S52 片内有 Flash 程序存储器，由它构成的最小应用系统简单可靠。由于集成度高的原因，最小应用系统只能是基本控制单元。换句话说，AT89S52 的最基本工作条件离不开时钟电路和复位电路，这也是所有单片机必需的两个基本电路。

1.5.1 单片机的时钟电路

时钟电路用于产生单片机工作所需要的时钟信号，而时序所研究的是指令执行中

各信号之间的时间关系。单片机本身就如一个复杂的时序电路,电路应在时钟信号控制下严格地按时序进行工作。

1. 时钟信号的产生

在 MCS-51 芯片内部有一个高增益反相放大器,其输入端为芯片端子 XTAL1,其输出端为端子 XTAL2。而在芯片的外部,XTAL1 和 XTAL2 之间跨接晶体振荡器和微调电容,从而构成一个稳定的自激振荡器,这就是单片机的时钟电路。

时钟电路产生的振荡脉冲经过触发器进行二分频之后,才成为单片机的时钟脉冲信号。此处应注意时钟脉冲与振荡脉冲之间的二分频关系,否则会造成概念上的错误。

一般电容 C_1 和 C_2 取 30 pF 左右。晶体的振荡频率范围是 1.2 ~ 12 MHz。晶体振荡频率高,则系统的时钟频率也高,单片机运行速度也就快。但反过来运行速度快对存储器的速度要求就高,对印刷电路板的工艺要求也高(线间寄生电容要小)。MCS-51 单片机在通常应用情况下,使用振荡频率为 6 MHz 的石英晶体,而 12 MHz 主要是在高速串行通信的情况下才使用。其连接如图 1-12(a)所示。

2. 引入外部脉冲信号

在由多片单片机组成的系统中,为了各单片机之间时钟信号的同步,应当引入唯一的共用外部脉冲信号作为各单片机的振荡脉冲。这时外部的脉冲信号经 XTAL2 端子注入,其连接如图 1-12(b)所示。

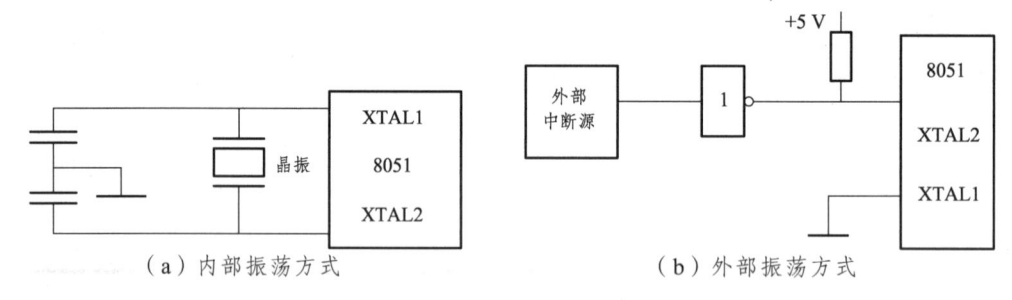

图 1-12 8051 时钟电路

注意,外接的脉冲信号应当是高低电平持续时间大于 20 ns 的方波,且脉冲频率应低于 12 MHz。对于 80C51 单片机,情况有些不同,外引脉冲信号需从 XTAL1 端子注入,而 XTAL2 端子悬空。

1.5.2 振荡周期、时钟周期、机器周期和指令周期

时钟周期、机器周期与指令周期的关系

时序是 CPU 在执行指令时所需控制信号的时间顺序,它是用定时单位说明的。MCS-51 单片机的时序定时单位共有 4 个,从小到大依次为拍节、状态、机器周期和指令周期。下面分别加以说明。

1. 拍节与状态

把振荡脉冲的周期定义为拍节(用 P 表示)。振荡脉冲经过二分频后,就是单片机

的时钟信号，把时钟信号的周期定义为状态（用 S 表示）。

这样，一个状态就包含两个拍节，其前半周期对应的拍节叫拍节 1（P_1），后半周期对应的拍节叫拍节 2（P_2），如图 1-13 所示。

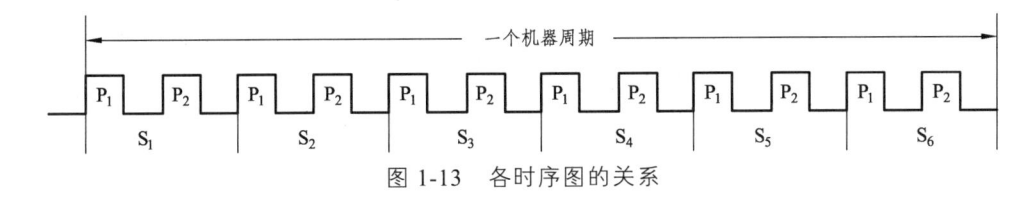

图 1-13　各时序图的关系

2. 机器周期

MCS-51 单片机采用定时控制方式，因此它有固定的机器周期。规定一个机器周期的宽度为 6 个状态，并依次表示为 $S_1 \sim S_6$。由于一个状态又包括两个拍节，因此一个机器周期总共有 12 个拍节，分别记作 S_1P_1、$S_1P_2\cdots S_6P_2$。由于一个机器周期共有 12 个振荡脉冲周期，因此机器周期就是振荡脉冲的十二分频。

当振荡脉冲频率为 12 MHz 时，一个机器周期为 1 μs；当振荡脉冲频率为 6 MHz 时，一个机器周期为 2 μs。

3. 指令周期

指令周期是最大的时序定时单位，执行一条指令所需要的时间称之为指令周期。MCS-51 单片机的指令周期根据指令的不同，可包含有 1、2、4 个机器周期。

1.5.3　单片机复位电路设计

如果在 MCS-51 单片机的复位端子（RST）上出现两个机器周期以上的高电平时，单片机就完成了复位操作。如 RST 上持续为高电平，单片机就处于循环复位状态。当 RST 由高电平变为低电平后，单片机就进入初始化过程，从 0000H 地址开始执行程序。所以，在单片机运行出错或进入死循环状态时，可以利用复位重新启动。单片机复位后不改变片内 RAM 中的内容，21 个 SFR 复位后的状态见表1-6。记住一些 SFR 复位后的主要状态，对熟悉单片机的操作、简化应用程序中的初始化部分都是十分必要的。

表 1-6　MCS-51 单片机复位后 SFR 的初始状态

SFR	初始状态	SFR	初始状态
A	00H	TMOD	00H
B	00H	TCON	00H
PSW	00H	TH0	00H
SP	07H	TL0	00H

续表

SFR	初始状态	SFR	初始状态
DPL	00H	TH1	00H
DPH	00H	TL1	00H
P0~P3	FFH	SBUF	不定
IP	XXX00000B	SCON	00H
IE	0XX00000B	PCON	0XXXXXXXB

根据实际应用的要求，MCS-51 单片机的复位操作方式有上电复位和按钮手动复位两种。对应的复位电路如图 1-14 所示。图中复位电路中电容、电阻数值的设置，是为了保证在 RST 端子处保持一定时间的高电平。

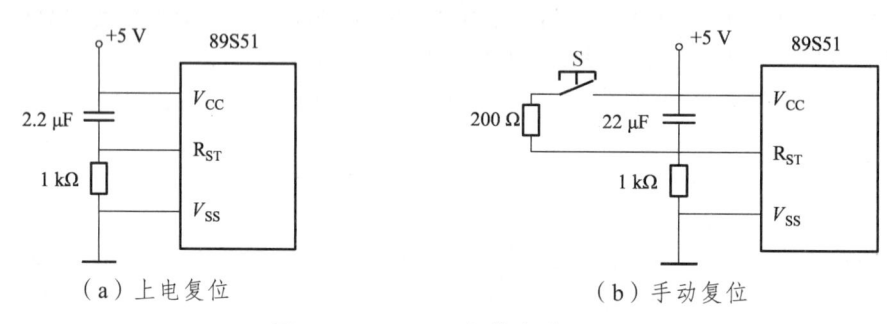

图 1-14　MCS-51 复位电路

上电复位电路如图 1-14（a）所示。上电瞬间，RST 端电位与 V_{CC} 相同，随着 RC 串联充电电流的减小，RST 端电位逐渐下降，只要在 RST 处有时间足够长的阈值以上电压，就能使 MCS-51 单片机可靠复位。图中参数适宜于 6 MHz 的晶体振荡器。

按钮手动复位电路如图 1-14（b）所示。图中按钮 S 未按下时，单片机接通电源，就进入上电复位状态。在单片机运行中，当按钮 S 按下后，由 R_1 和 R_2 组成的串联分压电路，使 RST 端获得足够时间的阈值以上电压，单片机即进行复位。在单片机复位后，松开按钮，单片机即可开始正常运行程序。

单片机的复位电路虽然简单，但其作用十分重要。实际应用中，可用示波器监视 RST 端，在上电复位或手动复位时，看是否有足够幅度的波形输出。

项目实施

任务 1-6　搭建单片机最小系统电路

1.6.1　元器件准备

按表 1-7 所示的元器件清单采购并准备好元器件。

表 1-7　元器件清单

序号	标号	标称	数量	属性
1	C_1、C_2	30 pF	2	瓷片电容
2	C_3	10 μF	1	电解电容
3	R	10 kΩ	1	直插 1/4 W
4	S1	RST	1	直插
5	U1	AT89S51/STC89C51	1	DIP40
6	Y1	12 MHz/11.0592 MHz	1	直插
7	JSP	IDC10	1	直插 10 芯排针

1.6.2　电路搭建

按图 1-15 所示的电路原理图进行电路设计和电路搭建。

单片机最小系统制作

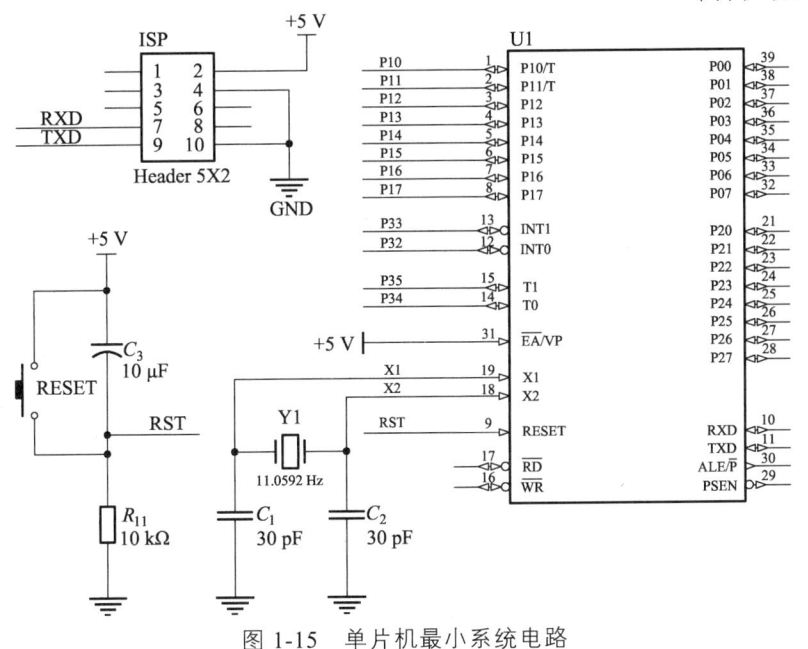

图 1-15　单片机最小系统电路

1.6.3　实物制作

根据元器件清单准备元器件，参照单片机最小系统电路原理图，在万能板上自行设计并焊接完成单片机最小系统的实物制作。

思考与练习

1. 选择题

（1）MCS-51 系列单片机是下列几位数的单片机：（　　）。
　　A. 8 位　　　　B. 12 位　　　　C. 10 位　　　　D. 16 位

（2）单片机 EA 管脚接高电平，表示访问的是（　　）。
　　A. 片内程序存储器　　　　　　B. 片内数据存储器
　　C. 片外程序存储器　　　　　　D. 片外数据存储器

（3）下列是 16 位寄存器的是（　　）。
　　A. ACC　　　B. B 寄存器　　　C. PSW　　　　D. DPTR

（4）下列关于堆栈说法不正确的是（　　）。
　　A. 保护断点　　　　　　　　　B. 现场保护
　　C. 位于片内用户 RAM 区　　　　D. 先进先出

（5）单片机复位后，程序计数器（PC）是（　　）。
　　A. 0000H　　　　　　　　　　B. 0007H
　　C. 07H　　　　　　　　　　　D. 00H

（6）8051 单片机的内部数据存储器不包括（　　）。
　　A. 通用寄存器区　　　　　　　B. 位寻址区
　　C. 堆栈区　　　　　　　　　　D. 程序存储区

（7）51 单片机的 P0、P1、P2、P3 作为 I/O 端口使用时，需外接上拉电阻的是（　　）。
　　A. P0　　　　B. P1　　　　　C. P2　　　　　D. P3

2. 问答题

（1）微型计算机由哪几部分组成？各部分的作用是什么？

（2）三总线是什么？它们的主要功能是什么？

（3）AT89S51 单片机的内部包含有哪些主要逻辑功能部件？各有什么功能？

（4）AT89S51 单片机的存储器可分为哪几个用户空间？如何来区别对不同空间的寻址？

（5）简述 AT89S51 片内数据存储器的空间分布。片内数据存储器可进行位寻址的单元有哪些？

（6）AT89S51 的 21 个特殊功能寄存器中，可进行位寻址的有哪些？

（7）简述 PSW 中各位的含义。

（8）DPTR 是什么寄存器？它的作用是什么？它由哪几个寄存器组成？

（9）堆栈有哪些功能？堆栈指示器（SP）的作用是什么？

（10）什么是时钟周期、机器周期、指令周期？它们之间有何关系？

（11）单片机最小系统由哪几部分组成？画出其框图和原理图。

项目 2 MCS-51 单片机汇编语言编程应用

> **项目简介**

本项目主要介绍 MCS-51 单片机的寻址方式、指令系统、基本程序结构及汇编语言程序的编写,并结合典型的、常用的程序作为程序设计举例。通过本项目的学习,学生应熟悉单片机的各种寻址方式,掌握单片机汇编语言的基本指令,并能够读懂和编写及调试简单功能的程序段。本项目的重点是寻址方式、各种指令的应用、程序设计的规范、程序设计的思想及典型程序的理解和掌握。难点是控制转移、位操作指令的理解以及各种指令的灵活应用、程序设计的基本方法和针对具体的硬件设计出最合理的软件。

任务 2-1 MCS-51 汇编指令系统认知

认识汇编指令系统与寻址方式

2.1.1 指令系统概述

指令是要求计算机完成某种特定操作的命令。一条指令完成一种操作,功能有限。为了使单片机具有更多的功能,能够完成复杂的任务,就需要一系列的指令。单片机能够执行的各种指令的集合,称为它的指令系统。

不同型号单片机的指令系统也不相同,MCS-51 单片机指令系统包括 111 条指令,可以按照不同的标准进行划分。

MCS-51 单片机指令系统按照机器语言指令在程序存储器中所占的字节数来划分,可分为单字节指令(49 条)、双字节指令(45 条)、三字节指令(17 条);按照指令执行时间分类,可分为单机器周期指令(64 条)、双机器周期指令(45 条)、四机器周期指令(2 条)。

指令分类如表 2-1 所示。

表 2-1 指令分类

类别	数目	功能
数据传送类	28 条	执行内外 RAM、ROM 之间的数据传送
算术运算类	24 条	执行数据的加、减、乘、除运算
逻辑运算类	25 条	执行与、或、非、异或等逻辑操作
位操作类	17 条	执行位的传送和逻辑操作
控制转移类	17 条	执行无条件和有条件的转移、调用及返回操作

2.1.2 指令的格式

指令的表示方法称为指令格式，汇编语言指令通常包括操作码和操作数两部分。操作码用来规定指令完成的具体操作，操作数则表示指令操作的对象。操作数可能是一个具体的数据，也可能是数据的地址或符号。

AT89C51 汇编语言的指令语句的四分段格式如下：

[标号：] 操作码　　[操作数1，操作数2，操作数3] [；注释]

带方括号的项称为选择项，可有可无，根据具体指令的需要而定。不带方括号的项是必选项，是指令中必不可少的项。

汇编程序片段如下：

```
           ORG  0100H
START：    MOV  A，#06H    ；给累加器送 06H
           ADD  A，#02H    ；累加器加 2
```

1. 标　号

标号实际上是符号地址，表示这条指令在程序存储器中的存放首地址。有了标号，程序中的其他指令就可以通过跳转指令访问该指令。

有关标号的规定如下：

（1）标号是以字母开始的，由 1~8 个字符（字母或数字）组成。

（2）标号并不是必需的，而是根据需要来定的。通常在程序分支、转移所需要的地方才加上一个标号。

（3）标号不能使用汇编语言中已经定义过的符号名，如指令助记符、寄存器名、伪指令等。

（4）标号以冒号"："结尾。

（5）在一个程序中不允许重复定义标号，即同一程序内不能在两处及两处以上使用同一标号。

2. 操作码

操作码用指令助记符表示，表示该语句要执行的操作内容。它是指令的核心，不能缺省。操作码后面至少留一个空格，使其与后面的操作数分隔。

3. 操作数

操作数为指令的具体操作对象，用于给指令的操作提供数据或数据地址，常用符号（如寄存器、标号）、常量（如立即数、地址值等）来表示。操作数个数可以是 0 个（如 NOP 指令）、1 个（如 INC A）、2 个（如 MOV A，#40H），也可以是 3 个（如 CJNE A，#40H，LOOP）。而各操作数之间用逗号","分隔。

4. 注　释

注释完全是用户根据需要添加的。注释可有可无，但必要的程序注释有助于提高程序的可读性，方便程序的修改，在注释前面必须加分号"；"。

大多数汇编语言指令是由操作码和操作数组成的。例如，汇编语言指令"MOV A，R0"的功能把 R0 中的内容传给累加器 A。其中 MOV 是操作码，A、R0 是操作数，写在左面的操作数（操作数 1）称为目的操作数（表示操作结果存放的单元地址），写在右面的操作数（操作数 2）称为源操作数（指出操作数的来源）。

2.1.3 指令中的常用符号

AT89C51 指令系统规定了一些符号，用于描述寄存器、地址、数据等，这些符号的含义归纳如下。

Rn：当前选中的寄存器区的 8 个工作寄存器 R0 ~ R7（n = 0 ~ 7）。

Ri：当前选中的寄存器区中的 2 个寄存器 R0、R1，可作地址指针，即间址寄存器（i = 0、1）。

direct：内部数据存储器单元的地址。它可以是内部 RAM 的单元地址 0 ~ 127 或专用寄存器的地址，如 I/O 端口、控制寄存器、状态寄存器等（128 ~ 255）。

#data：包含在指令中的 8 位立即数。

#data16：包含在指令中的 16 位立即数。

addr16：16 位的目的地址，用于 LCALL 和 LJMP 指令中，目的地址范围是 64 KB 的程序存储器地址空间。

addr11：11 位的目的地址，用于 ACALL 和 AJMP 的指令中。目的地址必须存放在与下一条指令同一个 2 KB 程序存储器地址空间之内。

rel：8 位带符号的偏移量，用于 SJMP 和所有的条件转移指令中。偏移字节相对于下一条指令的第一个字节计算，在 – 128 ~ + 127 范围内取值。

DPTR：数据指针，可用作 16 位的地址寄存器。

bit：内部 RAM 或专用寄存器中的直接寻址位。

A：累加器 ACC。

B：专用寄存器，用于 MUL 和 DIV 指令中。

C：进位标志或进位位，或布尔处理中的累加器。

@：间址寄存器或基址寄存器的前缀，如@Ri，@ A + DPTR。

/：位操作数的前缀，表示对该位操作数取反，如/bit。

X：片内 RAM 的直接地址或寄存器。

(X)：片内 RAM 的直接地址中的内容。

((X))：以 X 为地址的存储单元中的内容。

←：表示将箭头右边的内容传送至箭头的左边。

在具体写指令时，必须用具有实际含义的内容来替代。如 direct，在写指令的时候，可以用 20H 之类的地址码来代替。

任务 2-2 认知寻址方式

所谓寻址方式，就是寻找操作数（一般是指源操作数）地址的方式，在用汇编语言编程时，数据的存放、传送、运算都要通过指令来完成。编程者必须自始至终都要十分清楚操作数的位置以及如何将它们传送到适当的寄存器去参与运算。一般来说，寻址方式越多，计算机功能越强，灵活性越大，所以寻址方式对机器的性能有很大的影响。MCS-51 有 7 种寻址方式，分别叙述如下：

2.2.1 立即寻址

立即寻址指将操作数直接写在指令中。

例如：MOV A，#40H；将立即数 40H 传送至累加器 A 中。

MCS-51 中还有一条指令需要 16 位的立即数。

例如：MOV DPTR，#data；将 16 位的立即数赋给数据指针 DPTR 寄存器。

说明：通常把出现在指令中的操作数称为立即数，且立即数前面应加前缀"#"。目的操作数不能采用立即寻址方式。

2.2.2 直接寻址

直接寻址在指令中直接给出操作数所在单元的真实地址。

例如：MOV A，3AH；将片内 RAM 3AH 单元中的内容传送至累加器 A 中。

指令中 3AH 就是操作数的直接地址（8 位二进制地址）。

直接寻址示意图如图 2-1 所示。

说明：直接寻址方式的寻址范围如下。

（1）内部数据存储器（RAM）低 128 单元。

（2）特殊功能寄存器（SFR）。SFR 在指令中的表示除了可以以直接地址形式给出外，还可以以寄存器符号形式给出，如对于累加器 A,在指令既可使用其直接地址 0E0H，也可使用其符号形式 ACC。值得强调的是，直接寻址方式是访问特殊功能寄存器的唯一方法。

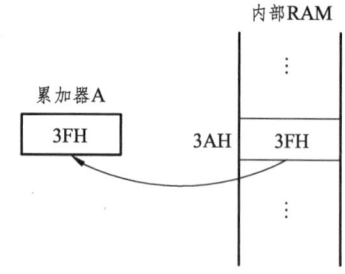

图 2-1 直接寻址方式示意图

2.2.3 寄存器寻址

寄存器寻址是指由指令指出某一个寄存器中的内容作为操作数。

例如：MOV A，R0；R0 中的内容就是操作数，将 R0 中的数传送至累加器 A 中。

说明：寄存器寻址方式的寻址范围如下。

（1）四组通用寄存器，即 Rn（R0~R7）。

（2）部分专用寄存器。在 MCS-51 单片机中，A，B，DPTR，CY 在指令代码中不单独占据一个字节，而是嵌入操作码中，也属于寄存器寻址。

2.2.4 寄存器间接寻址

寄存器间接寻址过程

寄存器间接寻址是指由指令指出某一个寄存器的内容作为操作数的地址。在这种寻址方式中，存放在寄存器中的内容不是操作数，而是操作数所在的存储单元的地址。

例如：MOV A，@R0；寄存器间接寻址需要以寄存器符号的形式表示，并在寄存器名称前面加上间接寻址的符号"@"。

设 R0 中的内容为 34H，则此指令的功能是以 R0 中的内容为地址，把内部 RAM 中 34H 单元中的内容传送到累加器 A 中。寄存器间接寻址示意图如图 2-2 所示。

例如：MOVX A，@DPTR

设 DPTR 中的内容为 8000H，则此指令的功能是将外部 RAM 8000H 单元中的内容传送给累加器 A。

说明：MCS-51 规定，寄存器间接寻址只能使用 R0、R1、DPTR 作为间接寻址寄存器，从而就确定了寄存器的寻址范围，具体情况如下。

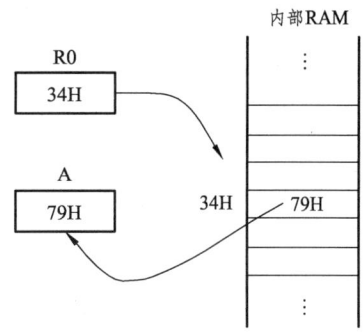

图 2-2 寄存器间接寻址示意图

（1）采用 R0 或 R1 作间接寻址寄存器，可寻址片内 RAM 和片外 RAM 的低 256 字节的存储空间。

（2）利用 DPTR 作间接寻址寄存器，可寻址片外数据存储器的整个 64 KB 的空间。

（3）堆栈指针（SP）作为堆栈操作的地址，因此，POP 和 PUSH 指令也是寄存器间接寻址。

2.2.5 基址加变址寻址

基址加变址寻址是指以 DPTR 或 PC 作为基址寄存器，累加器 A 作为变址寄存器，两者的内容相加形成新的 16 位地址为操作数的地址。

例如：MOVC A，@A+DPTR

设该指令放在 2040H 单元，累加器 A 中的内容为 0E0H，DPTR 中的值为 2000H，则操作数的地址等于：E0H + 2000H = 20E0H，即将 20E0H 单元中的内容传送至 A 中。该指令的执行过程如图 2-3 所示。

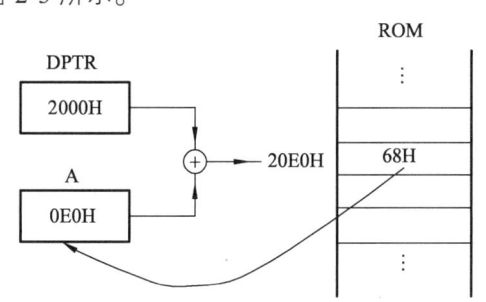

图 2-3 基址加变址寻址示意图

例如：MOVC A，@A+PC；将（A）+（PC）所指的程序存储单元的内容送给累加器 A。

说明：

（1）基址加变址寻址只能对程序存储器 ROM 进行寻址，主要用于查表性质的访问。

（2）累加器 A 存放的操作数地址相对基地址的偏移量的范围为 00H~FFH（无符号数）。

（3）MCS-51 单片机共有以下三条基址加变址寻址指令。

MOVC　A，@A+PC
MOVC　A，@A+DPTR
JMP　　@A+DPTR

2.2.6　相对寻址

相对寻址是指将程序计数器 PC 中的当前内容与指令第二字节所给出的偏移量相加，其结果作为跳转指令的转移地址。由于偏移量是相对 PC 而言的，故称为相对寻址方式。

程序转移目标地址 = 当前 PC 值 + 相对偏移量 rel + 转移指令字节数

相对偏移量 rel 是一个 8 位有符号数，范围为 −128~+127。

例如：SJMP　08H

现设 PC = 2000H 为本指令的地址，转移目的地址 =（2000 + 02）+ 08H = 200AH，因本指令为两字节指令，CPU 执行完指令后，程序计数器 PC 中的内容已经加 2，指向下一条指令的地址，所以目的地址需要加 2。相对寻址示意图如图 2-4 所示。

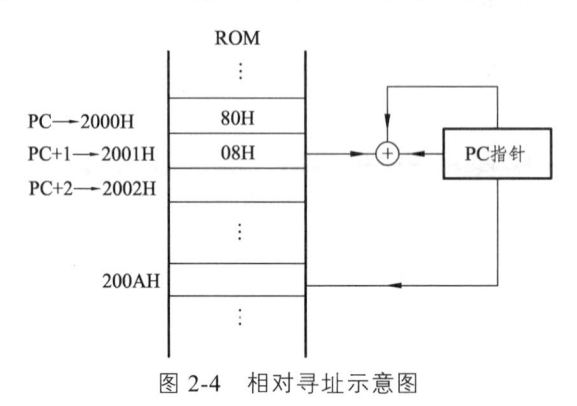

图 2-4　相对寻址示意图

说明：相对寻址只能对程序存储器 ROM 进行寻址。

2.2.7　位寻址

MCS-51 单片机中，有独立的位处理器。位操作指令可以对位地址空间的每个位进行变量传送、状态控制、逻辑运算等操作。位寻址区专门安排在片内 RAM 中的两个区域：一是片内 RAM 的位寻址区，地址范围是 20H~2FH，共 16 个 RAM 单元，其中每一位都可单独作为操作数；二是某些特殊功能寄存器（SFR），其特征是它们的物理地址应能被 8 整除，共 11 个，它们离散地分布在 80H~FFH 的字节地址区。

在汇编语言级指令格式中，位地址有 4 种表示方式。

（1）使用直接位地址表示，如 20H、30H、33H 等。

（2）使用位寄存器名来表示，如 C、OV、F0 等。

（3）使用字节寄存器名后加位数来表示，如 PSW.4、P0.5ACC.3 等。

（4）使用字节地址加位数来表示，如 20.0、30.4、50.7 等。

在进行位操作时，借助于进位标志 C 作为位操作累加器。操作数直接给出该位的地址，然后根据操作码的性质对其进行位操作。位寻址的位地址与直接寻址的字节地址形式完全一样，主要由操作码来区分，使用时需予以注意。

例如：MOV　20H，C；20H 是位寻址的位地址
　　　MOV　A，20H；20H 是直接寻址的字节地址

MCS-51 单片机的 7 种寻址方式中，每种寻址方式可涉及的存储器空间如表 2-2 所示。

表 2-2　操作数寻址方式及有关空间

寻址方式	寻址空间
立即寻址	程序存储器 ROM
直接寻址	片内 RAM 低 128 字节、专用寄存器 SFR 和片内 RAM 可位寻址的位
寄存器寻址	工作寄存器 R0~R7，A，B，CY，DPTR
寄存器间接寻址	片内 RAM 低 128 字节（以@R0、@R1 方式寻址），SP（仅对 PUSH、POP 指令）；片外 RAM（以@R0、@R1、@DPTR 方式寻址）
基址加变址寻址	程序存储器（以@A+PC、@A+DPTR 方式寻址）
相对寻址	程序存储器 256 字节范围（以 PC+偏移量）
位寻址	片内 RAM 的 20H~2FH 字节地址中的所有位和部分特殊功能寄存器（SFR）的位

任务 2-3　认知汇编指令

MCS-51 系列单片机指令系统采用汇编语言指令，其 111 条指令按功能可分为数据传送类指令、算术运算类指令、逻辑运算类指令、移位类指令、控制转移类指令和位操作类指令六大类。本任务详细介绍这六大类指令。

2.3.1　数据传送类指令

数据传送类指令

在 MCS-51 系列单片机指令系统中，这类指令是运用最频繁的一类指令。单片机的逻辑空间分为片内 RAM、片外 RAM 和 ROM。数据的传送也都是在这三者之间进行的，传送路径如图 2-5 所示。

（1）片内 RAM 的单元数据可以相互传送，用 MOV 指令。

```
                        MOV
                     ┌──────┐
                     │ 片内RAM │
                     └──────┘
                        ↕ MOVC
┌───────┐  MOVX   ┌─────┐  MOVC   ┌─────┐
│ 片外RAM │ ←───── │  A  │ ←───── │ ROM │
└───────┘         └─────┘         └─────┘
```

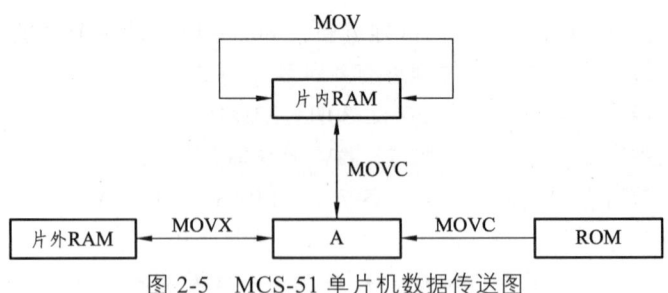

图 2-5　MCS-51 单片机数据传送图

（2）片外 RAM 只能与累加器 A 进行数据传送，片外 RAM 数据送入片内 RAM 或者片内 RAM 数据送入片外 RAM 必须经过累加器 A，用 MOVX 指令。

（3）ROM 只能读取数据，并且只能送到 A 中，如果要将 ROM 数据送入片内 RAM 或者片外 RAM，也必须经过累加器 A，用 MOVC 指令。

指令中必须指定传送数据的源地址和目的地址。该指令一般是把源操作数传送到目的操作数，指令执行后，源操作数不变，目的操作数修改为源操作数。传送类指令一般不影响标志位。

1. 内部 RAM 的数据传送指令

内部 RAM 的数据传送指令有 16 条，包括累加器、寄存器、专用寄存器、RAM 单元之间的相互数据传送。

（1）以累加器为目的操作数的指令（4 条），如表 2-3 所示。

表 2-3　以累加器为目的操作数的指令

类型	目的操作数	汇编语言指令	功能	字节数	机器周期
片内 RAM 传送指令	A	MOV A, Rn	A←Rn	1	1
		MOV A, @Ri	A←((Ri))	1	1
		MOV A, #data	A←data	2	1
		MOV A, direct	A←(direct)	2	1

这类指令是把源操作数中的内容送入累加器 A 中。源操作数的寻址方式分别为寄存器寻址、直接寻址、寄存器间接寻址和立即寻址。

例：若 R1 = 21H，(21H) = 55H，执行指令 MOV A，@R1 后的结果为 A = 55H，而 R1 的内容和 21H 单元的内容均不变。

（2）以寄存器为目的操作数的指令（3 条），如表 2-4 所示。

表 2-4　以寄存器为目的操作数的指令

类型	目的操作数	汇编语言指令	功能	字节数	机器周期
片内 RAM 传送指令	Rn	MOV Rn, A	Rn←(A)	1	1
		MOV Rn, direct	Rn←(direct)	2	2
		MOV Rn, #data	Rn←data	2	1

这类指令是把源操作数中的内容送入当前寄存器 R0～R7 中的某一个寄存器，源操作数的寻址方式分别为寄存器寻址、直接寻址和立即寻址。

例：若（50H）= 45H，R5 = 33H，执行指令 MOV R5,50H 后的结果为 R5 = 45H，50H 单元中的内容不变。

（3）以直接地址为目的操作数的指令（5 条），如表 2-5 所示。

表 2-5 以直接地址为目的操作数的指令

类 型	目的操作数	汇编语言指令	功 能	字节数	机器周期
片内 RAM 传送指令	direct	MOV direct, A	direct←（A）	2	1
		MOV direct, Rn	direct←（Rn）	2	2
		MOV direct, direct	direct←（direct）	3	2
		MOV direct, @Ri	direct←（(Ri)）	2	2
		MOV direct, #data	direct←data	3	2

这类指令的功能是把源操作数中的内容送入直接地址指出的存储单元。Direct 指定的存储单元是内部 RAM 的 00H～7FH 或 SFR（地址范围为 80H～FFH）。源操作数的寻址方式分别为寄存器寻址、直接寻址、寄存器间接寻址和立即寻址。

例：若 R0 = 50H,（50H）= 6AH,（70H）= 2FH，执行指令 MOV 70H, @R0 后的结果为（70H）= 6AH，R0 中的内容和 50H 单元的内容不变。

（4）以寄存器间接地址为目的操作数的指令（3 条），如表 2-6 所示。

表 2-6 以寄存器间接地址为目的操作数的指令

类 型	目的操作数	汇编语言指令	功 能	字节数	机器周期
片内 RAM 传送指令	@Ri	MOV @Ri, A	（Ri）←（A）	1	1
		MOV @Ri, direct	（Ri）←（direct）	2	2
		MOV @Ri, #data	（Ri）←data	2	1

这类指令的功能是把源操作数中的内容送入 R0 或 R1 所指定的存储器中。在间接地址中，用 R0 或 R1 作为内部 RAM 的地址指针，可访问内部 RAM 的 00H～7FH 中的存储单元。

例：若 R1 = 30H,（30H）= 22H, A = 34H，执行指令 MOV @R1, A 后的结果为（30H）= 34H，R1 和 A 中的内容不变。

（5）16 位数据的传送指令（1 条），如表 2-7 所示。

表 2-7 16 位数据的传送指令

类 型	目的操作数	汇编语言指令	功 能	字节数	机器周期
片外 RAM 传送指令	DPTR	MOV DPTR, #data	DPTR←data16	3	2

这条指令把16位的立即数送入DPTR，即将立即数高8位送DPH，低8位送DPL，是唯一的一条16位传送指令，通常用来给DPTR赋初值。源操作数的寻址方式为立即寻址。

2. 累加器A与外部数据存储器传送指令

CPU与外部RAM的数据传送指令，其助记符为MOVX，其中的X就是external（外部）的第二个字母，表示访问外部RAM。这类指令共有4条，如表2-8所示。

表2-8 累加器A与外部数据存储器传送指令

类型	目的操作数	汇编语言指令	功能	字节数	机器周期
片外RAM传送指令	A	MOVX A, @DPTR	A←((DPTR))；读外部RAM或I/O口	1	2
	@DPTR	MOVX @DPTR, A	(DPTR)←(A)；写外部RAM或I/O口	1	2
	A	MOVX A, @Ri	A←((P2)+(Ri))；读外部RAM或I/O口	1	2
	@Ri	MOVX @Ri, A	(P2)+(Ri)←(A)；写外部RAM或I/O口	1	2

这组指令的功能是，读外部RAM或I/O中的一个字节，或把A中一个字节的数据写到外部RAM或I/O中。

前两条指令以DPTR作为外部RAM的16位地址指针，由P0口送出低8位地址，由P2口送出高8位地址，寻址能力为64 KB。后两条指令用R0或R1作外部RAM的低8位地址指针，由P0口送出地址码，P2口的状态不受影响，寻址能力为外部RAM空间256字节单元。

例：设某一输入设备口地址为8F00H，这个口中已有数据89H，欲将此值存入片内20H单元中，则可用以下指令完成。

MOV　　DPTR, #8F00H　　；将立即数8F00H送给DPTR
MOVX　A, @DPTR　　；将外部RAM中的8F00H单元的数据读入累加器A
MOV　　20H, A　　；20H←(A)

指令执行后的结果：20H单元的内容为89H。

例：若P2=03H，R1=40H，A=7FH，执行指令MOVX @R1, A后的结果为外部RAM(0340H)=7FH，P2和R1及A中内容不变。

3. 累加器A与程序存储器的传送指令

累加器A与程序存储器的传送指令有两条，指令助记符采用MOVC，其中C就是code（代码）的第一字母，表示读取ROM中的代码，如表2-9所示。该指令用于读程序存储器中的数据表格，又称为查表指令，且均采用基址加变址寻址方式。

表 2-9　累加器 A 与程序存储器的传送指令

类　型	目的操作数	汇编语言指令	功　能	字节数	机器周期
ROM 传送	A	MOVC A，@A+PC	A←((A)+(PC))	1	2
		MOVC A，@A+DPTE	A←((A)+(DPTR))	1	2

（1）以 PC 为基址指令。以 PC 作为基址寄存器，以 A 作为变址寄存器，把 A 中的内容（8 位无符号整数）和 PC 中的内容（下一条指令的起始位置）相加，得到一个 16 位的地址，把该地址指出的程序存储器的内容送到累加器 A。

例：(A) = 30H，执行地址 1000H（PC = 1000H）处的指令。

1000H：MOVC A，@A+PC

结果为：首先把累加器 A 中的内容 30H 加上本条指令执行后的 PC 值 1001H，得到程序存储器单元地址 1031H，然后将程序存储器中 1031H 的内容送入 A。

这条指令的优点是不改变专用寄存器及 PC 的状态，根据 A 的内容可以取出程序存储器中某一区域的数据（通常为表格常数）；缺点是此数据区域只能存放在该指令后面的 256 个单元之内。因此，此数据区域的大小受到了限制。

（2）以 DPTR 为基址指令。以 DPTR 作为基址寄存器，以 A 作为变址寄存器，把 A 中的内容（8 位无符号数）和 DPTR 中的内容相加，得到一个 16 位的地址，把该地址所指的程序存储器单元的内容送给累加器 A。

例：(DPTR) = 8100H，(A) = 40H，执行下列指令。

MOVC A，@A+DPTR

结果为：程序存储器中 8140H 单元中的内容送到了累加器 A 中。

这条指令的执行结果只与指针 DPTR 及累加器 A 的内容有关，与该指令存放的地址无关。

4. 数据交换指令

数据交换指令共有 5 条，完成累加器 A 和内部 RAM 单元之间的字节或半字节交换。

（1）字节交换（3 条），如表 2-10 所示。

字节交换指令的功能是将累加器 A 的内容与内部 RAM 中任何一个单元的内容相互交换。

表 2-10　字节交换

类型	汇编语言指令	功　能	字节数	机器周期
交换指令	XCH A，Rn	(A)←→(Rn)，将累加器 A 中的内容与 Rn 中的内容互换，n = 0~7	1	1
	XCH A，@Ri	(A)←→((Ri))，以 Ri 中内容为地址所指单元中的内容与累加器 A 中的内容交换，i = 0，1	1	1
	XCH A，direct	(A)←→(direct)，将 direct 直接地址所指存储单元中的内容与累加器 A 中的内容互换	2	1

例：若 A = 7AH，R1 = 45H，(45H) = 39H，执行指令 XCH A，R1 后的结果为 A = 45H，R1 = 7AH。

若 A = 7AH，R1 = 45H，(45H) = 39H，执行指令 XCH A，@R1 后的结果为 A = 39H，(45H) = 7AH，R1 = 45H。

(2) 半字节交换。

XCHD A，@Ri ;(A) 的低 4 位 ⟷ ((Ri)) 的低 4 位

累加器 A 的内容的低 4 位与内部 RAM 单元中的内容的低 4 位进行互换。

例：设 A = 59H，R0 = 45H，(45H) = 7AH，执行指令 XCHD A，@R0 后的结果为 A = 5AH，R0 = 45H（不变），(45H) = 79H。

(3) 累加器自身半字节交换。

SWAP A ;(A) 的高 4 位 ⟷ (A) 的低 4 位

完成累加器 A 中内容的高 4 位与低 4 位交换。

5. 堆栈操作指令

在 MCS-51 单片机内部 RAM 中可以设定一个后进先出的区域(LIFO)，称为堆栈，在专用功能寄存器中有一个堆栈指针 SP（8 位寄存器），用于指出栈顶的位置。堆栈的栈底是固定的，栈顶是浮动的，所有信息的存入和取出都是在浮动的栈顶进行的。堆栈操作指令如表 2-11 所示。

表 2-11 堆栈操作指令

类型	指令名称	汇编语言指令	功　能	字节数	机器周期
堆栈指令	进栈	PUSH direct	SP←(SP)+1 (SP)←(direct) 先将栈顶指针 SP 的内容加 1，然后将直接寻址单元中的数存入 SP 所指示的单元中	2	2
	出栈	POP direct	direct←((SP)) SP←(SP)-1 先将堆栈指针 SP 所指示的单元内容弹出，并送到直接寻址单元中，然后将 SP 的内容减 1，仍指向栈顶	2	2

堆栈技术在子程序嵌套时常用于保存断点，在多级中断时用来保存断点和现场等。用堆栈指令也可以实现内部 RAM 单元之间的数据传送和交换。

注：① 堆栈操作指令是直接寻址指令，直接地址和堆栈区全部为片内的数据存储区 RAM（含 SFR）。直接地址不能是寄存器，因此应注意指令的书写格式。

② 堆栈区应避开使用的工作寄存器区和其他需要使用的数据区，系统复位后，SP 的初始值为 07H。为了避免重叠，一般初始化时要重新设置 SP。

例：将片内 RAM 30H 单元与 40H 单元中的内容互换。

解：① 方法 1（直接地址传送法）编程如下。

```
MOV    31H, 30H
MOV    30H, 40H
MOV    40H, 31H
SJMP   $
```

② 方法2（间接地址传送法）编程如下。

```
MOV    R0, #40H
MOV    R1, #30H
MOV    A, @R0
MOV    B, @R1
MOV    @R1, A
MOV    @R0, B
SJMP   $
```

③ 方法3（字节交换传送法）编程如下。

```
XCH    A, 30H
XCH    A, 40H
XCH    30H, A
SJMP   $
```

④ 方法4（堆栈传送法）编程如下。

```
PUSH   30H
PUSH   40H
POP    30H
POP    30H
SJMP   $
```

2.3.2 算术运算类指令

89S51 的算术运算指令比较丰富，包括加、减、乘、除法 24 条指令，数据运算功能较强。大部分算术运算指令的执行结果都会影响状态标志寄存器（PSW）的某些标志位。

1. 加法指令

加法指令是将源操作数的内容与累加器 A 的内容相加，结果存入累加器 A 中。源操作数可以是 Rn，direct，@R，#data，目的操作数为累加器 A，运算结果会影响标志位。

（1）不带进位加法指令（4 条）如表 2-12 所示。

表 2-12 不带进位加法指令

类型	汇编语言指令	功　能	对 PSW 的影响	字节数	机器周期
不带进位加法	ADD A, Rn	A←（A）+（Rn）	CY OV AC P	1	1
	ADD A, @Ri	A←（A）+（(Ri)）	CY OV AC P	1	1
	ADD A, direct	A←（A）+（direct）	CY OV AC P	2	1
	ADD A, #data	A←（A）+ data	CY OV AC P	2	1

加法运算结果会对 PSW 各个标志位产生如下影响：

① 若位 7 有进位，则 CY 置 1，否则 CY 清 0。

② 若位 3 有进位，则 AC 置 1，否则 AC 清 0。

③ 若位 6 有进位而位 7 没有进位，或者位 7 有进位而位 6 没有进位，则溢出标志位 OV 置 1，否则 OV 清 0。

④ 溢出标志位 OV，只有在带符号数加法运算时才有意义。两个带符号数相加，若 OV=1，则表示加法运算超出累加器 A 所能表示的带符号数的有效范围（-128~127），产生溢出，即运算结果是错误的；若 OV=0，无溢出产生，即运算结果是正确的。溢出表达式 OV 是位 6 向位 7 的进位异或位 7 向 CY 的进位。

⑤ 如果相加结果在 A 中 1 的个数为奇数，则 P=1，否则 P=0。

例：设 A=46H，R1=5AH，试分析执行指令 ADD A，R1 后执行结果及对标志位的影响。

如图 2-6 所示，结果为：A=A0H，R1=5AH（不变）。

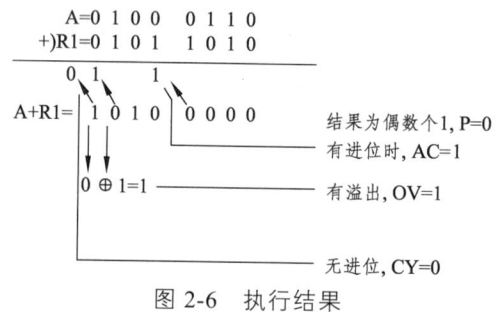

```
        A = 0 1 0 0   0 1 1 0
      +)R1= 0 1 0 1   1 0 1 0
             0 1 1
     A+R1 = 1 0 1 0   0 0 0 0     结果为偶数个1,P=0
                                    有进位时,AC=1
              0 ⊕ 1 =1              有溢出,OV=1
                                    无进位,CY=0
```

图 2-6 执行结果

（2）带进位加法指令（4 条）如表 2-13 所示。

表 2-13 带进位加法指令

类型	汇编语言指令	功能	对 PSW 的影响	字节数	机器周期
带进位加法	ADDC A，Rn	A←(A)+(Rn)+CY	CY OV AC P	1	1
	ADDC A，@Ri	A←(A)+((Ri))+CY	CY OV AC P	1	1
	ADDC A，direct	A←(A)+(direct)+CY	CY OV AC P	2	1
	ADDC A，#data	A←(A)+data+CY	CY OV AC P	2	1

带进位的加法指令是将源操作数的内容与累加器 A 的内容、进位标志的内容一起相加，结果存入累加器 A 中。源操作数可以是 Rn，direct，@R，#data，目的操作数为累加器 A。

带进位加法指令一般用于多字节数的加法运算，低字节相加时可能产生进位，可以通过带进位加法指令将低字节的进位加到高字节上去。高字节求和时必须使用带进位的加法指令。

例：有两个无符号 16 位数分别存于 30H 和 32H 开始的单元中，设（30H）=0AFH，（31H）=0AH，（32H）=90H，（33H）=2FH，高字节在高地址单元中，低字节在低地址单元中，计算两数之和并存入 32H 开始的单元中，说明 PSW 中相关位的内容。

```
CLR    C              ; CY←0
MOV    R0, #32H       ; 将立即数送给累加器 R0
MOV    A, 30H         ; 将内部 RAM 中 30H 单元的内容送给 A
ADD    A, @R0         ; 计算低字节之和
MOV    @R0, A         ; 低字节和存入 32H 单元
MOV    A, 31H         ; 将内部 RAM 中 31H 单元的内容送给 A
INC    R0             ; 指向内部 RAM 中 33H 单元
ADDC   A, @R0         ; 计算高字节之和
MOV    @R0, A         ; 高字节和存入 33H 单元
```

最后结果：(32H) = 3FH, (33H) = 3AH, (OV) = 0, (CY) = 0, (AC) = 1, (P) = 0。

2. 加 1 指令（5 条）

加 1 指令又称为增量指令，其功能是使操作数所指定的单元内容加 1，其结果送回源操作数单元中，不影响 PSW 中的任何标志位。

源操作数和目的操作数是相同的（即只有一个操作数），可以是 A, Rn, direct, @Ri, DPTR，如表 2-14 所示。

表 2-14 加 1 指令

类型	汇编语言指令	功能	对 PSW 的影响	字节数	机器周期
加 1	INC A	A←(A)+1	P	1	1
	INC Rn	Rn←(Rn)+1	无影响	1	1
	INC @Ri	(Ri)←((Ri))+1	无影响	1	1
	INC direct	direct←(direct)+1	无影响	2	1
	INC DPTR	DPTR←(DPTR)+1	无影响	1	2

例：已知 (A) = 0FFH, (R3) = 0FH, (R0) = 40H, (40H) = 00H, (DPTR) = 11FFH, 执行下列指令。

```
INC    A
INC    R3
INC    @R0
INC    DPTR
```

结果：(A) = 00H, (R3) = 10H, (R0) = 40H, (40H) = 01H, (DPTR) = 1200H，不改变 PSW 的内容。

3. 十进制调整指令（1 条）

十进制调整指令也称为 BCD 码修正指令，这是一条专用指令。它的功能是跟在加法指令 ADD 或 ADDC 后面，对运算结果的十进制数进行 BCD 码修正，使它调整为压缩的 BCD 码数，以完成十进制加法运算功能，如表 2-15 所示。

表 2-15 十进制调整指令

类型	汇编语言指令	功　能	对 PSW 的影响	字节数	机器周期
调整	DA A	对 A 进行调整	CY AC	1	1

下面用一个简单的计算来说明为什么要使用 DA A 指令和如何使用 DA A 指令。

例如：7+6。

```
       7                      0 1 1 1        7 的 BCD 码
  + ) 6    ADD 指令      + ) 0 1 1 0        6 的 BCD 码
      1 3                    1 1 0 1        非 BCD 码（二进制加的结果）
           DA A 指令     + )   1 1 0        进行十进制调整，+6 后得正
                         1 0 0 1 1          确的 BCD 码
```

由此可见，将两个 BCD 码直接利用 ADD 或 ADDC 不能得到正确的 BCD 码的结果，而要对此结果进行一定的修正才能得到正确的 BCD 码的结果。

DA A 进行十进制修正的具体过程如下：

当 $A_{3\sim 0} > 9$ 或 $AC = 1$ 时，则 $A_{3\sim 0} \leftarrow A_{3\sim 0} + 6$。

当 $A_{7\sim 4} > 9$ 或 $CY = 1$ 时，则 $A_{7\sim 4} \leftarrow A_{7\sim 4} + 6$。

例：68+53。

```
     6 8              0 1 1 0 1 0 0 0
   + 5 3           + ) 0 1 0 1 0 0 1 1
    1 2 1            1 0 1 1 1 0 1 1     CY = 1   AC = 1
                  + ) 0 1 1 0 0 1 1 0    加 6 修正
                   1 0 0 1 0 0 0 0 1
```

例：写出上例的两数相加的指令。

```
MOV    A,    #68H   ;
ADD    A,    #53H   ;
DA     A            ;执行此指令时，对高 4 位和与低 4 位和分别 +6 修正执行
```
结果：(A) = 21，(CY) = 1，(OV) = 0。

4. 带借位减法指令（4 条）

带借位减法指令是将累加器 A 中的内容减去源操作数的内容，再减去借位 CY 的内容，结果存入 A 中，如表 2-16 所示。源操作数可以是 Rn，direct，@R，#data，目的操作数为累加器 A。

表 2-16 带借位减法指令

类型	汇编语言指令	功　能	对 PSW 的影响	字节数	机器周期
带借位减法	SUBB A, Rn	A←(A)-(Rn)-CY	CY OV AC P	1	1
	SUBB A, @Ri	A←(A)-((Ri))-CY	CY OV AC P	1	1
	SUBB A, direct	A←(A)-(direct)-CY	CY OV AC P	2	1
	SUBB A, #data	A←(A)-data-CY	CY OV AC P	1	2

带借位减法运算结果会对 PSW 各个标志位产生以下影响：

（1）若位 7 需借位，则 CY 置 1，否则 CY 清 0。

（2）若位 3 需借位，则 AC 置 1，否则 AC 清 0。

（3）若位 6 需借位而位 7 不需要借位，或者位 7 需借位而位 6 不需要借位，则溢出标志位 OV 置 1，否则 OV 清 0。

例：设 A = C9H，R2 = 54H，CY = 1，执行指令：SUBB A, R2；A←A-R2-CY，执行情况如图 2-7 所示。

结果：A = 74H，R2 = 54H（不变）；CY = 0，AC = 0，OV = 1（位 7 不借位，而位 6 向位 7 借位），P = 0。

```
   A= 1 1 0 0  1 0 0 1
 -)R2= 0 1 0 1  0 1 0 0
 -)CY=                1
 ─────────────────────
   A <=0 1 1 1  0 1 0 0
```

图 2-7 执行情况

5. 减 1 指令（4 条）

这组指令的功能是将操作数所指定的单元或寄存器中的内容减 1，其结果送回源操作数单元中，如表 2-17 所示。若源操作数为 00H，减 1 后下溢为 0FFH，不影响标志位。

表 2-17 减 1 指令

类型	汇编语言指令	功能	对 PSW 的影响	字节数	机器周期
减 1	DEC A	A←（A）+1	P	1	1
	DEC Rn	Rn←（Rn）-1	无影响	1	1
	DEC @Ri	（Ri）←（(Ri)）-1	无影响	1	1
	DEC direct	direct←（direct）-1	无影响	2	1

例：已知（A）= 12H，（R3）= 0FH，（R0）= 40H，（40H）= 00H，执行下列指令。

```
DEC   A      ; A←（A）-1
DEC   R3     ; Rn←（R3）-1
DEC   @R0    ;（R0）←（(R0)）-1
```

结果：（A）= 11H，（R3）= 0EH，（R0）= 40H，（40H）= 0FFH，不改变 PSW 的状态。

6. 乘、除法指令（2 条）

乘、除法指令在 MCS-51 指令系统中执行的时间最长，均为四周期指令。乘法指令是将累加器 A 和寄存器 B 中的 8 位无符号整数相乘，乘积为 16 位，高 8 位存于 B 中，低 8 位存于 A 中。除法指令是将累加器 A 的 8 位无符号整数除以寄存器 B 中的 8 位无符号整数，商的整数部分存入 A 中，余数部分存入 B 中，且进位标志 CY 和溢出标志 OV 均清 0，如表 2-18 所示。

表 2-18 乘、除法指令

类型	汇编语言指令	功能	对 PSW 的影响	字节数	机器周期
乘法	MUL AB	BA←（A）*（B）	CY = 0 OV P	1	4
除法	DIV AB	A←A÷B 商，B←余数	CY = 0 OV P	1	4

注：乘法指令若积大于 255，溢出标志位 OV 置位，否则复位，而 CY 位总为 0。除法指令当除数为 0 时，A 和 B 中的内容为不确定值，此时 OV 位置位，说明除法溢出。

例：已知（A）= 80H，（B）= 30H，执行指令 MUL AB。

```
      1 0 0 0 0 0 0 0（80H）
    ×）0 0 1 1 0 0 0 0（30H）
    1 1 0 0 0 0 0 0 0 0 0 0 0（1800H）
```

结果：（B）= 18H，（A）= 00H，（OV）= 1，（CY）= 0，此例省略了计算步骤。

2.3.3 逻辑运算与移位类指令

逻辑运算类指令用于单片机中两个二进制数的逻辑运算，包括与、或、非、异或、清0、取反及移位等操作指令。这些指令涉及累加器 A 时，影响奇偶标志位 P，但对 CY（除带进位、移位指令外）、AC、OV 位均无影响。

1. 逻辑与指令（6条）

在指定的变量之间，以位为基础进行"逻辑与"操作，结果存放到目的操作数所在的寄存器或存储器中。

这类指令可以分为两类：一类是以累加器 A 为目的操作数，其源操作数可以是 Rn，direct，@Rn，#data；另一类是以地址 direct 为目的操作数，其源操作数可以是 A，#data，如表 2-19 所示。

表 2-19 逻辑与指令

类型	汇编语言指令	功　能	字节数	机器周期
与	ANL A，Rn	A←（A）∧（Rn）	1	1
	ANL A，@Ri	A←（A）∧（（Ri））	1	1
	ANL A，#data	A←（A）∧ data	2	1
	ANL A，direct	A←（A）∧（direct）	2	1
	ANL direct，A	direct←（direct）∧（A）	2	1
	ANL direct，#data	direct←（direct）∧ data	3	2

在实际编程中，逻辑与指令具有屏蔽功能，主要用于屏蔽（清0）一个 8 位二进制数中的几位，而保留其余几位不变。保留的位同"1"相与，反之，要清 0 的位同"0"相与。

例：要求累加器 A 高 4 位清 0。

ANL A，#0FH　　　　　　；累加器 A 高 4 位清 0

例：要求 P1.3、P1.4、P1.7 输出低电平，P1 口的其他情况不变。

ANL P1，#01100111B　　　；P1.3、P1.4、P1.7 输出低电平

2. 逻辑或运算指令（6条）

在指定的变量之间，以位为基础进行"逻辑或"操作，结果存放到目的操作数所在的寄存器或存储器中。

逻辑或运算指令如表 2-20 所示。

表 2-20　逻辑或运算指令

类型	汇编语言指令	功　能	字节数	机器周期
或	ORL A, Rn	A←(A)∨(Rn)	1	1
	ORL A, @Ri	A←(A)∨((Ri))	1	1
	ORL A, #data	A←(A)∨data	2	1
	ORL A, direct	A←(A)∨(direct)	2	1
	ORL direct, A	direct←(direct)∨(A)	2	1
	ORL direct, #data	direct←(direct)∨data	3	2

在实际编程中，逻辑或运算指令具有"置位"功能，主要用于使一个 8 位二进制数中的某几位置 1，而保留其余的几位不变。即要置 1 的位同"1"相或，反之，要保持不变的位同"0"相或。

例：将累加器 A 的高 4 位传送到 P1 口的高 4 位，保持 P1 口的低 4 位不变。

```
ANL  A, #11110000B   ;屏蔽累加器 A 的低 4 位，保留高 4 位，送回 A
ANL  P1, #00001111B  ;屏蔽 P1 口的高 4 位，保留 P1 口的低 4 位不变
ORL  P1, A           ;将累加器 A 的高 4 位送入 P1 口的高 4 位
SJMP $               ;程序执行完，"原地踏步"
```

3. 逻辑异或运算指令（6 条）

在指定的变量之间，以位为基础进行"逻辑异或"操作，结果存放到目的操作数所在的寄存器或存储器中。

逻辑异或运算指令如表 2-21 所示。

表 2-21　逻辑异或运算指令

类型	汇编语言指令	功　能	字节数	机器周期
异或	XRL A, Rn	A←(A)⊕(Rn)	1	1
	XRL A, @Ri	A←(A)⊕((Ri))	1	1
	XRL A, #data	A←(A)⊕data	2	1
	XRL A, direct	A←(A)⊕(direct)	2	1
	XRL direct, A	direct←(direct)⊕(A)	2	1
	XRL direct, #data	direct←(direct)⊕data	3	2

在实际编程中，逻辑异或运算指令具有"对位求反"功能，主要用于使一个 8 位二进制数中的某几位取反，而保留其余的几位不变。即取反的位同"1"相异或；反之，要保持不变的位同"0"相异或。

例：将内部 RAM 中 30H 单元的低 4 位取反，设（30H）= 75H。
　　XRL　30H，#0FH
　　　　01110101
　⊕　　00001111
　　　　01111010
执行结果：（30H）= 7AH。

4. 累加器清 0 与取反指令（2 条）

MCS-51 单片机指令系统中，专门提供了累加器 A 清 0 和取反指令，这两条指令都是单字节单周期指令，如表 2-22 所示。虽然采用数据传送或逻辑运算指令也同样可以实现对累加器的清 0 与取反操作，但是它们至少需要两个字节。利用累加器 A 清 0 与取反指令可以节省存储空间，提高程序执行效率。

表 2-22　累加器清 0 与取反指令

类型	汇编语言指令	功　能	字节数	机器周期
求反	CPL A	A←$\overline{A}$；将 A 中内容各位取反（即原来为 1 的位变为 0，原来为 0 的位变为 1），结果送回 A 中。不影响标志位	1	1
清 0	CLR A	A←0；将累加器 A 的内容清 0，不影响标志位 CY、AC、OV	1	1

其中，取反指令十分有用，常用于对某个存储单元或某个存储区域中带符号数的求补。

例：已知 30H 单元中有一数 X，试写出对它求补的程序。

一个 8 位带符号二进制机器数的补码可以定义为反码加"1"。为此，相应程序如下：

```
ORG     0200H
MOV     A，30H      ; A←x
CPL     A           ; A←A̅
INC     A           ; A←x 的补码
MOV     30H，A      ; x 的补码送回 30H 单元
SJMP    $           ; 停机
END
```

5. 循环移位指令（4 条）

MCS-51 单片机的移位指令只能对累加器 A 进行移位，共有不带进位的循环左、右移位（指令码为 RL、RR）和带进位的循环左、右移位（指令码为 RLC、RRC）指令 4 条，如表 2-23 所示。

表 2-23 循环移位指令

类型	汇编语言指令	操作	功能	字节数	机器周期
循环移位	RL A	RA	把累加器 A 中的内容左循环移 1 位，位 A_7 循环移入位 A_0	1	1
	RLC A	RLC	带进位 CY 的左移，其功能是把累加器 A 中的内容和进位标志一起左循环移 1 位，位 A_7 循环移入进位位 CY，CY 移入位 A_0	1	1
	RR A	RR	把累加器 A 中的内容右循环移 1 位，位 A_0 循环移入位 A_7，不影响标志位	1	1
	RRC A	RRC	把累加器 A 中的内容和进位标志一起右循环移 1 位，位 A_0 循环移入进位位 CY，CY 移入位 A_7	1	1

注：A 中的数据逐位左移一位相当于原内容乘 2，而逐位右移一位相当于原内容除以 2。

2.3.4 控制转移类指令

在编写程序的过程中，有时候需要改变程序的执行流程，即不一定要程序一行接一行地执行，而是要跳过一些程序继续往下执行，或者跳回已执行过的程序，重新执行这些程序，要实现这些跳转，需要用到控制转移类指令。这些指令通过修改程序计数器 PC 的值来实现这一操作。

MCS-51 单片机的控制转移指令共 17 条，分为无条件转移指令、条件转移指令、子程序调用和返回指令、空操作指令四类。

1. 无条件转移指令（4 条）

当程序执行无条件转移指令时，程序就无条件地转移到该指令所提供的地址上。无条件转移指令有长转移指令、绝对转移指令、短转移指令、间接转移指令，如表 2-24 所示。

表 2-24 无条件转移指令

指令名称	汇编语言指令	功能	字节数	机器周期
长转移	LJMP addr16	PC←add16	3	2
绝对转移	AJMP addr11	PC←（PC）+2，PC_{10-0}←add11	2	2
相对转移	SJMP rel	PC←（PC）+2+rel	2	2
间接转移	JMP @A+DPTR	PC←（A）+（DPTR）	1	2

以上每条指令均以改变程序计数器 PC 中内容为宗旨。

1）长转移指令

LJMP addr16　　　　　；PC←addr16

这条指令的功能是当程序执行到该指令时，无条件转移到指令所提供的地址（addr16 所指的地址）上。转移的目标地址可以在 64 KB 程序存储器地址空间的任何地方，指令执行后不影响标志位。为了使程序设计方便易编，addr16 常采用符号地址（如 LOOP、LOOP1 等）表示。

例：已知 8051 最小系统的监控程序存放在程序存储器的 A080H 开始的一段空间中，试编写程序使之在开机后自动转到 A080H 处执行程序。

单片机开机后程序计数器 PC 总是复位成全"0"，即 PC = 0000H。因此，为使机器开机后能自动转入 A080H 处执行监控程序，则在 0000H 处必须存放一条如下指令：

```
    ORG    0000H
    LJMP   START         ；程序无条件转移到标号 START 单元处
    ORG    0A080H
START:                    ；监控程序开始处
    ⋮
    END
```

2）绝对转移指令

AJMP addr11　　　　　；PC←（PC）+ 2，$PC_{10\sim0}$←add11

这是 2 KB 范围内的无条件转移指令，把程序的执行转移到指定的地址。该指令在运行时先将 PC + 2，然后通过把指令中的 11 位的地址 $A_{10}\sim A_0$→（PC_{10-0}）替换 PC 的低 11 位内容，形成新的 PC 值，得到转移的目的地址（$PC_{15}PC_{14}PC_{13}PC_{12}PC_{11}A_{10}A_9A_8A_7A_6A_5A_4A_3A_2A_1A_0$）。但要注意，被替换的 PC 值是本条指令地址加 2 以后的 PC 值。目的地址必须与 AJMP 后面的一条指令在同一个 2 KB 区域内。PC 的形成如图 2-8 所示。

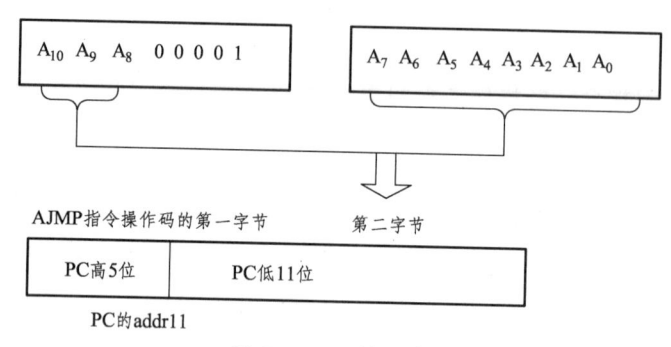

图 2-8　PC 的形成

例：ZHUAN：AJMP addr11

如果设 addr11 = 00100000011 B，标号 ZHUAN 的值为 1230H，则执行指令后，程序将转移到 1103H。

3）相对转移（短跳转）指令

SJMP rel　　　　　；PC←（PC）+ 2 + rel

这条指令是无条件相对转移指令，又称短转移指令。该指令为双字节，指令中的相对地址（rel）是一个带符号的 8 位偏移量（二进制的补码），其范围为 −128 ~ +127。负数表示向后转移，正数表示向前转移，该指令执行后程序转移到当前 PC 与 rel 之和所指示的单元。

注意：AT89C51 的指令系统没有动态暂停指令，若需要动态暂停，可以用下面的两条"SJMP"指令之一来实现。

  HERE: SJMP HERE ;动态暂停

或 SJMP $;$表示本条指令的首字节地址，使用它可以省略标号

上述两条指令是死循环指令。若系统中断是开放的，则执行这两条指令之一，等待中断。当有中断申请并被响应时，CPU 执行中断服务子程序；当中断返回时，仍然返回到这条死循环指令，继续等待中断。

4）间接转移指令（1 条）

  JMP @A+DPTR   ;PC←((A)+(DPTR))

该指令也是无条件的间接转移（又称散转）指令。转移的目的地址由累加器 A 中的 8 位无符号数与 DPTR 的 16 位数内容之和来确定，不修改 A，也不修改 DPTR 的内容，指令执行后不影响标志位。

间接转移指令采用变址方式实现无条件转移，其特点是转移地址可以在程序运行中加以改变，例如，以 DPTR 内容作为基地址，A 的内容作为变址。只要 DPTR 是一个确定的值，而给 A 赋予不同的值，即可实现程序的多分支转移。一条指令可以完成多条条件转移指令的任务，这种功能称为散转功能，因此，间接转移指令又称为散转指令。

2. 条件转移指令（8 条）

条件转移指令是当某种条件满足时，转移才得以进行，否则程序将按顺序执行。MCS-51 单片机所有条件转移指令都是采用相对寻址方式得到转移目的地址（目的地址在下一条指令的首地址为中心的 256 字节的范围内）。

（1）累加器判零条件转移指令，如表 2-25 所示。若条件满足，则转移；否则顺序执行下一条指令。

表 2-25 累加器判零条件转移指令

指令名称	汇编语言指令	功 能	字节数	机器周期
零转移	JZ rel	(A)=0, PC←(PC)+2+rel	2	2
非零转移	JNZ rel	(A)≠0, PC←(PC)+2+rel	2	2

（2）数值比较转移指令，如表 2-26 所示。比较前面两个操作数的大小，若它们的值不相等，则转移。

表 2-26 数值比较转移指令

类 型	汇编语言指令	功 能	字节数	机器周期
比较不相等转移	CJNE A, #data, rel	(A)≠data, 转移	3	2
	CJNE A, direct, rel	(A)≠(direct), 转移	3	2
	CJNE Rn, #data, rel	(Rn)≠data, 转移	3	2
	CJNE @Ri, #data, rel	((Ri))≠data, 转移	3	2

转移的目的地址为 PC 加 3，然后再加上指令中的相对偏移量 rel。这组指令根据比较结果影响 CY 位；若左操作数大于右操作数，则（CY）=0，若右操作数大于左操作数，则（CY）=1。执行结果不改变原有操作数的内容。

（3）减 1 条件转移指令，如表 2-27 所示。

表 2-27　减 1 条件转移指令

指令名称	汇编语言指令	功　能	字节数	机器周期
减 1 不为 0 转移	DJNZ Rn，rel	（Rn）-1≠0，转移	2	2
	DJNZ direct，rel	（direct）-1≠0，转移	3	2

这组指令的功能是把 Rn（或 direct）的内容减 1，结果送回 Rn（或 direct）。如果结果不为 0，则转移，否则顺序执行程序。

这两条指令允许程序员把寄存器 Rn 或内部 RAM 的 direct 单元用作程序循环计数器，主要用于控制程序循环。预先把寄存器 Rn 或 direct 单元装入循环次数，利用本指令，以减 1 后是否为 0 作为转移条件，即可实现按次数控制循环。

3．调用子程序及返回指令

在程序设计中，常常把具有一定功能的共用程序编写成子程序。在主程序需要这一功能的子程序时，只要在程序中设置一条子程序调用指令，而在子程序的最后一句设置一条返回指令（因此子程序的最后一句通常是返回指令），就可以实现这一功能。这样就避免了在主程序中重复编写同一功能的程序，而只需要调用即可。

（1）子程序调用（2 条），如表 2-28 所示。

表 2-28　子程序调用

类型	汇编语言指令	功　能	字节数	机器周期
长调用	LCALL addr16	PC←（PC）+3，SP=（SP）+1 （SP）←（PC）L，SP=（SP）+1 （SP）←（PC）H，PC←add16	3	2
绝对调用	ACALL addr11	PC←（PC）+2，SP=（SP）+1 （SP）←（PC）L，SP=（SP）+1 （SP）←（PC）H，PC_{10-0}←add11	2	2

① 长调用指令。本指令可以调用 64 KB 范围内程序存储器中的任何一个子程序。

指令格式：LCALL addr16

该指令执行时，首先产生断点地址（PC）+3，然后把断点地址压入堆栈中保护（先低位，后高位），最后用指令中给出的 16 位地址替换当前 PC 地址，组成子程序的入口地址。addr16 可以用符号地址（标号）表示。

② 绝对调用指令。

指令格式：ACALL　addr11

该指令执行时，首先产生断点地址（PC）+2，然后把断点地址压入堆栈中保护（先低位，后高位），最后用指令中给出的 11 位地址替换当前 PC 的低 11 位，组成子程序的入口地址。在实际编程时，addr11 可以用符号地址（标号）表示，且只能在 2 KB 范围以内调用子程序。

（2）子程序的返回指令，如表 2-29 所示。

表 2-29　返回指令

类　型	汇编语言指令	机器码	功　能	字节数	机器周期
子程序返回	RET	22	$PC_{15\sim8} \leftarrow (SP)$, $SP \leftarrow SP-1$ $PC_{7\sim0} \leftarrow (SP)$, $SP \leftarrow SP-1$	1	2
中断返回	RETI	32	$PC_{15\sim8} \leftarrow (SP)$, $SP \leftarrow SP-1$ $PC_{7\sim0} \leftarrow (SP)$, $SP \leftarrow SP-1$	1	2

这两条指令的功能完全相同，都是把堆栈中断点地址恢复到程序计数器 PC 中，从而使单片机回到断点处执行程序。

使用这两条指令时应注意以下两点：

① RET 称为子程序返回指令，只能用在子程序末尾。

② RETI 是中断返回指令，只能用在中断服务程序末尾。机器执行 RETI 指令后除回源程序断点地址处执行外，还将清除相应中断优先级状态位，以允许单片机响应低优先级的中断请求。

4. 空操作指令（1 条）

NOP　　；PC←（PC）+1

空操作指令是一条单字节单周期控制指令。机器执行这条指令仅使程序计数器 PC 加 1，不进行任何操作，共消耗一个机器周期的时间。这条指令常用于等待、时间延迟或方便程序的修改。

2.3.5　位操作指令

MCS-51 单片机硬件结构中有一个布尔处理器，因此设有一类专门处理布尔变量的指令，又称位操作指令。这类指令可以实现位传送、位逻辑运算、控制程序转移功能。在布尔处理器中，位的传送和位逻辑运算是通过进位标志 CY 来完成的，CY 的作用相当于一般 CPU 中的累加器。其中位地址只能是片内 RAM 20H~2FH 单元中连续的 128 位和特殊功能寄存器中地址可被 8 整除的寻址位。

1. 位数据传送指令（2 条）

位数据传送指令如表 2-30 所示。

表 2-30 位数据传送指令

类型	汇编语言指令	功能	字节数	机器周期
位传送	MOV C，bit	C←(bit)	2	1
	MOV bit，C	bit←C	2	1

这两条指令主要用于直接寻址位与位累加器 C 之间的数据传送。直接寻址位为片内 20H～2FH 单元的 128 个位单元及 80H～FFH 中的可位寻址的专用寄存器中的各位。此操作过程不影响其他标志位。

例：把片内 20H 单元的最低位 D0 位传送到 C 中。

  MOV C，00H ；00H 为 20H 单元中 D0 的位地址

例：把 ACC.0 的状态传送到 P1.6。

  MOV P1.6，ACC.0 ；把累加器 A 的 D0 位数据传送给 P1 口的 D6 位

2. 位修正指令（6 条）

位修正指令如表 2-31 所示。

表 2-31 位修正指令

类型	汇编语言指令	功能	字节数	机器周期
清 0	CLR C	C←0	1	1
	CLR bit	bit←0	2	1
取反	CPL C	C←$\overline{C}$	1	1
	CPL bit	bit←(/bit)	2	1
置位	SETB C	C←1	1	1
	STEB bit	bit←1	2	1

该类指令的功能是清 0、取反、置位，指令执行后不影响其他标志。

例：CLR 00H ；$(20H)_0$←0，00H 为内部 RAM 中 20H 单元的 D0 位地址

  CPL 01H ；$(20H)_1$←$\overline{(20H)_1}$，此处 01H 与上相同

  SET ACC.7 ；ACC.7←1

3. 位逻辑运算指令（4 条）

位逻辑运算指令如表 2-32 所示。

表 2-32 位逻辑运算指令

类型	汇编语言指令	功能	字节数	机器周期
与逻辑	ANL C，bit	C←C∧(bit)	2	2
	ANL C，/bit	C←C∧(/bit)	2	2
或运算	ORL C，bit	C←C∨(bit)	2	2
	ORL C，/bit	C←C∨(/bit)	2	2

这类指令的功能是把位累加器 C（进位标志）的内容与直接寻址位进行逻辑与（或）运算，运算结果送至位累加器 C 中，式中的斜杠"/"表示对该位取反后再参与运算，但不改变变量本身的值。

4. 判位转移指令（5 条）

判位转移指令都是条件转移指令，它以进位标志 CY 或位地址 bit 的内容作为转移的判断条件，如表 2-33 所示。

表 2-33　判位转移指令

类　型	汇编语言指令	功　能	字节数	机器周期
CY=1 转移	JC rel	若（CY）=1，则 PC=（PC）+2+rel 若（CY）=0，则 PC=（PC）+2	2	2
CY=0 转移	JNC rel	若（CY）=0，则 PC=（PC）+2+rel 若（CY）=1，则 PC=（PC）+2	2	2
（bit）=1 转移	JB bit, rel	若（bit）=1，则 PC=（PC）+3+rel 若（bit）=0，则 PC=（PC）+3	3	2
（bit）=0 转移	JNB bit, rel	若（bit）=0，则 PC=（PC）+3+rel 若（bit）=1，则 PC=（PC）+3	3	2
（bit）=1 转移，并把位 bit 清零	JBC bit, rel	若（bit）=1，则 PC=（PC）+3+rel，（bit）←0 若（bit）=0，则 PC=（PC）+3	3	2

例：比较内部 RAM 中 50H 和 52H 中的两个无符号数的大小，将大数存入 50H，小数存入 52H 单元中，若两数相等，将片内 RAM 的位地址 60H 置"1"。此处以子程序的形式编写程序：

```
BIJIAO: MOV    A，50H
        CJNE   A，52H，Q1    ；不相等转 Q1
        SETB   60H           ；两数相等位 60H 置 1
        SJMP   Q2
Q1:     JNC    Q2            ；C=0，（50H）>（52H）转 Q2
        MOV    50H，52H      ；（50H）<（52H）
        MOV    52H，A
Q2:     NOP
        RET
```

至此，我们已学习完了 MCS-51 单片机的 111 条指令。这些指令是我们进行程序设计的基础，也是掌握单片机工作原理及应用的根本途径。

任务 2-4　伪指令

汇编语言的语句有两种基本类型，即指令语句和伪指令语句。指令系统中的每一条指令汇编时都产生一个指令代码，即机器代码，该代码对应着机器的一种操作。伪指令语句是为汇编服务的，在汇编时，没有机器代码与之对应。

在 MCS-51 单片机的汇编语言中，常用的伪指令共 8 条，现分别介绍如下。

1. 起始地址伪指令 ORG

格式：ORG　16 位地址
功能：规定跟在它后面的源程序经过汇编后所产生的目标程序存储的起始地址。
例如：

```
            ORG    0200H
START：MOV    A，#65H
            ⋮
            END
```

ORG 伪指令规定了 START 为 0200H，程序汇编后的机器码从 0200H 开始依次存放。在一个源程序中，可以多次使用 ORG 指令，以规定不同的起始位置。但所规定的地址应该是从小到大，而且不同的程序段之间不能有重叠。

2. 汇编结束伪指令 END

格式：END
功能：汇编语言源程序的结束标志。汇编程序遇到 END 时，即认为源程序到此为止，汇编过程结束，在 END 后面所写的程序，汇编程序都不予理睬。因此，在一个源程序中只能有一个 END 伪指令，而且必须放在整个程序末尾。

3. 赋值伪指令 EQU

格式：字符名称　　EQU　　赋值项
功能：用于给字符名称赋予一个特定值。字符名称被赋值后，可以在程序中代表数据或汇编符号使用。例如：

```
            ORG    0200H
    RES EQU    R1
COUNT EQU    40H
            MOV    A，RES    ；A←（R1）
            MOV    R2，COUNT；R2←（40H）
            ⋮
            END
```

在程序中，RES 代表寄存器符号 R1，COUNT 代表地址 40H。

使用赋值语句有两方面的好处：其一，便于修改程序。如只需将语句"RES　EQU　R1"中的"R1"改为"R0"，就可将整个源程序中所有的"R1"都改为"R0"。其二，便于阅读理解程序。字符名称常常是取一些熟悉的有意义的符号，这样就便于读懂程序。

4. 数据地址赋值伪指令 DATA

格式：字符名称 DATA 表达式

功能：与 EQU 相似，即将 DATA 右边表达式的值赋给左边的字符名称。例如：

```
        RG      0200H
ADDE:   DATA    35H
        MOV     A, ADDE; A←(35H)
         ⋮
        END
```

DATA 与 EQU 两条伪指令的区别：

① EQU 定义的字符名称必须先定义后使用，而 DATA 可以先使用后定义。因此，EQU 通常放在源程序的开头，而 DATA 既可在开头，也可在末尾。

② EQU 可以对一个数据或特定的汇编符号赋值，但 DATA 只能对数据赋值，不能对汇编符号赋值。

5. 定义字节伪指令 DB

格式：[标号：] DB n1，n2，…，nN

功能：将 DB 右边的单字节数据依次存放到以左边标号为起始地址的连续单元中。单字节数据可以采用二进制、十进制和 ASCII 码等多种形式，通常用于定义常数表。例如：

```
        ORG     0200H
START:  MOV     A, #20H
TAB:    DB      21H, 33H, 10100000B, "A"
         ⋮
        END
```

		ROM
TAB+3 →	0205H	"A"
TAB+2 →	0204H	10100000B
TAB+1 →	0203H	33H
TAB →	0202H	21H
	0201H	20H
	0200H	74H

此程序中，由 DB 伪指令将 21H 存放在 TAB 单元中，33H 存放在 TAB+1 单元中，如图 2-9 所示。

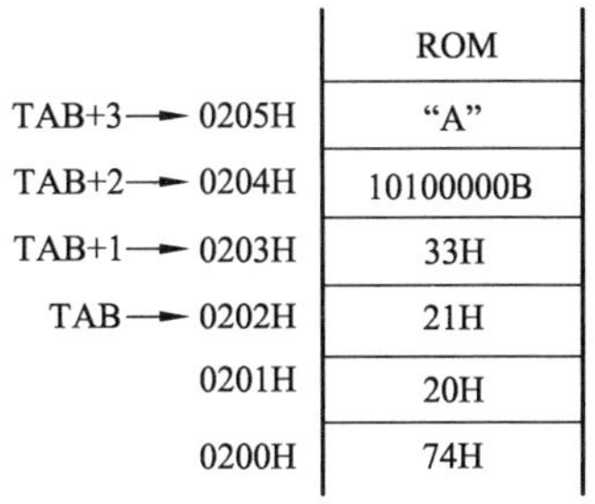

图 2-9 DB 指令示意图

6. 定义字伪指令

格式：[标号：] DW nn1，nn2，…，nnN

功能：与 DB 指令类似，都是在内存的某个区域内定义数据。不同的是 DW 指令定义的是字（16 位），而 DB 指令定义的是字节（8 位）。即 DW 指令功能是把指令右边的双字节数据依次存入指定的连续存储单元中。其数据的高字节存放到低地址单元，低字节存放到高地址单元。例如：

```
        ORG     0200H
START:  MOV     A, 20H
         ⋮
        ORG     0500H
```

TAB: DW   1213H，80H
         END

这一程序汇编结束后数据存放情况为：（0500H）= 12H，（0501H）= 13H，（0502H）= 00H，（0503H）= 80H，如图 2-10 所示。

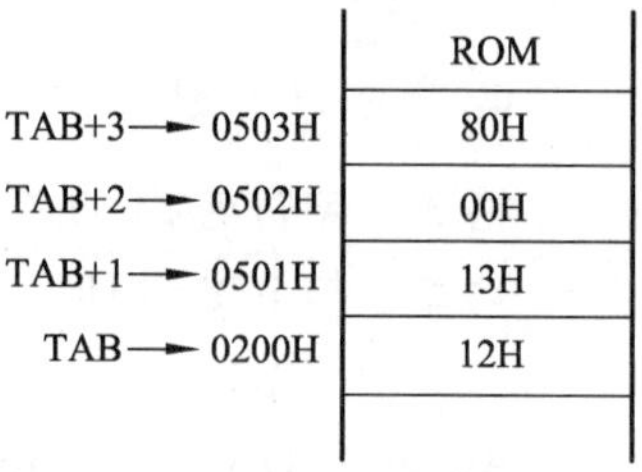

	ROM
TAB+3 → 0503H	80H
TAB+2 → 0502H	00H
TAB+1 → 0501H	13H
TAB → 0200H	12H

图 2-10 DW 指令示意图

7. 定义存储区伪指令 DS

格式：[标号：]   DS   表达式

功能：从指定地址开始预留一定数量的内存单元，以备源程序执行过程中使用。预留单元的数量由表达的值决定。例如：

```
ORG   0200H
DS    05H
DB    30H，40H
⋮
END
```

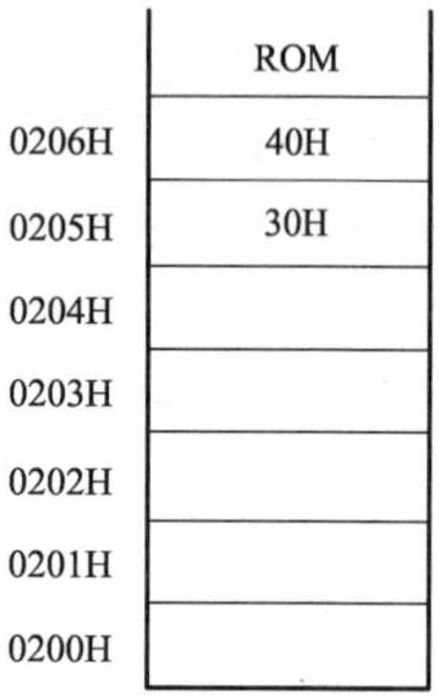

	ROM
0206H	
0205H	40H
0204H	30H
0203H	
0202H	
0201H	
0200H	

汇编后，从 0200H 单元开始留出 5 个字节的存储单元，然后从 0205H 单元开始存放 30H 和 40H。如图 2-11 所示。

图 2-11 DS 指令示意图

8. 位地址赋值指令 BIT

格式：字符名称   BIT   位地址

功能：把 BIT 右边的位地址赋给它左边的字符名称。被定义的位地址在源程序中可用字符名称来表示。例如：

P10   BIT   P1.0
Q1   BIT   23H

将 P1.0 的位地址赋给符号名 P10，将位地址 23H 赋给符号名 Q1。在后面的编程中，可以用 P10 代替 P1.0，可以用 Q1 代替位地址 23H。

任务 2-5 汇编语言程序设计

2.5.1 汇编语言程序设计概述

1. 单片机程序设计语言分类及特点

程序是若干条指令的有序集合，单片机运行就是执行这一指令序列，编写程序的过程称为程序设计。用于程序设计的语言有 3 种：机器语言、汇编语言和高级语言。

1）机器语言

机器语言（Machine Language）在计算机中，所有的指令、数据都是用二进制代码来表示的。这种用二进制代码表示的指令系统称为机器语言，用机器语言编写的程序称为机器语言程序或"目标程序"（Object Program）。为了书写方便，二进制代码常用十六进制代码表示。机器语言的优点是能被计算机直接识别并快速执行；缺点是机器语言编写的程序很难被使用者识别和记忆，容易出错。为了克服这些缺点，出现了汇编语言和高级语言。

2）汇编语言

汇编语言（Assembly Language）用英文字符来代替机器语言，这些英文字符称为助记符。用助记符表示指令系统的语言称为汇编语言。它由字母、数字和符号组成，又称"符号语言"。

由于助记符一般都是操作功能的英文缩写，这样使程序易写、易读和易改。汇编语言是一种面向机器的语言，与 CPU 类别密切相关，不同 CPU 的机器有不同的汇编语言。计算机是不能直接识别在汇编语言中出现的各种字符，需要将其转换成机器语言，通常把这一转换（翻译）工作称为汇编。

3）高级语言

由于汇编语言是一种面向机器的语言，因此受到机器种类的限制，不能在不同类型的计算机上通用，这样就出现了高级语言（High-Level Language），如 BASIC、C 语言、C51 等。高级语言更接近英语和数字表达式，易被一般用户掌握。高级语言是独立于机器的，在编程时，用户不需要对机器的硬件结构和指令系统有深入的了解。高级语言的优点是直观、易学，通用性强，易于移植到不同类型的机器上。其缺点是计算机对高级语言不能直接识别和执行，需要转换为机器语言，因此它的执行速度比机器语言和汇编语言慢，且占用的内存空间大。

因汇编语言运行速度快，占用内存空间小，且易读易记，所以在工业控制中广泛应用。

2. 汇编语言程序设计

程序设计就是编写计算机程序。在 MCS-51 单片机的实际应用中，绝大部分应用程序都是采用汇编语言编写的。为了编写出能够解决实际问题、功能强大的实用程序，设计者一方面要掌握程序设计的基本方法，另一方面还要掌握对 MCS-51 源程序进行汇编的方法。

1）汇编语言程序设计步骤

（1）分析问题，确立算法。

单片机主要用在工业控制装置和智能仪表方面。当接到某一设计任务时，要认真分析任务书，必要时可查阅有关资料。分析任务书应做到确立该系统的整体结构和要控制的对象，明确该系统要达到的具体工作目的。然后根据实际问题的要求和指令系统的特点，确定解决问题的算法。所谓算法，是指为解决一个问题而采取的方法和步骤。对于同一个问题，可以有多种不同的算法，设计者要分析各种不同的算法，从中选择一种最佳算法。

（2）制定程序流程图。

根据所选择的算法，制定出运算的步骤和顺序，绘制流程图。所谓流程图，是指利用一些带方向的线段、框图等说明程序的执行过程，是程序的一种图解表示法。流程图可使设计者直接了解整个系统及各部分之间的相互关系，同时也反映出操作顺序，因而有助于分析程序出错的原因。图 2-12 所示为流程图中常用的图形符号。

图 2-12 流程图中常用的符号

端点框：表示程序的开始或结束。
处理框：表示一段程序的功能或处理过程。
判断框：表示条件判断，以决定程序的流向。
换页符：当流程图在一页画不下需要分页时，使用换页符表示相关流程图之间的连接。
流程线：表示程序执行的流向。

（3）分配存储单元。

单片机中相同存储空间可做不同用途。如同一片内 RAM 空间可做数据区、堆栈区、位寻址区、工作寄存器区等。为避免使用时造成数据混乱，应在编程前划分好每一空间的具体功能。

（4）编写汇编语言源程序。

根据流程图用汇编语言的指令实现流程图中的每一个步骤，即用指令系统中的指令或伪指令去代替流程图中的每一个框图，从而编写出汇编语言源程序。

（5）静态检查。

程序编好后不应急于上机，而应逐条检查，看是否具有所要求的功能。易出错的地方（如循环次数、转移条件等）应重点检查。静态检查无误后，再上机调试。

（6）调试、优化程序。

将编写好的程序在仿真器上以单步、断点、连续等方式运行。对程序进行测试，排除程序中的错误，直到正确为止，称之为调试程序。优化程序是指缩短程序的长度，加快运行的速度，节省数据存储单元。这是程序设计的原则。在程序设计中，经常用循环程序和子程序的形式来缩短程序的长度，通过改进算法和正确使用指令来节省存储单元及减少程序的执行时间。

2）汇编语言源程序的汇编

汇编语言源程序在上机调试前必须翻译成目标机器码才能为 CPU 执行。所谓汇编，就是将汇编语言转换成机器语言的过程。汇编可分为手工汇编和机器汇编两种形式。

（1）人工汇编。

人工汇编也叫手工汇编，是通过查指令表将汇编语言源程序翻译为目标程序。通常源程序的人工汇编需要进行两次才能完成，只有无分支程序才可以一次完成。第一次汇编时，查出各条指令的机器码，并根据初始地址和各条指令的字节数确定每条指令所在的地址。对程序中出现的已有确定值的标号和字符名称，可用相应值代替，对于暂时没有确定值的标号，仍采用原来的符号，暂不处理。第二次汇编是第一次汇编的继续，任务是确定第一次汇编过程中未确定的标号的值。

（2）机器汇编。

机器汇编就是将源程序输入计算机后，由汇编软件查出相应的机器码。机器汇编也要通过两次扫描才能完成对源程序的汇编。为了实现对源程序的汇编，汇编程序中编制了两张表：一张是指令操作码表，另一张是伪指令表。第一次扫描时通过查指令表将源程序中每条指令转换为机器码，并将其存放到存储区。第二次扫描完成对地址偏移量的计算，求出程序中未确定的标号的值。

汇编软件（如 ASM51.EXE）通常可对源程序中的语法及逻辑错误进行检查，同时还能对地址进行定位，建立能被开发装置接收的机器码文件及用于打印的列表文件等。单片机的机器汇编过程如图 2-13 所示。

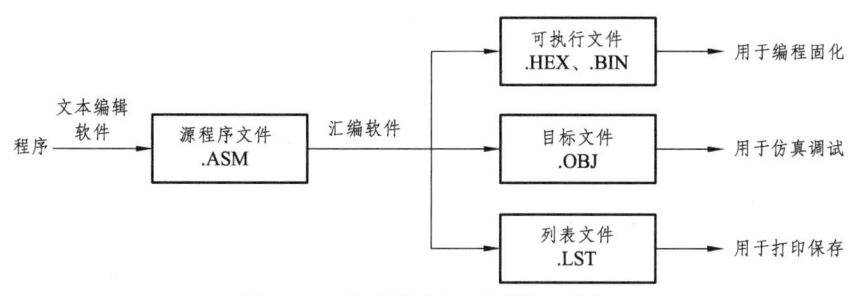

图 2-13 单片机的汇编过程示意图

3）汇编语言程序设计注意事项

解决某一问题、实现某一功能的程序不是唯一的。程序有简有繁，占用的内存单元有多有少，执行的时间有长有短，因而编制的程序也不相同。但在进行汇编语言程序设计时，应始终把握 3 个原则：尽可能缩短程序长度；尽可能节省数据存放单元；尽可能加快程序的执行速度。通常采用以下几种方法实现：

（1）尽量采用模块化程序设计方法。

模块化设计是程序设计中最常用的一种方法。所谓模块化设计，就是把一个完整的程序分成若干个功能相对独立的、较小的程序模块，对各个程序模块分别进行设计、编制和调试，最后把各个调试好的程序模块装配起来进行联调，最终成为一个有实用价值的程序。对于初学者来说，尽可能查找并借用经过检验、被证明切实有效的程序模块，或只需局部修改的程序模块，然后将这些程序模块有机地组合起来，得到所需要的程序，如果实在找不到，再自行设计。

（2）合理地绘制程序流程图。

绘制流程图时应先粗后细，即只考虑逻辑结构和算法，不考虑或者少考虑具体指令。这样画流程图就可以集中精力考虑程序的结构，从根本上保证程序的合理性和可靠性。使用流程图直观明了，有利于查错和修改。因此，多花一些时间来设计程序流程图，就可以大大缩短源程序编辑调试的时间。

（3）少用无条件转移指令，尽量采用循环结构和子程序结构。

少用无条件转移指令可以使程序的条理更加清晰，采用循环结构和子程序结构可以减小程序容量，节省内存。

（4）充分利用累加器。

累加器是数据传递的枢纽，大部分汇编指令围绕着它进行。在调用子程序时，也经常通过累加器传递参数，此时一般不把累加器压入堆栈。若需保护累加器的内容，应先把累加器的内容存入其他寄存器单元中，然后再调用子程序。

（5）精心设计主要程序段。

对主要的程序段要下功夫精心设计，这样会收到事半功倍的效果。如果在一个重复执行 100 次的循环程序中多用了两条指令，或者每次循环执行时间多用了两个机器周期，则整个循环就要多执行 200 条指令或多执行 200 个机器周期，使整个程序运行速度大大降低。

（6）对中断要注意保护和恢复现场。

在中断处理程序中，进入中断要注意保护好现场（包括各相关寄存器及标志寄存器的内容），中断结束前要恢复现场。

一般来说，一个程序的执行时间越短，占用的内存单元越少，其质量也就越高，这就是程序设计中的"时间"和"空间"的概念。程序应该逻辑性强、层次分明、数据结构合理、便于阅读，同时还要保证程序在任何实际的工作条件下，都能正常运行。另外，在较复杂的程序设计中，必须充分考虑程序的可读性和可靠性。

顺序与分支结构程序设计

2.5.2 基本结构程序设计

在进行汇编语言程序设计时，常用结构化程序设计方法，任何复杂的程序都可由 3 种基本程序结构组成，分别是顺序结构、分支结构、循环结构，如图 2-14 所示。结构化程序的特点是，程序的结构清晰，易于读写，易于验证，可靠性强。下面分别介绍这 3 种典型结构程序设计。

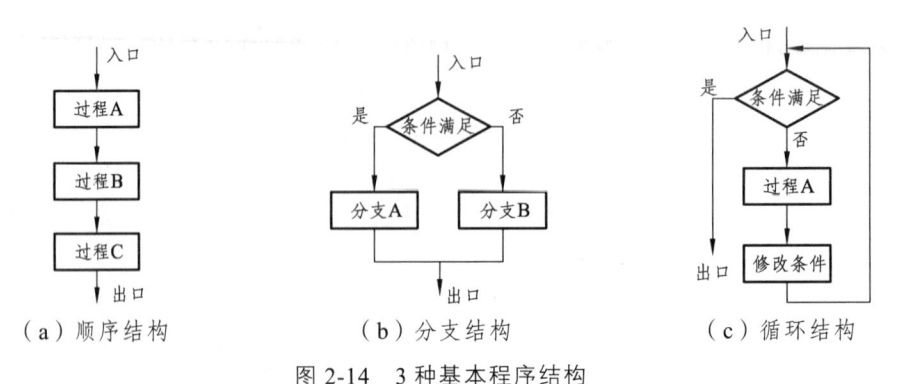

（a）顺序结构　　　　　（b）分支结构　　　　　（c）循环结构

图 2-14　3 种基本程序结构

1．顺序结构

顺序结构是指程序中没有使用转移类指令的程序段，机器执行这类程序时也只需按照先后顺序依次执行，中间不会有任何分支。在这类程序中，大量使用了数据传送指令，程序的结构也比较单一和简单，但它往往是构成复杂结构程序的基础。

【例 2.1】 编写程序实现累加器 A 与寄存器 B 的内容互换。

解： 此题有多种解法。其中常用的是找一个中转单元实现互换。设用工作寄存器 R0 作中转单元，程序如下：

```
            ORG    0000H
            LJMP   START
            ORG    0200H
START:      MOV    R0，A
            MOV    A，B
            MOV    B，R0
            SJMP   $
            END
```

上述程序，从程序执行看表现为从头到尾严格地按照次序一条语句一条语句地顺序执行，并且每一条语句均只被执行一遍。

【例 2.2】 将 20H 单元中存放的压缩 BCD 码转换为 ASCII 码，并将个位存在 21H 单元，十位存在 22H 单元。

解： 压缩 BCD 码是指在一个存储单元中存放两位 BCD 码，十位 BCD 码在高 4 位，个位 BCD 码在低 4 位。非压缩 BCD 码是指在一个存储单元中存放一位 BCD 码，其中 BCD 码放在该单元的低 4 位，高 4 位补 0。将 BCD 码与 ASCII 码相比不难发现，0~9 的 BCD 码与 ASCII 码的差别在于 ASCII 码比 BCD 码多 30H。因此，本题的算法是先将压缩 BCD 码分离成非压缩 BCD 码，再加 30H 即可完成转换。

程序如下：

```
            ORG    2000H
            MOV    A，20H        ；待转换数取到 A 中
            ANL    A，#0FH       ；分离低 4 位
            ADD    A，#30H       ；将低 4 位 BCD 码转换成 ASCII 码
            MOV    21H，A        ；将低 4 位转换结果送 21H 单元
            MOV    A，20H        ；再取数
            ANL    A，#0F0H      ；分离高 4 位
            SWAP   A             ；高低 4 位交换
            ADD    A，#30H       ；转换高 4 位
            MOV    22H，A        ；高 4 位转换结果送 22H 单元
            SJMP   $             ；动态停机
            END
```

2. 分支结构

分支程序设计的特点是根据不同的条件，确定程序的走向。若某种条件满足，则计算机就转移到另一分支上执行程序；若条件不满足，则计算机就按源程序继续执行。它体现了计算机执行程序时的分析判断能力。分支程序又分为简单分支和多分支程序。

1）简单分支程序

简单分支程序所分支路不多，实现简单分支程序的条件转移指令有 JZ、JNZ、CJNE 和 DJNZ 等，此外，还有以位状态作为条件进行程序分支的指令，如 JC、JNC、JB、JNB 和 JBC 等。

注意：凡是产生分支的转移类指令在流程图中必须用菱形框表示，而且要注明 Y 或 N。

【例 2.3】 已知 20H 单元中有一变量 X，要求编写按下述函数给 Y 赋值的程序，结果存入 21H 单元。

$$Y = \begin{cases} 1 & (X > 0) \\ 0 & (X = 0) \\ -1 & (X < 0) \end{cases}$$

此题有 3 个条件，所以有 3 个分支程序。这是一个三分支归一的条件转移问题。可先分支后赋值或先赋值后分支。下面以"先分支后赋值"的方法为例编写程序。

解：其程序和流程图（见图 2-15）如下。

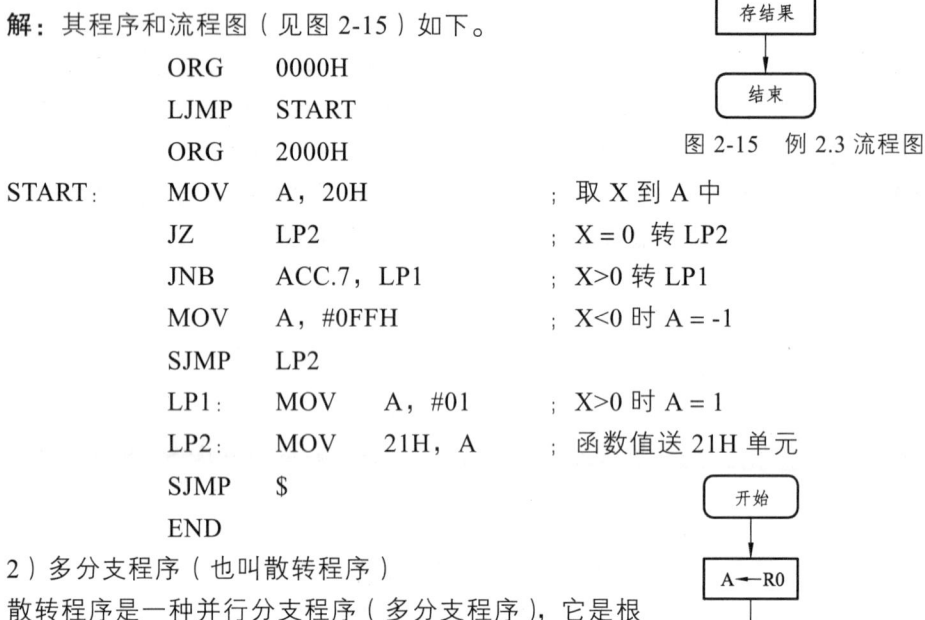

```
        ORG     0000H
        LJMP    START
        ORG     2000H
START:  MOV     A, 20H      ; 取 X 到 A 中
        JZ      LP2         ; X = 0 转 LP2
        JNB     ACC.7, LP1  ; X>0 转 LP1
        MOV     A, #0FFH    ; X<0 时 A = -1
        SJMP    LP2
LP1:    MOV     A, #01      ; X>0 时 A = 1
LP2:    MOV     21H, A      ; 函数值送 21H 单元
        SJMP    $
        END
```

图 2-15 例 2.3 流程图

2）多分支程序（也叫散转程序）

散转程序是一种并行分支程序（多分支程序），它是根据某种输入或运算结果，分别转向各个处理程序。在 MCS-51 单片机中，该功能由散转指令 "JMP @A + DPTR" 实现。

【例 2.4】 下面是散转程序的概念模型，根据寄存器 R0 的内容，转向各个处理程序 PR0，PR1…PRN。

若（R0）= 0，则转向 PR0；
若（R0）= 1，则转向 PR1；
……
若（R0）= N，则转向 PRN，如图 2-16 所示。
利用数据定义伪指令 DW，将 R0 为 0，1…N 时所对应的

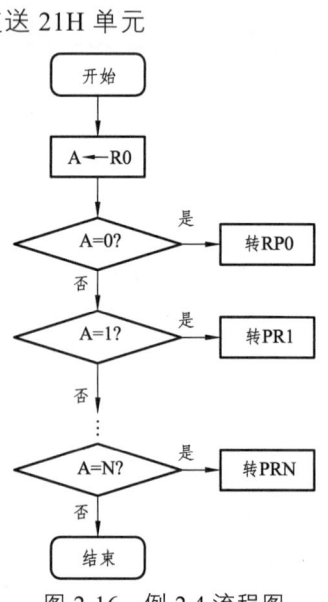

图 2-16 例 2.4 流程图

转向地址按顺序定义成一个表格，称之为转移地址表，其中每个地址占两个字节。在实现转移时，将表格的首地址送入 DPTR，将 R0 的值送入 A，这时 DPTR + 2A 的值正好指向与 R0 的值所对应的转向地址的高字节，然后再用指令"MOVC A, @A + DPTR"分两次将转移地址从表中取出送入 DPTR 中，最后用指令"JMP @A + DPTR"即可实现转移。

参考程序如下：

```
        ORG    2000H
        MOV    DPTR, #TAB        ; 地址表首地址送 DPTR
        MOV    A, R0             ; 将转移条件送 A 中
        ADD    A, R0             ; A×2
        JNC    NOC
        INC    DPH               ; 若 A×2 产生进位，应加到 DPH 中
   NOC: MOV    R2, A             ; 保存 A
        MOVC   A, @A + DPTR      ; 取高 8 位地址
        XCH    A, R2             ; 恢复 A，且高 8 位地址送 R2
        INC    A
        MOVC   A, @A + DPTR      ; 取低 8 位地址
        MOV    DPL, A            ; 低 8 位地址送 DPL
        MOV    DPH, R2           ; 高 8 位地址送 DPH
        CLR    A                 ; 累加器 A 清 0
        JMP    @A + DPTR         ; 转向与 R0 值相对应的分支
   TAB: DW     PR0, PR1, …, PRN  ; 转向地址表
   PR0: ……                       ; 分支程序
   PR1: ……
        ……
   PRN: ……
        END
```

3. 循环程序设计

在实际应用中，同一个操作往往要重复执行许多次，这种有规律而又反复处理的问题，可采用循环程序来解决。例如，为了求 100 个数的累加和，可以只用一条加法指令，并使其循环执行 100 次。

循环结构程序是程序中含有反复执行的程序段，该程序段称为循环体。采用循环程序结构不仅可以大大缩短所编程序的长度和使程序所占内存单元数最少，也能使程序结构紧凑，可读性变好，但循环结构程序并不能节省程序的执行时间。

1）循环程序的结构

循环程序通常有两种结构，如图 2-17 所示。一种是先循环处理后循环控制（即先处理后判断），至少执行一次循环体；另一种是先循环控制后循环处理（即先判断后处理），循环体是否执行，取决于判断结果。

循环程序通常由以下四部分组成：

(a) 先处理后判断　　　　　　(b) 先判断后处理

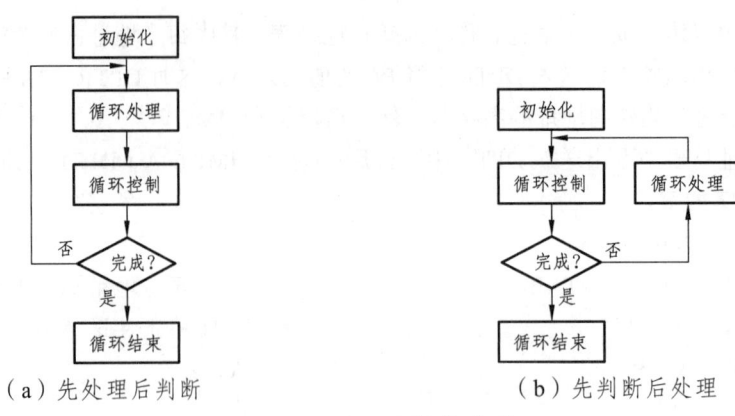

图 2-17　循环程序结构类型

（1）循环初始化。

循环初始化程序段位于循环程序开头，用于完成循环前的准备工作。例如：给循环体中循环计数器和各工作寄存器设置初值，其中循环计数器用于控制循环次数。

（2）循环处理。

循环处理是循环结构程序的核心，完成实际的处理工作，反复循环执行，又称循环体。要求程序编写得尽可能简练，以提高程序的执行速度。

（3）循环控制。

在重复执行循环体的过程中，不断修改循环控制变量，当符合结束条件时，就结束循环程序的执行。控制循环执行次数常常由循环计数器修改和条件转移语句等组成。

（4）循环结束。

用于存放执行循环程序所得的结果，以及恢复各工作单元的初值。

2）循环程序的分类

循环程序可分为单循环程序和多重循环程序。循环体内部不包括其他循环的程序称为单循环程序。若循环中还有循环，则称为多重循环程序。在多重循环程序中，只允许外重循环嵌套内重循环。不允许循环相互交叉，也不允许从循环程序的外部跳入循环程序的内部。

【例 2.5】　将 RAM 中 30H 单元开始的 100 个单元清 0。

如采用循环程序结构，需设计一个计数器和一个地址指针。现设 R0 为循环计数器，控制循环次数，初值为 100；R1 为地址指针，指向 RAM 空间，初值为 30H。则流程图如图 2-18 所示。程序如下：

```
        ORG    2000H
        MOV    R0, #100      ; 循环计数器赋初值
        MOV    R1, #30H      ; 地址指针赋初值
LOOP:   MOV    @R1, #00H     ; 清 0 RAM 单元
        INC    R1            ; 修改地址指针
        DJNZ   R0, LOOP      ; 循环控制
        SJMP   $             ; 循环结束
        END
```

图 2-18　例 2.5 流程图

延时程序在单片机汇编语言程序设计中使用非常广泛。所谓延时，就是让 CPU 做一些与主程序功能无关的操作（例如将一个数字逐次减 1 直到为 0）来消耗掉 CPU 的时间。

由于我们知道 CPU 执行每条指令的准确时间，因此执行整个延时程序的时间也可以精确计算出来。

【例 2.6】 单循环延时程序。

```
        ORG   2000H
        MOV   R5, #TIME      ; 1 周期
LOOP:   NOP                  ; 1 周期
        NOP                  ; 1 周期
        DJNZ  R5, LOOP       ; 2 周期
        END
```

延时时间 = [（NOP + NOP + DJNZ）4 个周期 × TIME 循环次数] × $T_机$ +（MOV）1 个周期 × $T_机$

若单片机晶振频率为 6 MHz，则一个机器周期等于 2 μs，一次循环为 4 个机器周期等于 8 μs。设 TIME = 25，则延时时间 = 8 μs × 25 + 1 × 2 μs = 202 μs。此延时程序的定时范围是 10 ~ 2042 μs。若单片机晶振频率为 12 MHz，则一个机器周期等于 1 μs，此延时程序的定时范围为 5 ~ 1021 μs。可见，单循环程序的延时时间较小，为了延长定时时间，通常采用多重循环法。

【例 2.7】 双循环延时程序（流程图见图 2-19）。

```
         ORG    2000H
         MOV    R5, #TIME1    ; 1 周期
LOOP2:   MOV    R4, #TIME2    ; 1 周期
LOOP1:   NOP                  ; 1 周期
         NOP                  ; 1 周期
         DJNZ   R4, LOOP1     ; 2 周期
         DJNZ   R5, LOOP2     ; 2 周期
         END
```

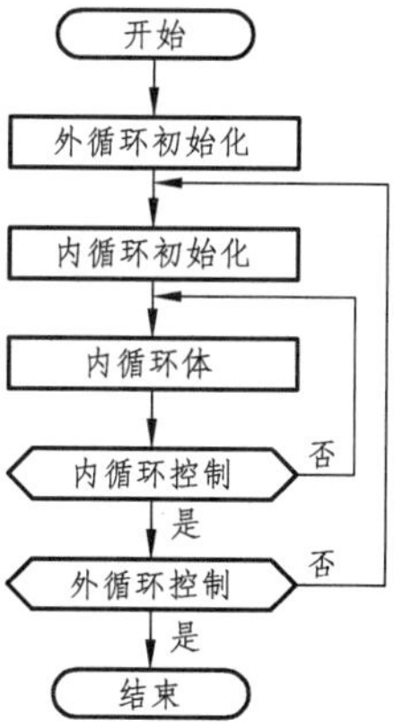

延时时间 =（TIME2 × 4 + 2 + 1）× TIME1 × $T_机$ + 1 × $T_机$

图 2-19 例 2.7 流程图

设单片机晶振频率为 6 MHz，TIME1 = 125，TIME2 = 100，则延时时间 =（100 × 4 + 2 + 1）× 125 × 2 μs + 1 × 2 μs = 100 752 μs ≈ 100 ms。

此双重循环程序的延时范围为 16 μs ~ 526 ms，若需要更长的延时时间，可采用多重循环。

2.5.3　子程序设计

在解决实际问题时，经常会遇到一个程序中多次使用同一个程序段，如延时、查表、算术运算等功能相对独立的程序段。在实际的单片机应用系统软件设计中，为了使程序结构更加清晰，易于设计，易于修改，增强程序的可读性，便于程序移植，基本上都要使用子程序结构。

1. 主程序与子程序的基本结构

主程序可以在不同的位置通过子程序调用指令多次调用子程序。主程序调用子程序时，可以使用 LCALL 或 ACALL 通过标号对子程序进行调用。子程序调用指令的功能是将 PC 的内容压入堆栈，保护断点，然后将调用地址送入 PC，使程序转向子程序的入口地址。

子程序的返回是通过 RET 指令实现的。RET 指令的功能是将断点地址从堆栈中弹出送回到 PC，使程序继续从断点处执行。

包含主程序、子程序和子程序调用的完整程序的典型结构如下：

```
MAIN： ……                  ; MAIN 为主程序标号
       LCALL   SUB          ; 调用子程序 SUB
SUB：  PUSH Acc             ; 保护现场
       PUSH PSW
       PUSH B
       ;子程序处理程序段
       POP B
       POP PSW
       POP Acc              ; 恢复现场
       RET                  ; 返回
```

2. 子程序编写和调用注意事项

（1）子程序结构独立。

程序"一进一出"，即一个入口地址和一个返回地址。入口处必须有标号，子程序调用指令通过标号对子程序进行调用。出口处必须是返回指令 RET。

（2）现场保护和现场恢复。

由于单片机中的寄存器为共享资源，主程序转入子程序后，原来的信息必须保存才不会在运行子程序时丢失。这个保护过程称为保护现场。通常在进入子程序的开始部分时，用堆栈来完成这项工作。从子程序返回时，必须将保存在堆栈中的信息还原，这个还原过程称为恢复现场。通常在从子程序返回之前将堆栈中保存的内容弹回各自的寄存器。注意：必须遵循堆栈存取原则"先进后出"来恢复现场。

（3）参数传递。

参数传递是指主程序与子程序之间进行相关信息的传递。在调用子程序时，主程序应该先把有关参数（入口参数）放到某些约定的位置，如累加器 A、寄存器、堆栈等。子程序在运行时，从约定的位置取到有关参数。在子程序运行结束前，应该把运行结果（出口参数）送到约定的位置。在返回主程序后，主程序可以从这些位置得到所需的结果。

（4）子程序可以嵌套，即子程序也可以调用另外的子程序。

【例 2.8】 设 20H 和 21H 中分别有两个数 a 和 b，请编写求 $c = a^2 + b^2$ 并把 c 送入 30H 的程序（假设 a、b 和值均小于 10）。

解：本题需要两次运用求平方的操作，可将求平方程序设计为子程序，则此时只需要调用子程序即可完成求平方操作。由于 a、b 数值均不大于 10，其平方结果不大于 100，可以利用乘法指令进行平方操作，并利用累加器 A 传入/传出参数。

程序如下：

```
            ORG     2000H
            MOV     A，20H          ；将 a 送累加器 A
            ACALL   SQR            ；第一次调用，求 a²
            MOV     R0，A           ；将计算结果存于 R0
            MOV     A，21H          ；将 b 送累加器 A
            ACALL   SQR            ；第二次调用，求 b²
            ADD     A，R1           ；A←a² + b²
            MOV     30H，A          ；将计算结果送入 30H
            SJMP    $              ；结束
    SQR:    MOV     B；A            ；将 A 中数值送入 B 寄存器
            MUL     AB             ；计算 A 中数的平方，低 8 位存放在 A 中
            RET                    ；子程序返回
            END
```

2.5.4 查表程序设计

查表程序是单片机十分常见的一种子程序，在 LED、LCD 显示程序设计中经常用到查表程序，另外对单片机无法实现的一些计算，如函数的计算，可以直接将结果存到内部存储器，需要时一一"对号"读取就可以了。

在 MCS-51 单片机汇编语言中，有两条专门的查表指令：

MOVC   A，@A + DPTR
MOVC   A，@A + PC

1. 用 DPTR 作基地址的查表步骤

（1）把表的首地址送 DPTR；
（2）把所查表的项数（即在表格中的位置是第几项）送入累加器 A 中；
（3）执行查表指令 MOVC   A，@A + DPTR，查表的结果送入 A 中。

2. 用 PC 内容作基地址的查表步骤

（1）将所查表的项数送入累加器 A 中；
（2）将 MOVC   A，@A + PC 指令的下一条指令到表格首地址的指令字节数加到 A 中；
（3）执行查表指令 MOVC   A，@A + PC，查表的结果送入 A 中。

PC 作基地址的查表指令

【例 2.9】 用查表法求 $Y = X^2$，设自变量 X 的值在 R0 中，X 的取值范围为 0~9。设变量 X 的值存放在内存 30H 单元中，求得的 Y 值存放在内存 31H 单元中。平

方表存放在首地址为 TABLE 的程序存储器中。

方法一：采用 MOVC A，@A+DPTR 指令实现，查表过程如图 2-20 所示。

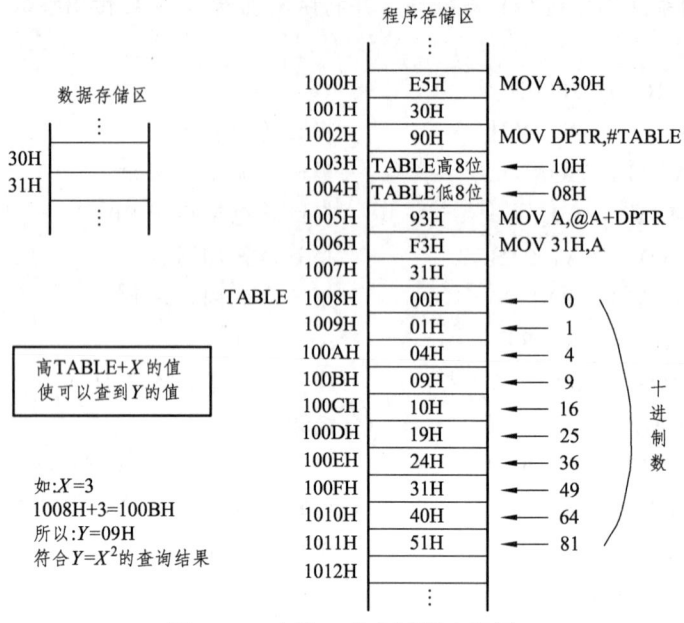

图 2-20 方法一查表过程示意图

程序如下：

```
            ORG    0000H
            LJMP   START
            ORG    1000H
START:      MOV    A, 30H         ;将查表的变量 X 送入
            MOV    DPTR, #TABLE   ;将查表的 16 位基地址 TABLE 送 DPTR
            MOVC   A, @A+DPTR     ;将查表结果 Y 送 A
            MOV    31H, A         ;Y 值最后放入 31H 中
            SJMP   $
TABLE:      DB     0, 1, 4, 9, 16    ;平方表
            DB     25, 36, 49, 64, 81
            END
```

方法二：采用 MOVC A，@A+PC 指令实现，查表过程如图 2-21 所示。

程序如下：

```
            ORG 0000H
            LJMP   START
            ORG    1000H
START:      MOV    A, 30H         ;将查表的变量 X 送入 A
            ADD    A, #02H        ;定位修正
            MOVC   A, @A+PC       ;将查表结果 Y 送 A
```

```
            MOV    31H, A          ; Y值最后放入31H中
            SJMP   $
TABLE:      DB     0, 1, 4, 9, 16
            DB     25, 36, 49, 64, 81
            END
```

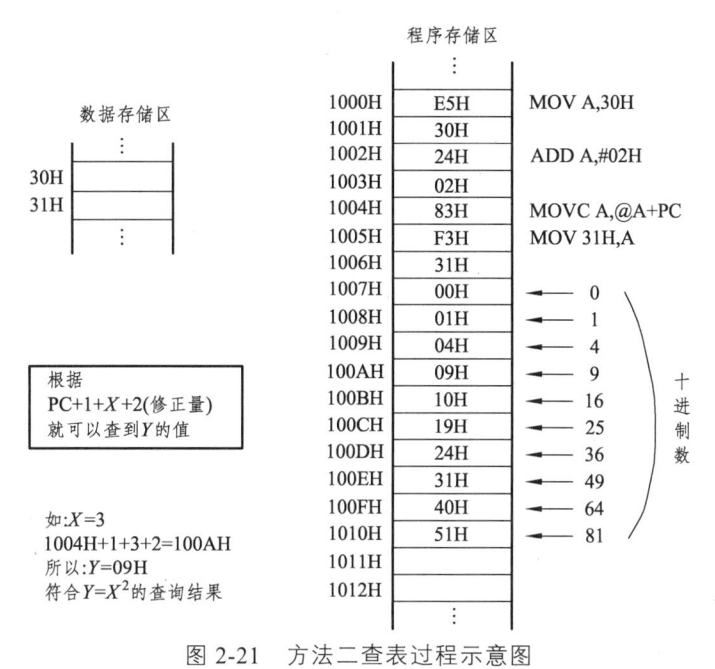

程序存储区

地址	内容	指令
1000H	E5H	MOV A,30H
1001H	30H	
1002H	24H	ADD A,#02H
1003H	02H	
1004H	83H	MOVC A,@A+PC
1005H	F3H	MOV 31H,A
1006H	31H	
1007H	00H	← 0
1008H	01H	← 1
1009H	04H	← 4
100AH	09H	← 9
100BH	10H	← 16
100CH	19H	← 25
100DH	24H	← 36
100EH	31H	← 49
100FH	40H	← 64
1010H	51H	← 81
1011H		
1012H		

数据存储区：30H、31H

根据 PC+1+X+2（修正量）就可以查到Y的值

如：$X=3$
1004H+1+3+2=100AH
所以：$Y=$09H
符合 $Y=X^2$ 的查询结果

图 2-21 方法二查表过程示意图

WAVE6000 开发软件使用   LED 流水灯设计

任务 2-6 用汇编语言编程实现 LED 流水灯系统

2.6.1 元器件准备

按表 2-34 所示的元器件清单采购并准备好元器件。

表 2-34 元器件清单

序号	标号	标称	数量	属性
1	C_1、C_2	30 pF	2	瓷片电容
2	C_3	10 μF	1	电解电容
3	LED1～LED8	RED	8	直插 3 mm
4	R_1～R_8	301 Ω	8	直插 1/4 W

续表

序号	标号	标称	数量	属性
5	R_9	10 kΩ	1	直插 1/4 W
6	S1	RST	1	直插
7	U1	AT89S51/STC89C51	1	DIP40
8	X1	12 MHz	1	直插
9	JP1	IDC10	1	直插 10 芯排针
10	P1	SIP2	1	5 V 直插电源座

2.6.2 电路搭建

按图 2-22 所示的电路原理图进行电路设计和电路搭建。

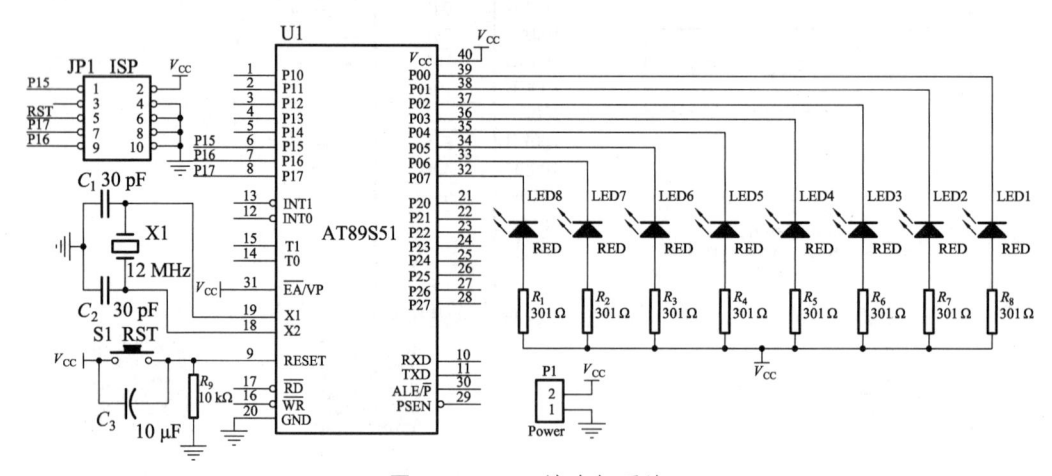

图 2-22 LED 流水灯系统

2.6.3 汇编语言程序编写

程序如下：

```
        ORG 0000H       ;复位后 PC 值为 0000，程序从此处开始执行
        LJMP MAIN       ;将程序运行指向流水灯程序

MAIN:   MOV A，#0FEH    ;累加器 A 赋值 FEH，即最低位为 0，可点亮对应的 LED
LOOP:   MOV P0，A       ;将累加器值送 P0 端口
        ACALL DELAY     ;LED 点亮后，为了便于观察，延时一段时间
        RL A            ;对累加器的内容循环左移
        AJMP LOOP       ;跳转到 LOOP 继续执行程序


        ORG 0100H       ;延时子程序存放地址为 0100H
```

```
DELAY： MOV R7，#0FFH      ；对延时参数 R7 赋值
DE2：   MOV R6，#0FFH      ；对延时参数 R6 赋值
DE3：   DJNZ R6，DE3       ；R6 自减一，不为 0 循环减一
        DJNZ R7，DE2       ；R6 自减一，不为 0 跳转到 DE3 位置循环
        RET                ；子程序返回
END                        ；程序结束
```

2.6.4 功能实现

搭建单片机最小系统，编写汇编语言程序，利用 8 个发光二极管设计流水灯，实现 LED 灯从左到右依次循环闪烁。

思考与习题

1. 选择题

（1）指令系统按指令长度分类，不正确的是（　　）。
　　A. 单字节指令　　　　　　　　　　B. 双字节指令
　　C. 三字节指令　　　　　　　　　　D. 四字节指令

（2）访问 SFR，只能使用（　　）寻址方式。
　　A. 直接　　　　B. 立即　　　　C. 间接　　　　D. 相对

（3）汇编语句指令格式是由（　　）组成。
　　A. 标号和操作码　　　　　　　　　B. 操作码和操作数
　　C. 标号和操作数　　　　　　　　　D. 操作数和操作数

（4）在基址加变址寻址方式中，以（　　）作为变址寄存器，以（　　）或 PC 作为基址寄存器。
　　A. PC，DPTR　　　　　　　　　　　B. DPTR，A
　　C. A，A　　　　　　　　　　　　　D. A，DPTR

（5）MCS-51 寻址方式中，操作数 Ri 加前缀"@"号的寻址方式是（　　）。
　　A. 寄存器间接寻址　　　　　　　　B. 寄存器寻址
　　C. 基址加变址寻址　　　　　　　　D. 立即寻址

（6）MCS-51 单片机在执行 MOVX A，@DPTR 或 MOVC A，@A + DPTR 指令时，其寻址单元的地址是由（　　）。
　　A. P0 口送高 8 位，P2 口送高 8 位　　B. P0 口送低 8 位，P2 口送高 8 位
　　C. P0 口送低 8 位，P2 口送低 8 位　　D. P0 口送高 8 位，P2 口送低 8 位

（7）数据传送类指令：MOVX A，@Ri；以 Ri 作为间接地址时能寻址（　　）范围。
　　A. 128 B　　　　B. 64 KB　　　　C. 256 B　　　　D. 4 KB

（8）设 A = 46H，R1 = 5AH，试分析执行指令 ADD A，R1；执行结果及对标志位 CY 的影响，正确的是（　　）。

A. A = A0H，CY = 1　　　　　　　B. A = A0H，CY = 0
C. A = B0H，CY = 1　　　　　　　D. A = B0H，CY = 0

（9）假设（A）= 55H，（R3）= 0AAH，在执行指令"ANL A，R3"后，（A）=（　　），（R3）=（　　）。

A.（A）= 00H，（R3）= 0AAH　　　B.（A）= AAH，（R3）= 0AH
C.（A）= A0H，（R3）= 0AH　　　　D.（A）= 00H，（R3）= AAH

（10）如下程序执行后累加器 A 的内容是（　　）。

  MOV　A，#04H

  RL　A

A. 10H　　　　　B. 08H　　　　　C. 02H　　　　　D. 0AH

（11）设（SP）= 67H，0100H 为地址标号，标号位置 TIME1 为 8200H，执行指令：

  0100：LCALL　TIME1

  0103：MOV　A，R1

结果：（SP）=（　　）。

A. 69H　　　　　B. 68H　　　　　C. 67H　　　　　D. 8200H

（12）下列指令中可以直接实现多分支程序设计的是（　　）。

A. JZ rel　　　　　　　　　　　　B. JNZ　rel
C. CJNZ A，#data，rel　　　　　　D. JMP　@A + DPTR

2. 问答题

（1）编写程序，把外部 RAM 1000H ~ 10FFH 的区域内的数据逐个搬到从 2000H 单元开始的区域。

（2）试编程将内部 RAM 60H 和 61H 两个单元的 ASCII 码转换为十六进制数，并合并为一个字节存在 65H 中。

（3）设两个 16 位数分别在片内 RAM 30H 和 40H 开始的两个单元中，高字节在低地址单元中，低字节在高地址单元中，编程求两个数之和并存入 40H 开始的单元中。

（4）将 20H 单元中的无符号二进制数转换为 3 位 BCD 码。转换结果的百位存到 21H 单元，十位存到 22H 单元，个位存到 23H 单元。

（5）编程求片内 RAM 20H、21H 两单元中两个无符号数差的绝对值，并将结果存到片内 RAM 22H 单元中。

（6）设变量 X 以补码的形式放在片内 RAM 30H 单元，函数 Y 与 X 有如下关系：

$$Y = \begin{cases} X & (X > 0) \\ 20H & (X = 0) \\ X + 5 & (X < 0) \end{cases}$$

试编写程序，根据 X 的大小求出 Y 的值并放回原单元。

（7）编程求出内部 RAM 30H 单元中的数据中"0"的个数，并将结果存入 31H 单元。

（8）编程将外部 RAM 中地址为 1000H 到 1030H 的数据块传送到内部 RAM 30H 到 60H 中，并将原数据区清零。

（9）设单片机的晶振频率 f_{osc} = 6 MHz，试编写延时 10 ms 的延时程序。

（10）从内部 RAM 30H 单元开始存放一组无符号数，其数据个数存放在 21H 单元中。试编写程序，求出这组无符号数中的最小数，并将其存入 20H 单元中。

（11）编程查找内部 RAM 20H 到 40H 单元中出现 0FFH 的次数，并将结果存入 41H 单元中。

（12）设有 100 个有符号数，连续存放在以 2000H 为首地址的外部 RAM 中。试编程统计其中正数、负数、零的个数，并将结果分别存放到片内 RAM 20H、21H、22H 三个单元中。

（13）试编程把片外 RAM 从 2000H 开始的连续 50 个单元的内容按降序排列，结果存入片外 RAM 3000H 开始的单元中。

（14）在 20H 和 21H 两个单元中各有一个 8 位数，试编程求出两数的平方和。要求用子程序方法实现求平方，结果存放在 22H 和 23H 两个单元中。

（15）利用查表法编制相应程序。设片内 40H 单元中有一数码，其值范围为 0～200，求此数的平方值，并把结果存入片外 RAM 的 0020H 和 0021H 单元（0020H 单元中为低字节）。

（16）已知两个十进制数分别在内部 RAM 40H 单元和 50H 单元开始存放（低位在前），其字节长度存放在内部 RAM 30H 单元中。编程实现两个十进制数求和，并把求和结果存放在 40H 开始的单元中。

项目 3 单片机 C51 语言编程应用

> **项目简介**

对于 MCS-51 单片机来说,其编程语言常用的有两种:一种是汇编语言,另一种是 C51 语言。项目 2 介绍了汇编语言的程序设计,汇编语言的机器代码生成效率很高,但可读性不强。近年来,C51 语言以其可读性好、可移植性强、开发周期短等优势,被越来越多的开发人员所使用。本项目重点阐述了 C51 数据类型、存储类别、运算符、表达式、程序结构、函数及数组等基础知识,并且结合具体实例供读者进行项目实践。通过本项目的学习,学生应掌握 C51 编程的基本方法和技巧,学会在 Keil μVision 集成开发平台上用 C51 语言进行程序设计。

项目实施案例"模拟地铁行车指示灯设计"为轨道交通现场实际应用开发案例,以使学生在学习过程中了解工作现场,培养学生运用知识解决实际问题的能力及技术成就感和创新意识,同时培养学生理论联系实际的开发能力。

任务 3-1 C51 语言概述

C51 语言是面向 51 系列单片机开发平台而设计的,是符合 ANSI C 标准的编程语言,既具有高级语言的优点,又可以直接控制单片机硬件。

3.1.1 C51 与 ANSI C 语言

随着应用系统的日益复杂,行业对软件代码的规范性、模块化的要求越来越高,以便于多个软件设计人员以软件工程的形式进行协同开发,在这种形势下,仅靠汇编语言来进行软件开发是远远不够的。而且客观上若使用汇编语言编写一个比较复杂的系统软件,编程者很难把握程序的整体结构,复杂算法的实现也比较困难。

C 语言是一种通用的计算机高级程序设计语言。统一标准编写出的 C 语言程序可在多种操作系统(Windows、DOS、UNIX 等)、多种硬件机型或一些嵌入式处理器上进行编译。C 语言能直接对计算机硬件进行操作,既有高级语言的特点,又有汇编语言的特点,因此在单片机应用系统的开发过程中得到了非常广泛的应用。C 语言具有良好的模块化,用 C 语言编写的程序有很好的可移植性,功能化的代码能方便地从一个工程移植到另一个工程,从而减少了开发所需的时间。而且用 C 语言编写程序比用汇编语言更符合人们的思维习惯,开发者可以更专心地考虑算法,而不是考虑一些细节问题,这样就减少了开发和调试的时间。使用 C 语言,程序员不必十分熟悉处理器的运算过程,不必知道处理器的具体内部结构,这使得 C 语言程序比汇编程序有更好的可移植性。

20 世纪 80 年代，为避免各开发厂商使用不同的 C 语言语法，由美国国家标准局（American National Standards Institute，ANSI）为 C 语言制定了一套完整的国际标准语法，称为 ANSI C，作为 C 语言的标准。

MCS-51 系列单片机中使用的 C 语言称之为 C51 语言。C51 语言虽然继承了标准 C 语言绝大部分的特性，并且基本语法相同，但其本身又在硬件结构上有所扩展。C51 语言相对于标准 C 语言的扩展直接针对 51 系列 CPU 硬件。C51 语言的特色主要体现在以下几个方面：

（1）C51 语言定义的库函数与标准 C 语言的库函数不同，C51 语言中的库函数是按 MCS-51 单片机的应用情况来定义的。

（2）C51 语言中增加了几种针对 MCS-51 单片机的特有的数据类型。如 MCS-51 单片机包含位操作空间和位操作指令，因此 C51 语言中多了一种位类型，使得它能灵活地进行位指令操作。

（3）C51 语言与标准 C 语言的输入/输出处理不一样，C51 语言的输入/输出是通过 MCS-51 单片机的串行口来完成的。因此，输入/输出指令执行前必须对串行口进行初始化。

（4）C51 语言中有专门的中断函数。

需要注意的是，用 C51 语言编程时程序上应用的各种算法要精简，不应对系统构成过重的负担；尽量少用浮点运算，可以用 unsigned 无符号型数据的就不要用有符号型数据；尽量避免多字节的乘除运算，而尽量使用移位运算等。

3.1.2　C51 程序的基本结构

C51 程序包括以下 3 个部分。

C51 程序的基本结构

1. 预处理命令

例如，包含语句"#include<REGX51.H>"将头文件 REGX51.H 包含到源程序中。它定义了单片机的所有特殊功能寄存器（SFR）。

2. 定义全局变量或常量

例如，语句"sbit LED = P1^0;"定义了一个全局位变量 LED，直接访问单片机 P1 口的 P1.0 引脚。这个变量存储的逻辑值（0 或 1）就是 P1.0 引脚上的逻辑电平。

3. 函数原型声明及函数定义

C 程序中的函数与其他语言中所描述的"子程序"或"过程"的概念是一样的。

一个 C 语言源程序中有一个或若干函数。每一个函数完成相对独立的功能。每一个 C 程序都必须有（且仅有）一个主函数 main（），程序的执行总是从主函数开始，调用其他函数后返回主函数，无论函数的排列顺序如何，最后在主函数中结束整个程序。

一个函数由函数定义和函数体两部分组成。

函数定义部分包括函数名、函数类型、函数属性、函数参数（形式参数）名、参数类型等。例如，常用到的函数 delay（）和 main（），delay、main 是函数名，函数名前面的 void 说明函数的类型是空类型（表示没有返回值），函数名后面必须跟一对圆括号，里面是函数的形式参数定义，函数 delay（）的形式参数是无符号整型参数 i（unsigned int i），函数 main（）没有形式参数。

函数定义部分后面的一对大括号内包含的部分称为函数体，函数体由定义数据类型的说明部分和实现函数功能的执行部分组成。关于自定义函数的详细介绍参见 3.5.2 小节。

在 C 程序中使用 ";" 作为语句的结束符。可以多行书写一条语句，也可以一行书写多条语句。C 程序区分大小写，如变量 i 和变量 I 表示 2 个不同的变量。

下面给出一个简单的例子，以便对 C51 语言源程序有一个整体的认识。

【例 3.1】 编写一个 C51 程序，用 P1.0 口控制 1 只发光二极管闪烁显示。

```
//用 P1 口控制一个发光二极管闪烁显示的例子。
#include <reg51.h>              //包含 51 寄存器头文件
#define uchar    unsigned char   //定义宏 uchar、替换 unsigned char
sbit    led = P1^0;              //led 引脚定义
void    delay（uchar）;           //函数声明
void    main（void）              //主函数
{
   while（1）                    //while 循环（死循环）
   {
     led = ~led;                //发光二极管显示状态取反
     delay（5）;                 //延时 500 ms
   }
}
void    delay（uchar m）          //delay 子函数
{
uchar    i, j, k;
for（i = 0; i<m; i++）
   for（j = 0; j<130; j++）
     for（k = 0; k<250; k++）;
}
```

从例 3.1 中也可以看出，C51 程序与 C 语言基本一致，不同的是用到 AT89S51 内部特有的相关寄存器、位的定义。

任务 3-2 C51 数据类型

3.2.1 C51 数据类型

C51 语言中常用的标准 C 语言的数据类型有：字符型（char）、整型（int）、长整型（long）、实型（float）、指针型（*）；51 单片机独有的数据类型有：位型（bit）、特殊功能寄存器型（sfr）、16位特殊功能寄存器型（sfr16）、可位寻址位型（sbit），下面分别进行介绍。

1. 整　型

整型所占的内存空间字节数和所表示的取值范围如表 3-1 所示。

表 3-1　整型

数据类型	数据类型符	占用字节数	取值范围
有符号整型	signed int	2	$-2^{15} \sim (2^{15}-1)$，即 $-32\,768 \sim 32\,767$
无符号整型	unsigned int	2	$0 \sim (2^{16}-1)$，即 $0 \sim 65\,535$
有符号长整型	signed long	4	$-2^{31} \sim (2^{31}-1)$，即 $-2\,147\,483\,648 \sim 2\,147\,483\,647$
无符号长整型	unsigned long	4	$0 \sim (2^{32}-1)$，即 $0 \sim 4\,294\,967\,295$

2. 字符型

字符型分为有符号（signed char）和无符号（unsigned char）两种，字符型所占的内存空间字节数和所表示的取值范围如表 3-2 所示。

表 3-2　字符型

数据类型	数据类型符	占用字节数	取值范围
无符号字符型	unsigned　char	1	$0 \sim 255$
有符号字符型	signed　char	1	$-128 \sim 127$

3. 实　型

实型又称浮点型，是同时使用整数部分和小数部分来表示数字的类型，可用 float 表示。实型所占的内存空间字节数、有效数字和所表示的取值范围如表 3-3 所示。

表 3-3　实型

数据类型	数据类型符	占用字节数	取值范围
实型（浮点型）	float	4	$\pm 1.175\,494 \times 10^{-38} \sim \pm 3.402\,823 \times 10^{38}$

4. 指针型

指针型本身就是一个变量，在这个变量中存放的是指向另一个数据的地址。这个指针变量要占据一定的内存单元，对于不同的处理器，其长度也不尽相同，在 C51 中，它的长度一般为 1~3 个字节。

5. 位　型

位型是 C51 编译器的一种扩充数据类型，利用它可定义一个位变量，但不能定义位指针，也不能定义位数组。它的值是一个二进制位，不是 0 就是 1，类似一些高级语言 Boolean 类型中的 True 和 False。

6. 特殊功能寄存器型（sfr）

特殊功能寄存器型也是一种扩充数据类型，占用一个内存单元，值域为 0~255。

51 单片机内部定义了 21 个专用寄存器，它们不连续地分布在片内 RAM 的高 128 字节中，地址为 80H~FFH。利用它可以访问 51 单片机内部的所有 1 B 长度的专用寄存器。定义专用寄存器地址的格式如下：

sfr 特殊功能寄存器名 = 特殊功能寄存器的地址；

例如：

sfr P1 = 0x90;   //定义特殊功能寄存器 P1，其地址为 0x90
sfr P3 = 0xB0;   //定义特殊功能寄存器 P3，其地址为 0xB0
sfr TMOD = 0x89;   //定义特殊功能寄存器 TMOD，其地址为 0x89

说明：

（1）关键字 sfr 后面的特殊功能寄存器名实际上是一个标识符，可以任意选取，但一般用大写字母表示。

（2）赋值符"="后面的地址必须是位于 0x80~0xff 之间的常数，不能是带有运算符的表达式。

7. 16 位特殊功能寄存器（sfr16）

sfr16 和 sfr 一样，用于操作特殊功能寄存器，所不同的是它用于操作占两个字节的寄存器。sfr16 占用两个内存单元，值域为 0~65 535。采用 sfr16 定义 16 位特殊功能寄存器时，2 字节地址必须是连续的，并且低字节地址在前，定义时等号后面是它的低字节地址。使用时，把低字节地址作为整个 sfr16 地址。定义 16 位专用寄存器地址的格式如下：

sfr16 特殊功能寄存器名 = 寄存器低字节的地址值；

sfr16 DPTR = 0x82;   //DPTR 的低 8 位地址为 82H，高 8 位地址为 83H
sfr16 T2 = 0xCC;   //T2 的低 8 位地址为 0CCH，高 8 位地址为 0CDH

注意：这种方法不能用于 T0 和 T1，因为 TH0 和 TL0 的地址不连续，TH1 和 TL1 的地址也不连续。

8. 可位寻址位（sbit）

sbit 与"bit"是 C51 中的一种扩充数据类型，利用它可以访问单片机内部 RAM 中的可寻址位或特殊功能寄存器中的可寻址位。特殊功能寄存器中，字节地址能被 8 整除的特殊功能寄存器每一位都分配有位地址，这些特殊位就是可寻址位。另外，片内 RAM 位寻址区 0x20~0x2f 这 16 个字节的每一位都分配有位地址，也是可寻址位。C51 中可寻址位是用关键字 sbit 定义的，定义的格式有 3 种。

（1）sbit 位名 = 特殊功能寄存器名^位置

该方法用一个已声明的 SFR 作为 sbit 的基地址。"^"后的"位置"定义了该基地址上"特殊功能位"的位置，必须是 0~7 的一个数字，例如：

sfr   PSW = 0xD0;   //声明 PSW 为特殊功能寄存器，地址为 0xD0
sfr   IE = 0xA8;   //声明 IE 为特殊功能寄存器，地址为 0xA8

```
sbit    OV = PSW^2;     //指定 PSW 的第 2 位为 OV
sbit    CY = PSW^7;     //指定 PSW 的第 7 位为 CY
sbit    EA = IE^7;      //指定 IE 的第 7 位为 EA
```

（2）sbit 位名 = 字节地址^位置

该方法用一个整数作为基地址，该基地址值必须在 80H～FFH 之间。"^"后面的位置同上。例如：

```
sbit    OV = 0xD0^2;
sbit    CY = 0xD0^7;
sbit    EA = 0xA8^7;
```

（3）sbit 位名 = 位地址值

该方法将特殊功能位的绝对地址赋给变量，位地址必须在 80H～FFH 之间。例如：

```
sbit    OV = 0xD2;
sbit    CY = 0xD7;
sbit    EA = 0xAF;
```

特殊功能位代表一个独立的声明类，它不能和别的位声明互换。

3.2.2 常　量

常量是指在程序执行期间其值固定不变、不能被改变的量。按照表现形式的不同，常量可分为直接常量和符号常量。直接常量是指在程序中不需要任何说明就可直接使用的常量，而符号常量是指需要先说明或定义后才能使用的常量。

1．直接常量

直接常量按数据类型可分为五类：整型常量、浮点型常量、字符型常量、字符串型常量、位类型常量。

（1）整型常量

整型常量又有十进制、八进制和十六进制三种表示方法。十进制数表示为 12、-60 等；八进制数在左边第一位数字前加 0，如 0127，相当于十进制的 87；十六进制数在左边第一位数字前加 0x，如 0x127，相当于十进制的 295；如果要表示长整型，就要在数字后面加字母 L，如 104L、0xF40L 等。

（2）浮点型常量

浮点型常量即数学中的实数，有十进制形式和指数形式两种表示方法。十进制形式由数字和小数点组成，如 3.141；指数形式又称科学记数法，由小数和指数两部分组成，指数部分的底数用字母 E 表示，例如 123.45 可以表示为 1.2345E+2。

（3）字符型常量

字符型常量是用一对单引号括起来的单个字符，如'a'、'b'等，字符是按照所对应的 ASCII 码来存储的，一个字符占一个字节。单引号是字符常量的定界符，不是字符常量的一部分。单引号中的字符不能是单引号本身或者反斜杠，即'''和'\'是不正确的。要表示单引号字符或反斜杠字符，可以在这个字符前面加一个反斜杠 \，组成专用转义字符，如'\''表示单引号字符，而'\\'表示反斜杠字符。

（4）字符串型常量

字符串型常量是用一对双引号括起来的零个或多个字符，其中双引号仅起定界作用，本身并不是字符串中的内容。如""，"Hello，world!"，"123"等。

C 语言规定在存储字符串型常量时，由系统在字符串的末尾自动加一个'\0'作为结束标志。'\0'在内存中占一个字节，它不引起任何控制动作，也不可显示，只用于系统判断字符串是否结束。因此，长度为 n 的字符串型常量，在内存中占用 $n+1$ 个字节。如字符串"Hello"的字符串长度为 5，但在内存中占用 6 个字节。

（5）位类型常量

位类型常量是一个二进制值，只有"0"或"1"两个值。

2. 符号常量

符号常量是指用标识符表示的常量。符号常量在使用之前必须先定义。其定义的一般形式如下：

#define 标识符 常量

例如：#define CONST 30

此语句定义了一个符号常量 CONST，其值为 30。在此语句后面的程序代码中，凡是出现标识符 CONST 的地方，都用 30 来代替。

3.2.3 变量

变量是一种在程序的运行过程中其值可以变化的量。C51 程序中的每一个变量都必须用一个标识符作为它的变量名。变量名代表的是该变量在存储器内的地址，变量的值是指地址单元内存放的数据。

1. 变量的定义

C51 中的变量的定义方格式如下：

存储种类 数据类型 存储器类型 变量名表；

其中，数据类型和变量名表是必需的，存储种类和存储器类型是可选项。"数据类型"是 3.2.1 中所介绍的数据类型，"变量名表"是由逗号（,）间隔的若干个变量名。例如：

unsigned char i，j，k；

bit mybit；

int a，b；

C51 规定，变量名只能由字母、数字和下划线 3 种字符组成，并且首字符不能是数字，首字符为下划线的名字一般是供 C51 编译器使用的，用户在给变量命名时一般是以字母开头。在 C51 中，字母的大小写有别，大小写代表不同的变量；变量名的最大长度为 255 个字符，但 C51 只识别前 32 个字符。与前 32 个字符相同的变量，C51 认为是同一个变量。因此，在给变量命名时，不同变量的前 32 个字符中至少要有一个字符不同。

C51也可以在定义变量时给变量赋初值。例如：
unsigned char i = 3，k = 2，j;

2. 变量的存储类型

变量的存储种类是变量在程序中的存储方式及作用范围。C51变量的存储种类分为auto（自动变量）、extern（外部变量）、static（静态变量）、register（寄存器变量）4种。

（1）auto变量

auto变量使用最广泛。C语言规定没有说明存储种类的变量都是自动变量。自动变量的作用域仅限于定义这个变量的个体内，即在函数中定义的自动变量，只在这个函数内有效；在复合语句中定义的自动变量只在这个复合语句内有效。所以，自动变量属于动态存储方式。只有在定义这个变量的函数被调用时，才给它分配存储单元。函数调用结束后，释放存储单元，自动变量的值不能保留。

（2）extern变量

使用存储种类说明符extern定义的变量称为外部变量。C语言允许将大型程序分解为若干独立的程序模块文件。各个模块可以分别进行编译，然后连接在一起。在这种情况下，如果某个变量需要在所有程序模块文件中使用，只要在一个程序模块文件中将这个变量定义成全局变量，而在其他程序模块文件中用extern说明这个变量是已被定义过的外部变量就可以了。

（3）static变量

静态变量属于静态存储方式，但是属于静态存储方式的变量不一定就是静态变量。外部变量属于静态存储方式，但不是静态变量，必须由static进行定义后才能成为静态外部变量，称之为静态全局变量。在一个函数内定义的静态变量称为静态局部变量。

静态局部变量在函数内定义。它是始终存在的，但是作用域仍与自动变量相同，即只能在定义这个变量的函数内使用。退出这个函数后，尽管这个变量还继续存在，但不能使用它。

静态全局变量的作用域是源程序中的所有源文件，被这个源程序内的所有函数共用。

（4）register变量

在ANSI C语言中，用register标识符说明变量是存放在寄存器中。在C51中，一般不需要定义register变量，编译器会自动将使用频繁的变量存放于片内数据存储器或特殊功能寄存器中，变量使用结束就释放存储单元。

3. 变量存储器类型

51单片机的存储空间分为程序存储器（ROM）和数据存储器（RAM），在物理上分为程序存储器、片内数据存储器和片外数据存储器。这些存储空间有不同的寻址机构和寻址方式。C51程序需要将用到的数据定位存储在单片机的存储分区中。所以，C51语言与ANSI C语言不同，定义变量时要说明变量的存储器类型。常见的C51编译器支持的存储器类型见表3-4。

表 3-4 C51 编译器支持的存储器类型

存储器类型	描 述
data	数据存放在片内可直接寻址 RAM 的低 128 B 空间中，访问速度最快
bdata	数据存放在片内地址为 20H～2FH 的可位寻址 RAM 中，允许位与字节混合访问
idata	数据存放在片内间接寻址访问 RAM 的 256 B 空间中
pdata	数据存放在片外"分页"RAM 的第 1 页 256 B 空间，间接寻址访问
xdata	数据存放在片外 RAM 的 64 KB 的空间中，间接寻址方式，访问速度最慢
code	数据存放在程序存储器的 64 KB 空间中，间接寻址方式，数据不能改变

data、bdata、idata 型的变量存放在内部数据存储区，pdata、xdata 型的变量存放在外部数据存储区，code 型的变量固化在程序存储区。

访问片内数据存储器（data、bdata、idata）比访问片外数据存储器（pdata、xdata）快。所以，可以将经常使用的变量放到片内数据存储器中，而将规模较大的或不经常使用的数据存放到片外数据存储器中。对于在程序执行过程中不用改变的数据信息，一般使用 code 关键字将其存储在程序存储器中，与程序代码一起固化到程序存储区。

在 C51 程序中使用变量可以声明它的存储位置，举例如下。

unsigned char data i;   //无符号字符型变量 i 定义在内部数据存储器中
unsigned int xdata j;   //无符号整型变量 j 定义在外部数据存储器中
unsigned char code z[] = "Hello world!";   //字符串变量 z 存放在程序存储器区

任务 3-3 C51 运算符

C51 运算符

描述各种不同运算的符号称为运算符，由运算符把操作数（运算对象）连接起来的式子称为表达式。C51 编程中常用到的运算符有：算术运算符、赋值运算符、关系运算符、逻辑运算符、位操作运算符等。

3.3.1 算术运算符与表达式

1. 算术运算符

算术表达式也称为数值型表达式，由算术运算符、数值型常量、变量、函数和圆括号组成，其运算结果为数值。算术运算符有加"+"、减"-"、乘"*"、除"/"、取余"%"、自增 1"++"、自减 1"--"几种。在此重点介绍除和取余运算。

（1）除运算：C 语言规定，两个整数相除，其商为整数，小数部分被舍弃。例如，10/3 = 3。如果相除的两个数中至少有一个是实型，则结果为实型。例如，10.0/3 = 3.333333。

（2）取余运算：求余数运算要求两侧的操作数均为整型数据，否则出错。例如，5%2 = 1。

在简易计算器项目中，主要使用"+""-""*""/"来实现整数和实数的四则运算。

注意：C 语言中的算术表达式在书写时与数学公式有差异。例如，公式 b^2-4ac 需写成 b*b-4*a*c 的形式。

2. 自增自减运算符

自增运算使单个变量的值增 1，自减运算使单个变量的值减 1。自增、自减运算符都有两种用法：

（1）前置运算，即运算符放在变量之前，如＋＋i，--j。它先使变量的值增（或减）1，然后再以变化后的值参与其他运算，即先增减，后运算。例如：

unsigned char i = 3，j；
j =＋＋i；   //i 和 j 的值均为 4

（2）后置运算，即运算符放在变量之后，如 i＋＋，j--。它使变量先参与其他运算，然后再使变量的值增（或减）1，即先运算，后增减。例如：

unsigned int i = 3，j；
j = i＋＋；   //i 的值为 4，j 的值为 3

3. 算术表达式及运算符的优先性和结合性

用算术运算符和括号将操作数（运算对象）连接起来，形成符合 C51 语法规则的表达式，称为算术表达式。操作数包括常量、变量、函数等，如 a*b＋（5-c/3）。

C51 规定了运算符的优先性和结合性，在表达式求值的时候，先按运算符的优先性运算，如先乘除求余，再运算加减，如 a-b*c，b 的左侧是减号，右侧是乘号，乘号的优先性大于减号，因此，相当于 a-（b*c）。如果在一个表达式中前后运算符的优先性相同，则按规定的结合方向处理，C51 规定了算术运算符的方向是自左向右，如 a＋b-c，应先执行 a＋b 的运算，然后再与 c 相减。

3.3.2 赋值运算符与表达式

最常用的也是最简单的赋值运算符是"＝"，另外，还有复合的赋值运算符，即在赋值运算符之前再加一个双目运算符。常用的复合赋值运算符有"＋＝""-＝""*＝""/＝""%＝"等。

由赋值运算符组成的表达式为赋值表达式。赋值表达式的一般形式如下：

变量　赋值运算符　表达式

例如：

x＋= 5   //等价于 x = x＋5
y*= x＋3   //等价于 y = y*（x＋3），而不是 y = y*x＋3

注意：赋值运算符的这种写法，对初学者可能不习惯，但十分有利于编译处理，能提高编译效率，并产生质量较高的目标代码。赋值运算符的优先性低于算术运算符。

3.3.3 关系运算符与表达式

1. 关系运算符

关系运算符共有六种：">""<"">＝""<＝""＝＝"和"!＝"，依次为大于、小于、

大于等于、小于等于、等于和不等于。需要注意的是，等于运算符"＝＝"由两个等号组成，中间不能有空格，使用时要特别注意不要和赋值运算符"＝"混淆。

关系运算符优先性的次序：

（1）前4种关系运算符（<、<＝、>、>＝）的优先性相同，后2种（＝＝、!＝）的优先性也相同，前4种的优先性高于后2种。

（2）关系运算符的优先性低于算术运算符。

（3）关系运算符的优先性高于赋值运算符。

2. 关系表达式

关系运算符用于比较两个操作数之间的关系，若关系成立，则返回一个逻辑真值，否则返回一个逻辑假值。用关系运算符将两个表达式连接起来的式子称为关系表达式，如a>b、a+b>b+c、a!=b。关系表达式的值只有两种："真"和"假"。在C51中，运算结果如果是"真"，则用数值"1"表示；运算结果如果是"假"，则用"0"表示。

3.3.4 逻辑运算符与表达式

逻辑表达式是指用逻辑运算符将一个或多个表达式连接起来的式子。逻辑表达式得到的结果和关系表达式类似，返回逻辑真值或逻辑假值。最常用的逻辑运算符是：非"!"、与"&&"、或"||"。逻辑运算符的运算规则：

（1）!：当操作数的值为真时，运算结果为假；当操作数的值为假时，运算结果为真。

（2）&&：当且仅当两个操作数的值都为真时，运算结果为真，否则为假。

（3）||：当且仅当两个操作数的值都为假时，运算结果为假，否则为真。

3.3.5 位操作运算符与表达式

位操作是51单片机的重要特点，因此位运算在C51语言程序设计中的应用比较普遍。位运算的操作对象只能是整型和字符型数据。

位运算是指进行二进制位的运算，可以对操作数以二进制位为单位进行数据处理。C语言提供了六种位运算符，如表3-5所示。

表3-5 位运算符

位运算符	含 义	举 例
&	按位"与"	a&b，a和b中各位按位进行"与"运算
|	按位"或"	a|b，a和b中各位按位进行"或"运算
^	按位"异或"	a^b，a和b中各位按位进行"异或"运算
~	按位取反	~a，对a中全部位取反
<<	左移	a<<2，a中各位全部左移2位
>>	右移	a>>2，a中各位全部右移2位

1. 按位"与"运算符（&）

参加运算的两个数据，按二进制位进行"与"运算。

运算规则：0&0 = 0；0&1 = 0；1&0 = 0；1&1 = 1。即两个相应位同时为 1，结果才为 1，否则为 0。

例如，求 3&6 的值。

$$\begin{array}{r} 3 = 00000011 \\ (\&)\ 6 = 00000110 \\ \hline 00000010 \end{array}$$

因此，3&6 的值为 2。

2. 按位"或"运算符（|）

参加运算的两个数据，按二进制位进行"或"运算。

运算规则：0|0 = 0；0|1 = 1；1|0 = 1；1|1 = 1。即两个相应位只要有一个为 1，结果为 1，两个相应位全为 0，结果才为 0。

例如，求 3|6 的值。

$$\begin{array}{r} 3 = 00000011 \\ (|)\ 6 = 00000110 \\ \hline 00000111 \end{array}$$

因此，3|6 的值为 7。

3. 按位"异或"运算符（^）

参加运算的两个数据，按二进制位进行"异或"运算。

运算规则：0^0 = 0；0^1 = 1；1^0 = 1；1^1 = 0。即两个相应位的值不同，结果为 1，否则为 0。

例如，求 3^6 的值。

$$\begin{array}{r} 3 = 00000011 \\ (\wedge)\ 6 = 00000110 \\ \hline 00000101 \end{array}$$

因此，3^6 的值为 5。

4. 按位取反运算符（~）

参加运算的一个数据，按二进制位进行取反运算。

运算规则：~1 = 0；~0 = 1。即将 0 变为 1，1 变为 0。

例如：

$$\begin{array}{r} (\sim)\ 00110011 \\ \hline 11001100 \end{array}$$

5. 左移运算符（<<）

左移运算符是将操作数的各二进制位依次左移若干位。操作数向左移位后，右端出现的空位补 0。移至左端之外的位舍弃。

例如，设 a = 00011001，求 a<<2 的值。即使 a 左移 2 位，右端补 0。a 的值变为 01100100。

若左移时舍弃的高位不包含 1，则每左移一位，相当于移位对象乘以 2。

6. 右移运算符（>>）

右移运算是将操作数的各二进制位依次右移若干位。操作数若为无符号数，移位后左端出现的空位补 0，移位到右端之外的位被舍弃；操作数若为有符号数，高位为 0 时，则左边空位补 0（表示正数），高位为 1 时，则左边空位补 1（表示负数）。

例如，设 a = 11111010，如果把 a 看成无符号数（十进制数 250），则 a>>2 后，a 的值变为 00111110。

与左移相对应：右移时，如果右端低位移出的部分不包含有效二进制数字 1，则每右移一位，相当于移位对象除以 2。

任务 3-4　C51 程序结构

C51 程序结构

按照程序结构划分可以把 C51 程序分为 3 类：顺序结构、选择结构和循环结构。

3.4.1　顺序结构

顺序结构是一种最简单、最基本的程序结构。其特点是按程序表达式语句顺序从第一条语句执行到最后一条语句，直到执行完全部语句，程序即运行结束。在程序运行的过程中，顺序结构程序中的任何一个可执行语句都要运行一次，而且也总能运行一次。下面通过一个例子来熟悉 C51 的顺序结构。

【例 3.2】　求两个数的和。

定义两个变量，先对其进行赋值，再求出两个数的和，程序代码如下：

```
main（）
{INT A，B，SUM；
 A = 3；
 B = 2；
 SUM = A + B；
}
```

3.4.2　选择结构

用顺序结构只能解决一些简单的问题，进行一些简单的计算。在实际生活中，往往要根据不同的情况做出不同的选择，即给出一个条件，让计算机判断是否满足条件，并按照不同的情况进行处理。这种程序结构称为选择结构。C 语言中有两种选择结构语句：if 语句和 switch 语句。

1. if 语句

if 语句根据给定的条件进行判断，以决定执行某个分支程序段。if 语句有三种使用形式。

（1）单分支 if 语句

单分支 if 语句的一般形式如下：

if（表达式）语句；

功能：先计算表达式的值，如果表达式的值为真，则执行其后的语句，否则不执行该语句。其执行过程如图 3-1 所示。

说明：表达式通常是逻辑表达式或关系表达式，但也可以是其他表达式或任意的数值类型（包括整型、实型、字符型等）。因为在执行 if 语句时先对表达式求解，若表达式的值为 0，则按"假"处理，若表达式的值为非 0，则按"真"处理。

例如：if（x>y）
　　　　{temp = x； x = y； y = temp； }

图 3-1　单分支 if 语句的执行过程

（2）双分支 if 语句

双分支 if 语句的一般形式如下：

if（表达式）
　　语句 1；
else
　　语句 2；

功能：先执行表达式的值，如果表达式的值为真，则执行语句 1，否则执行语句 2。其执行过程如图 3-2 所示。

例如：求三个整数的最大数。
　　　int a，b，c，max；
　　　if（a>b） max = a；
　　　　else　　max = b；
　　　if（max<c） max = c；　//最大数在 max 变量中

（3）多分支 if 语句

多分支 if 语句的一般形式如下：

if（表达式 1）语句 1；
else if（表达式 2）语句 2；
else if（表达式 3）语句 3；
　　…
else if（表达式 n）语句 n；
else 语句 n + 1；

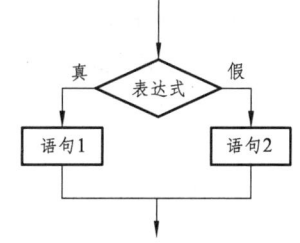

图 3-2　双分支 if 语句的执行过程

功能：依次判断表达式的值，当出现某个值为真时，则执行其对应的语句，其余语句不被执行。如果所有的表达式均为假,则执行语句 n+1。其执行过程如图 3-3 所示。

这种结构是从上到下逐个对条件进行判断,一旦发现条件满足就执行与其有关的语句,并跳过其他剩余阶梯;若没有一个条件满足,则执行最后一个 else 语句 n。

【例 3.3】 按键控制 LED 灯应用实例 1:电路如图 3-4 所示。要求:按下开关 K1,灯全亮;松开开关 K1,灯全灭。

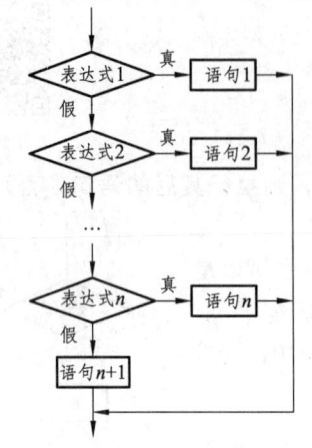

图 3-3 多分支 if 语句的执行过程 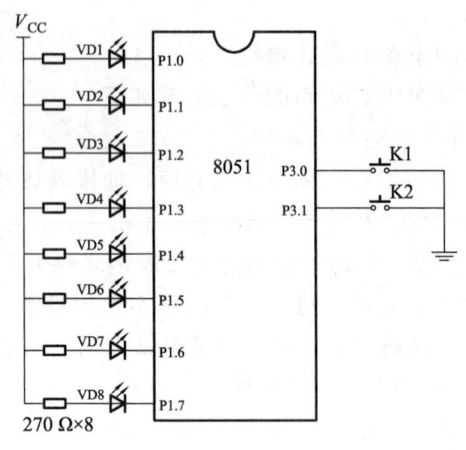　　图 3-4 带 8 个 LED 灯和 2 个按钮的单片机电路

程序如下:
```
#include"reg51.h"
void main()
{
    P1 = 0xff;              //把 P1 口全部置 1,8 个灯灭
while(1)
  {
  P3 = P3|0x01;             //把 P3.0 口置 1
   if((P3&0x01) == 0)       //判断 K1 是否按下
     P1 = 0x00;             //K1 按下后,点亮全部灯
   else
     P1 = 0xff;             //K1 松开后,熄灭全部灯
  }
}
```

2. switch 语句

使用 if 语句实现复杂问题的多分支选择时,程序的结构显得不够清晰,因此,C 语言提供了一种专门用来实现多分支选择结构的 switch 语句,又称开关语句。

switch 语句的一般形式如下:
switch(表达式)
{
　　case　常量表达式 1:语句 1;break;

　　　　case　常量表达式 2：语句 2；break；
　　　　…
　　　　case　常量表达式 n：语句 n；break；
　　　　[default：语句 n + 1；]
}

　　功能：首先计算 switch 后表达式的值，然后将该值与各常量表达式的值相比较。当表达式的值与某个常量表达式的值相等时，即执行其后的语句，当执行到 break 语句时，则跳出 switch 语句，转向执行 switch 语句下面的语句（即右花括号下面的第一条语句）。如果表达式的值与所有 case 后的常量表达式的值均不相同，则执行 default 后面的语句。若没有 default 语句，则退出此开关语句。

　　说明：

　　（1）各 case 及 default 语句的先后次序不影响程序的执行结果，但 default 通常作为开关语句的最后一个分支。

　　（2）每个 case 后面的常量表达式的值必须各不相同，否则会出现相互矛盾的现象。

　　（3）break 语句在 switch 语句中是可选的，它是用来跳过后面的 case 语句，结束 switch 语句，从而起到真正的分支作用。如果省略 break 语句，则程序在执行完相应的 case 语句后不能退出，而是继续执行下一个 case 语句，直到遇到 break 语句或 switch 结束。

　　【例 3.4】　按键控制 LED 灯应用实例 2：电路如图 3-4 所示。要求：按住 K1，VD1 灯亮，按住 K2，VD2 灯亮。如果不按，VD3～VD8 灯亮。

```
# include"reg51.h"
void main（）
{
    unsigned char key；
    while（1）
    {
    P3 = 0xff；
    key = P3；
    switch（key）
      {
      case 0xfe：P1 = 0xfe；break；
      case 0xfd：P1 = 0xfd；break；
      default：P1 = 0x03；
      }
    }
}
```

3.4.3　循环结构

　　循环结构是程序设计中的一种基本结构。当程序中出现需要反复执行的相同代码时，就要用到这种结构。循环结构既可以简化程序，又可以提高程序的效率。循环程序的编程思想：对给定的条件进行判断。当给定的条件成立时，重复执行给定的程序段，直到条件不成立时为止。给定的条件称为循环条件，需要重复执行的程序段称为循环体。

在 C 语言中，循环结构的语句有：while 语句、do-while 和 for 语句。

1. while 语句

while 语句用来实现"当型"循环结构，即当条件为真时，就执行循环体。其一般形式如下：

　　while（表达式）
　　　　循环体语句；

其中，"表达式"是循环条件，可以为任何类型，常用的是关系表达式或逻辑表达式。"循环体语句"为重复执行的程序段，可以是单个语句，也可以是复合语句，如果是复合语句，要用花括号"{ }"括起来。

while 语句的执行过程：

（1）判断表达式的值为真（非 0）或为假（0）。

（2）如果表达式的值为真，执行循环体语句，再重复步骤（1）；如果表达式的值为假，循环结束，执行 while 语句后面的程序。

其流程如图 3-5 所示。

例如：用 while 语句计算 $1+2+\cdots+100$ 的结果。

```
void main ( void )
{    int i, sum = 0;
     i = 1;
     while ( i <= 100 )
     {   sum = sum + i;        //实现累加
         i++;                   //循环控制变量 i 增 1
     }
}
```

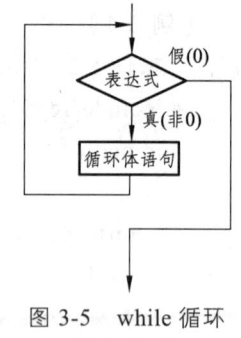

图 3-5　while 循环语句流程

2. do-while 语句

do-while 语句用于实现"直到型"循环结构，即先执行一次循环体后，再进行循环条件的判断。其一般形式如下：

　　do
　　　　循环体语句
　　while（表达式）；

其中，"do"是 C 语言的关键字，必须和"while"联合使用。do-while 循环由 do 开始，用 while 结束。

注意：在 while 的表达式后面必须有分号，它表示该语句的结束。其他同 while 语句。

do-while 语句的执行过程：
（1）执行循环体语句，然后判断表达式的值。
（2）如果表达式的值为假，循环结束；如果表达式的值为真，重复执行步骤（1）。
其流程如图 3-6 所示。
例如：用 do-while 语句计算 1 + 2 + … + 100 的结果。
```
void main（void）
{
    int i，sum = 0；
    i = 1；
    do
    {   sum = sum + i；     //实现累加
        i + +；             //循环控制变量 i 增 1
    }while（i< = 100）；
}
```

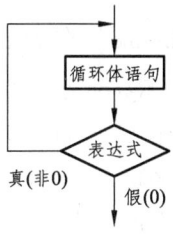

图 3-6 do-while 循环语句流程

for 循环语句

3. for 语句

for 语句是 C 语言所提供的功能更强、使用更广泛的一种循环语句，其一般形式如下：
for（表达式 1；表达式 2；表达式 3）
　　循环体语句

其中，"表达式 1"通常用来给循环变量赋初值，一般是赋值表达式。当然也允许在 for 语句之前给循环变量赋初值，此时可以省略该表达式。"表达式 2"通常是循环条件，一般为关系表达式或逻辑表达式。"表达式 3"可用来修改循环变量的值，一般是赋值语句。

三个表达式都可以是逗号表达式，即每个表达式都可以由多个表达式组成。三个表达式都是可选项，均可以省略，但其间的分号不能省略。

for 语句的执行过程：
（1）计算表达式 1 的值。
（2）计算表达式 2 的值，若值为真（非 0），则执行循环体语句，然后执行第（3）步；若值为假（0），则结束循环，执行 for 语句之后的语句。
（3）计算表达式 3 的值，返回第（2）步重复执行。

在整个 for 循环过程中，表达式 1 只计算一次，表达式 2 和表达式 3 则可能计算多次。循环体可能执行多次，也可能一次都不执行。

其流程如图 3-7 所示。
例如：用 for 语句计算 1 + 2 + … + 100 的结果。
```
void main（void）
{   int i，sum；
    sum = 0；
```

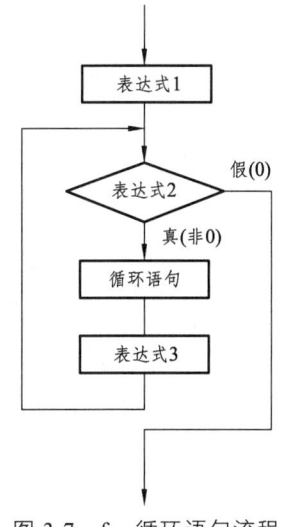

图 3-7 for 循环语句流程

```
        for(i=1; i<=100; i++)
            sum = sum + i;              //实现累加
}
```

4. break 语句和 continue 语句

（1）break 语句

break 语句通常用在循环语句和 switch 语句中。在 switch 语句中使用 break 语句时，程序跳出 switch 语句，继续执行其后面的语句。当在 while、do-while、for 循环语句中使用 break 语句时，无论循环条件是否满足，都可使程序立即终止整个循环而执行后面的语句，通常与 if 语句一起使用，即满足 if 语句中给出的条件时便跳出循环。

（2）continue 语句

continue 语句的作用是跳过循环体中剩余的语句，结束本次循环，强行执行下一次循环。它与 break 语句的不同之处是：break 语句是直接结束整个循环语句，而 continue 语句则是停止当前循环体的执行，跳过循环体中余下的语句，再次进入循环条件判断，继续开始循环体的下一次执行。

continue 语句只能用在 for、while、do-while 等循环体中，通常与 if 条件语句一起使用，用来加速循环结束。

【例 3.5】 移位操作控制流水灯：结合图 3.4 应用移位操作控制实现流水灯的程序编写。

```
#include <reg51.h>              //包含标准 51 单片机头文件
#define LEDPORT P1              //定义 LED 连接口
void delay(void)                //延时函数
{
    unsigned int k;             //定义局部变量 k
    for(k=0;k<5000;k++);        //k 自加循环,实现延时
}
void main(void)                 //主函数
{
    unsigned char i;            //定义局部变量 i
    while(1)                    //无限循环
    {
        for(i=0;i<8;i++)        //变量 i 在 0~7 之间循环
        {
            LEDPORT=~(0x01<<i); //对 0x01 左移 i 次后的值按位取反,点亮对应的 LED
            delay();            //调用延时函数
        }
    }
}
```

【例 3.6】 按键控制 LED 灯应用实例 3：电路如图 3-4 所示。要求：开机后，全部灯不亮；按下 K1 后，则从 VD1 开始依次点亮，至 VD8 后停止并全部熄灭；待再次按下 K1 后，重复上面的过程；如果中间 K2 被按下，则灯立即全部熄灭，并返回初始状态。

```
#include"reg51.h"
#include"intrins.h"
void Delay(unsigned int delaytime)       //延时子程序
{unsigned char i;
    for(;delaytime> 0;delaytime--)
        for(i=0;i <=124;i++);
}
void main()
{   unsigned char light=0xfe;
    unsigned char i;
    for(;;)
        {   P3=P3|0x03;
            if((P3&0x01)==0)
            {   for(i=0;i <=7;i++)
                {   light=0xfe;
                    Delay(1000);
                    if((P3&0x02)==0)
                    break;
                    light=_crol_(light,i);
                    P1=light:
                }
            }
            P1=0xff;
        }
}
```

程序分析：程序中包含 "intrins.h" 头文件主要是为了下面使用循环左移子函数 "_crol_"。通电后，检测到 K1 按下，则执行一个 8 次循环，分别点亮各灯，中间如果 K2 按下，则执行 break 语句，退出循环。

如果把例 3.6 中的 break 语句改成 continue 语句，通电后，若检测到 K1 被按下，则各灯开始依次点亮，如果 K2 没有被按下，则循环 8 次结束，等待 K1 再次按下。如果在一次运行中，K2 被按下，不是退出循环，而是结束本次循环，即不执行循环体中 continue 后面的语句：

light=_crol_(light,i);
P1=light;

它是继续转去判断下一次循环条件是否满足。因此，不论 K2 是否被按下，循环总要经过 8 次才结束，差别在于是否每次循环都执行了上述两行语句，如果上述两行语句有一次没有被执行，则有一个灯不亮。

5. 循环的嵌套

如果一个循环体内又包含另一个完整的循环结构,则称为循环的嵌套。内嵌的循环体内还可以嵌套循环,形成多重循环。循环嵌套的层次是根据实际需要确定的。while、do-while 和 for 三种循环语句都可以进行相互嵌套,但要注意,一个循环结构必须完整地包含在另一个循环结构中,两个循环不能交叉。

例如:int i, j, k;
for(i=100;i>0;i--)
　for(j=200;j>0;j--)
　　for(k=100;k>0;k--)
　　　…

用上面的循环嵌套可实现延时。

任务 3-5　C51 函数与数组

3.5.1　C51 数组

在程序设计中,为了处理方便,需要把具有相同类型的若干数据项按有序的形式组织起来。这些按序排列的同类数据元素的集合称为数组,组成数组的各个数据分项称为数组元素。在 C51 语言中,常用的数组是一维数组、二维数组和字符数组。

1. 一维数组

一维数组用一维顺序结构关系将一组具有相同数据类型的数据元素组织起来,在内存中占有连续的存储空间。

1)一维数组的定义

在 C 语言中,使用数组同样遵循"先定义,后使用"的原则。

一维数组定义的一般形式如下:

类型说明符　数组名[常量表达式];

例如:

int　a[5];　　　　//定义一个整型数组 a[],共有 5 个元素

与普通变量一样,定义一个数组后,系统会在内存中分配一块连续的存储区域来存放数组的元素,每个元素占据存储空间的大小与同类型的简单变量相同。对于上面定义的数组 a[],其元素在内存中存放的形式如图 3-8 所示。

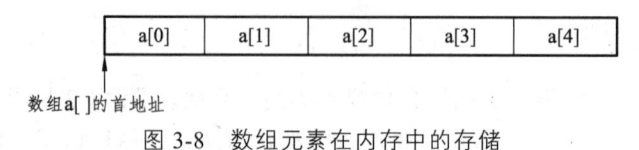

| a[0] | a[1] | a[2] | a[3] | a[4] |

↑
数组 a[ ]的首地址

图 3-8　数组元素在内存中的存储

允许在同一个类型说明中，说明多个数组和多个变量，它们之间用逗号分开。如：

  int a[10],m[5],y;

2）一维数组元素的引用

C 语言规定，对于数值型数组，只能逐个引用数组元素，而不能一次引用整个数组。数组元素的引用形式：

数组名[下标表达式]

说明：

（1）"下标表达式"表示数组元素在数组中的位置，可以是整型常量、整型变量或整型表达式，其值均为非负整数。

（2）C 语言规定，数组元素下标从 0 开始，最大下标为数组长度减 1。例如，int num[5]表示数组有 5 个元素，下标从 0 开始，5 个元素分别为 num[0]、num[1]、num[2]、num[3]、num[4]。注意不能使用 num[5]，因其下标已越界，即超出了最大下标取值。

3）一维数组赋初值

一维数组赋初值可以在定义数组时进行，即在编译阶段进行，也可以在运行期间，用赋值语句或输入语句使数组元素得到初值。

在定义数组时赋初值：

（1）对全部数组元素赋初值。例如：

  int a[6]={1,2,3,4,5,6};

其中，数组元素的个数与花括号中初值的个数相同，并且花括号中的初值从左到右依次赋给每个数组元素，即 a[0] = 1，a[1] = 2，a[2] = 3，a[3] = 4，a[4] = 5，a[5] = 6。

对全部数组元素赋初值时，可以省略数组长度。例如：

  int a[]={10,20,30,40,50};

省略数组长度时，系统将根据初值的个数确定数组长度。上述花括号内共有 5 个初值，说明数组 a[]的元素个数为 5，即数组长度为 5。

（2）对部分数组元素赋初值。例如：

  int a[10]={0,1,2,3,4};

此语句定义数组 a[]有 10 个元素，但花括号中只提供了 5 个初值，表示只给前 5 个数组元素 a[0]~a[4]赋初值，后面 5 个元素 a[5]~a[9]系统自动赋 0。对部分数组元素赋初值时，数组长度不能省略。

（3）用赋值语句或输入语句赋初值

在程序执行过程中，用赋值语句或输入语句给数组元素赋初值的方法称为动态赋值。如：

  int i,a[10];
  for(i=0;i<10;i++)
    a[i]=i;   //用赋值语句给数组元素赋值

2. 二维数组

二维数组将所有的数组元素以行、列方式排列，m 行、n 列的二维数组共有 m×n 个数组元素。二维数组的一般形式如下：

  类型说明符 数组名 [行数] [列数];

二维数组的数组元素具有 2 个下标，访问时可以用"数组名[m] [n]"的表示方式，m 表示数组元素的排列行数，取值范围是 0 ~（行数 – 1）；n 表示数组元素的排列列数，取值范围是 0 ~（列数 – 1）。例如：

unsigned int num [3][4]；　//定义二维数组 num，有 3×4 = 12 个数组元素，排列顺序如下
　　　　　　　　　　　　//num [0][0]，num[0][1]，num[0][2]，num[0][3]
　　　　　　　　　　　　//num [1][0]，num[1][1]，num[1][2]，num[1][3]
　　　　　　　　　　　　//num [2][0]，num[2][1]，num[2][2]，num[2][3]

二维数组的初始化赋值可以按行分段赋值，也可以按行连续赋值。
例如，对数组 a[3][4]可按下列方式进行赋值。
（1）按行分段赋值：
　　　　int a[3][4]={{80,75,92,61},{65,71,59,63},{70,85,87,90}};
（2）按行连续赋值：
　　　　int a[3][4]={80,75,92,61,65,71,59,63,70,85,87,90};
以上两种赋初值的结果完全相同。

3. 字符数组

字符数组中的每一个数组元素都是字符数据类型。定义字符数组的一般形式如下：
unsigned char　数组名[数组长度]；
定义字符数组时可以直接对数组元素进行初始化赋值。例如：
unsigned char ch[10]={ 'c','h','i','n','e','s','e','\0'};
//定义字符数组 ch，8 个字符分别赋值到 ch[0] ~ ch[7]，ch[8]和 ch[9]赋予空格字符
unsigned char ch[]={ 'c','h','i','n','e','s','e','\0'};　　　//定义数组长度是 8
字符串是以字符"\0"结束的字符数组。所以，字符串的实际字符长度比看到的字符个数多一个。当把一个字符串存入一个数组时，一定要把结束符"\0"存入数组。
C51 语言允许用字符串的方式对数组做初始化赋值，例如：
unsigned char ch[]="chinese";

【例 3.7】　数组控制流水灯编程应用：结合图 3.4 应用数组控制流水灯程序编写。
#include <reg51.h>　　　　　　　　//51 寄存器库函数
unsigned　char　code　Tab[ ]={0xfe,0xfd,0xfb,0xf7,0xef,0xdf,0xbf,0x7f};
delay()　　　　　　　　　　　　//延时函数
{　unsigned int i;
　　for(i=0;i<50000;i++);
}
main()　　　　　　　　　　　　//主函数
{　unsigned char i;
　　while(1)
　　{　for(i=0;i<8;i++)
　　　　{　　P1=Tab[i];

```
        delay();            //调用延时函数
      }
   }
}
```

3.5.2 函数

C51 函数

函数是 C51 语言程序的基本组成单位，也是程序设计的重要手段。使用函数可以将一个复杂程序按照其功能分解成若干个相对独立的基本模块，并分别对每个模块进行设计，最后将这些基本模块按照一定的关系组织起来，完成复杂程序的设计。这样可以使程序结构清晰，便于编写、阅读和调试。在 C51 语言程序中进行模块化程序设计时，这些基本模块就是用一个个函数来实现的，一般由主函数来完成模块的整体组织。

1. 函数的分类

C51 语言函数从不同的角度可以分为不同的类型。

（1）函数从用户角度上可分为库函数和用户自定义函数。

库函数又称标准函数，由 C51 编译提供，包括一些常用的数学运算函数、I/O 函数、存储器访问函数等，用户不必定义。自定义函数是用户根据自己的需要来定义的。对于自定义函数，要先定义，然后才能使用。

（2）根据函数是否需要参数，可将函数分为有参函数和无参函数两种。

2. 函数的定义与调用

1）函数的定义

函数的定义就是编写函数的程序代码以实现函数的功能。

有参函数定义的一般形式如下：

函数类型说明符 函数名（形式参数说明表列）
{
    声明部分；
    执行部分；
}

说明：

（1）第一行为函数首部；花括号中的部分为函数体。函数体由声明部分和执行部分组成，声明部分用来声明执行部分中用到的变量和函数，执行部分用来描述函数完成的具体操作。

（2）"函数类型说明符"用来说明该函数返回值的类型。当函数需要返回一个确定的值时，须通过"return（表达式）;"或"return 表达式;"语句来实现，其中表达式就是函数的返回值。如果没有 return 语句或 return 语句不带表达式，并不表示没有返回值，而是返回一个不确定的值。若不希望函数有返回值，则其类型说明符应为"void"，即空类型。

（3）形式参数简称形参，可以是变量、指针或数组名等，但不能是表达式或常量，各参数之间用逗号间隔。

（4）函数定义不允许嵌套。在C51语言中，所有函数，包括主函数main（）都是平行的。在一个函数的函数体内，不能再定义另一个函数，即不能嵌套定义。

（5）当一个C51语言程序由多个函数构成时，必须有一个唯一的main（）函数。main（）函数在源程序中的位置可以任意，程序的执行总是从main（）函数开始，最终从main（）函数结束。

无参函数的定义：无参函数与有参函数基本一样，不同的只是它没有形参（但圆括号不能省略），调用时不需要实参。

2）函数的调用

定义一个函数的目的是使用函数，因此要在程序中调用该函数才能执行它的功能。

函数调用的一般形式如下：

函数名（实际参数表列）；

调用无参函数时，圆括号不能省略。"实际参数表列"中的参数简称为实参，它们可以是常量、变量或表达式。如果实参不止一个，则相邻实参之间用逗号分隔，并且实参的个数、类型和顺序，应该与该函数形参的个数、类型和顺序一致，这样才能正确地进行参数传递。

3）函数的声明

同变量一样，函数的调用也遵循"先声明，后使用"的原则。前面已经介绍过，C51语言函数可分为库函数和用户自定义函数。因此，被调用函数有以下两种情况：

（1）调用库函数时，一般需要在程序的开头用"#include"命令，对该函数的说明等一些信息包含在.h文件中。如：一般在程序的开头加一条命令"#include <reg51.h>"，reg51.h中包含了所有51子系列单片机的SFR及其位定义。

（2）调用自定义函数，而且该函数与主调函数在同一个程序中时，一般应在主调函数中对被调用的函数作声明。即向编译系统声明将要调用哪些函数，并将被调用函数的有关信息通知编译系统。

函数声明的一般形式如下：

函数类型说明符 被调函数名（类型1 形参1，类型2 形参2…）；

或：函数类型说明符 被调函数名（类型1，类型2…）；

即在函数声明中省略形参名，仅有形参类型。这两种函数声明形式又称为函数原型。

注意：当被调函数定义出现在主调函数之前时，在主调函数中可以省略对被调函数的声明而直接调用。

函数定义和函数声明是两个不同的概念。函数定义是对函数功能的确立，包括定义函数名、函数值的类型、函数参数及函数体等，它是一个完整的、独立的函数单位。在一个程序中，一个函数只能被定义一次，而且是在其他任何函数之外进行的。

函数声明则是把函数的名称、函数值的类型、参数的类型、参数的个数和顺序通知编译系统，以便在调用该函数时系统对函数名称正确与否，参数的类型、个数及顺序是否一致等进行对照检查。

下面先给出一个函数定义及调用的例子。

例如：编写一个函数，求其中较大的数。

```
int    max(int x,int y);          // max()函数声明
main()
{
    int a=7,b=8,result;
    result=max(a,b);              //调用 max()函数，将返回值赋给 result
}
int    max(int x,int y)           //定义 max()函数
{
    int z;
    if(x>y)z=x;
    else z=y;
    return(z);                    //返回函数值
}
```

其中，自定义函数 max（ ）有两个参数 x 和 y，其功能是求两数之中的较大数，并由 return 语句把所求得的较大数（函数值）返回主调函数，而把 max（ ）函数称为被调函数。通过这个程序可以看出函数定义、声明及调用的一般形式。

3. 库函数

C51 的库函数由 C51 的编译器提供，每个库函数的原型放在头文件中。使用库函数时，必须在源程序的开始处使用预处理命令 #include 将相关的头文件包含进来。标准函数库提供了一些数据类型转换以及存储器分配等操作函数，标准函数的原型声明包含在头文件 stdlib.h 中。内部函数库提供了循环移位和延时等操作函数，内部函数库的原型声明包含在头文件 intrins.h 中。下面重点介绍内部函数库的常用函数，如表 3-6 所示。

表 3-6　内部函数库的常用函数

函　数	功　能
crol	将字符型数据按照二进制循环左移 n 位
irol	将整型数据按照二进制循环左移 n 位
lrol	将长整型数据按照二进制循环左移 n 位
cror	将字符型数据按照二进制循环右移 n 位
iror	将整型数据按照二进制循环右移 n 位
lror	将长整型数据按照二进制循环右移 n 位
nop	使单片机程序产生延时

【例 3.8】　延时函数的定义及调用：结合图 3.4 应用有参和无参延时函数实现控制流水灯的程序编写。

```
#include <reg51.h>              //包含标准 51 单片机头文件
```

```
#include <intrins.h>              //包含内部函数库 intrins.h
sbit K1=P3^0;                     //定义 P3.0 引脚位名称为 K1
void delay(void)                  //延时函数
{
    unsigned int k;               //定义局部变量 k
    for(k=0;k<5000;k++);          //k 自加循环，实现延时
}
void delay1(unsigned int i)       //延时函数
{
    While(i--);                   //i 次空操作,实现延时
}
void main()
{   P1=0xfe;                      //P0 口输出 0xfe，即 11111110
    while(1)
    { P1=_crol_(P1,1);            //调用内部函数_crol_()，将 P1 的二进
                                  //  制数值左移一位
      if(K1==0)                   //判断开关是否闭合
delay();                          //无参延时函数的调用
else
    delay1(20000);                //有参延时函数的调用
    }
}
```

4. C51 的中断函数

C51 编译器支持在 C 语言源程序中直接编写 8051 单片机的中断服务函数程序，从而减少了采用汇编语言编写中断服务程序的烦琐程度。为满足在 C 语言源程序中直接编写中断服务函数的需要，C51 编译器对函数的定义进行了扩展，增加了一个扩展关键字 interrupt。它是函数定义时的一个选项，加上这个选项即可将一个函数定义成中断服务函数。定义中断服务函数的一般形式如下：

函数类型　　函数名（形式参数表）[interrupt　n]　　[using　n]

关键字 interrupt 后面的 n 是中断号，n 的取值范围为 0~4（以 8051 单片机为例）。编译器从 8n+3 处产生中断向量，具体的中断号 n 和中断向量取决于 8051 系列单片机芯片型号。常用中断源和中断向量如表 3-7 所示。

表 3-7　常用中断源和中断向量

中断号	中断源	中断向量
0	外部中断 0	0003H
1	定时器 0	000BH

续表

中断号	中断源	中断向量
2	外部中断 1	0013H
3	定时器 1	001BH
4	串行口	0023H
5	定时器 2	002BH（8052 系列特有）

  8051 系列单片机可以在片内 RAM 中使用 4 个不同的工作寄存器组，每个寄存器组中包含 8 个工作寄存器（R0~R7）。C51 编译器扩展了一个关键字 using，专门用来选择 8051 单片机中不同的工作寄存器组。using 后面的 n 是一个 0~3 的常整数，分别选中 4 个不同的工作寄存器组。在定义一个函数时，using 是一个选项，如果不用该选项，则由编译器自动选择一个寄存器组作为绝对寄存器组访问。

任务 3-6　Keil μVision 软件的使用方法

  使用汇编语言或 C 语言时要用到编译器，以便把写好的程序编译为机器码，这样才能把"HEX"可执行文件写入单片机内。Keil μVision 软件是目前单片机应用开发软件中最流行的软件之一，支持众多不同公司的 MCS51 架构的芯片，甚至 ARM，它集编辑、编译、仿真等于一体，它的界面友好、易学易用，在调试程序、软件仿真方面也有很强大的功能。因此，掌握这个软件的使用方法，对于 51 单片机的开发人员来说十分必要。这里以经典的流水灯 C 语言程序为例，介绍典型的 μVision4 项目的创建、代码编译及仿真调试等使用方法。

3.6.1　项目的创建过程

Keil 项目文件的创建、编译和运行

  Keil μVision4 环境下的用户程序是以项目形式管理的，所以在编写 C 语言或者汇编程序之前，都需要建立一个项目文件。在 Windows 的开始菜单或者桌面上双击 Keil μVision4 的图标，出现启动画面，如图 3-9 所示。启动 Keil 软件后的界面如图 3-10 所示。

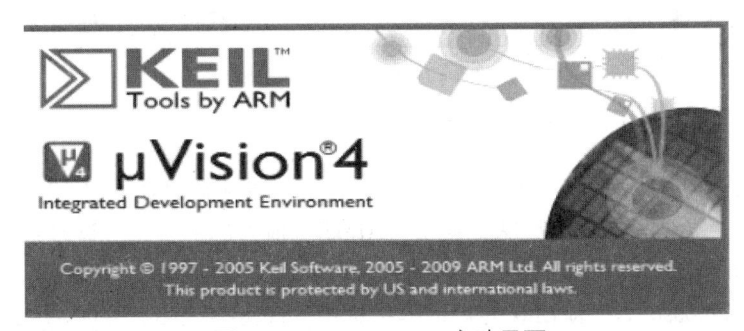

图 3-9　Keil μVision4 启动界面

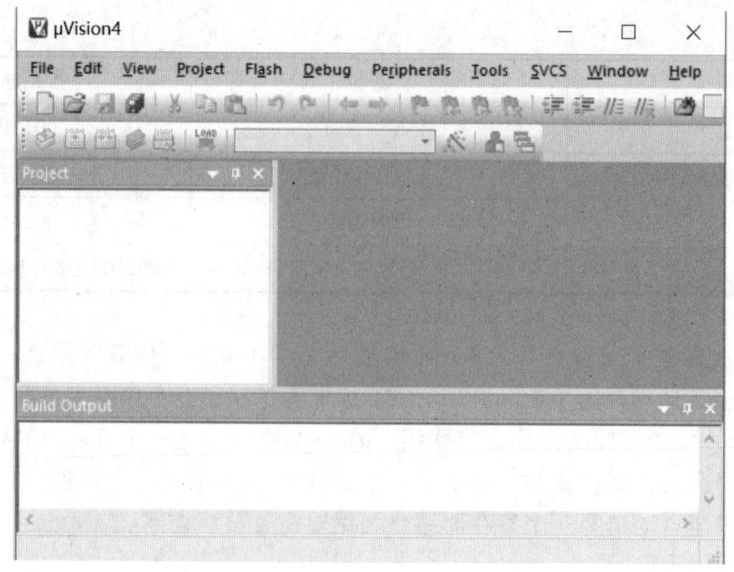

图 3-10　Keil μVision4 用户界面

1. 建立项目

在μVision4集成开发环境的菜单栏中点击[Project]→[New Project]，此时弹出一个保存新建项目的对话框，如图3-11所示。用户需确认项目存储路径及项目名称后点击"保存"，这里以"test"为例。

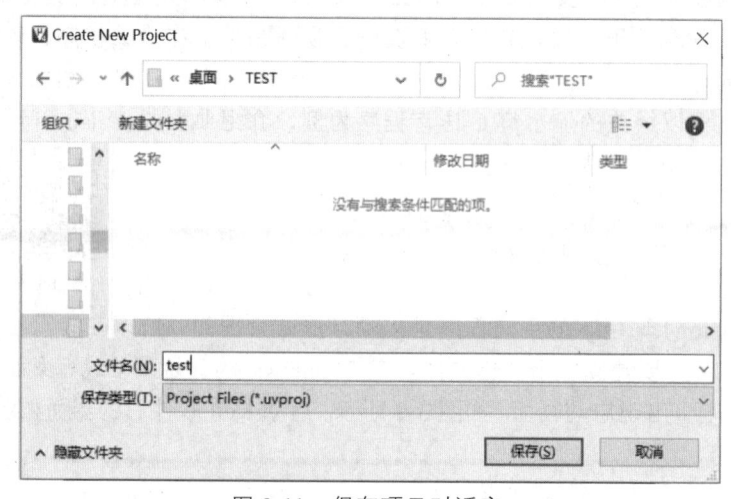

图 3-11　保存项目对话窗

2. 选择CPU型号

在保存项目名称后系统将弹出选择CPU类型的对话框。如图3-12（a）所示，在列表栏中选择"Atmel"公司产品，点击"Atmel"前方的"+"号选择具体的CPU型号"AT89S51"。或者选择其他型号，如图3-12（b）所示，在CPU类型下找到并选中"STC MCU Database"，在新出现的对话框中选中STC目录下的"STC89C52RC"芯片。在对话框的右侧会提示该CPU的内部资源及特性。

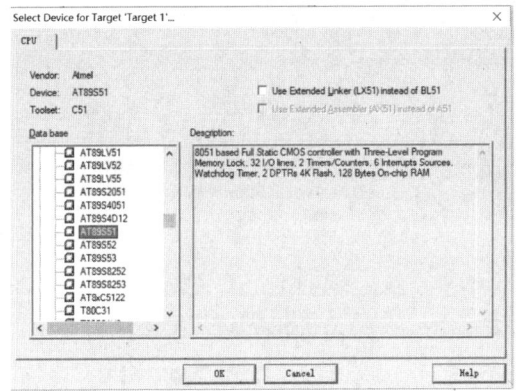

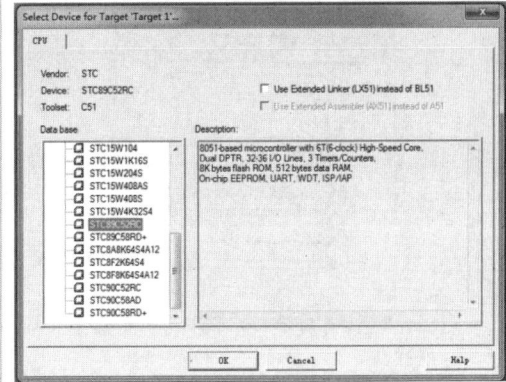

（a）CPU 型号 AT89S51　　　　　　（b）CPU 型号 STC89C52RC

图 3-12　单片机型号选择窗口

3. 新建源文件

在μVision4 集成开发环境的菜单栏中点击[File]→[New]，此时会在μVision4 集成开发环境的主窗体中出现一个空白的文件编辑窗口，点击μVision4 集成开发环境的菜单栏中的[File]→[Save]，出现保存对话框，如图 3-13 所示。用户在保存时可以根据自己的编程习惯给源文件取一个合适的名字。注意：一定不要忘记文件的扩展名，使用 C 语言编写程序的就用".c"作为扩展名，使用汇编语言编写程序的就用".asm"作为扩展名。

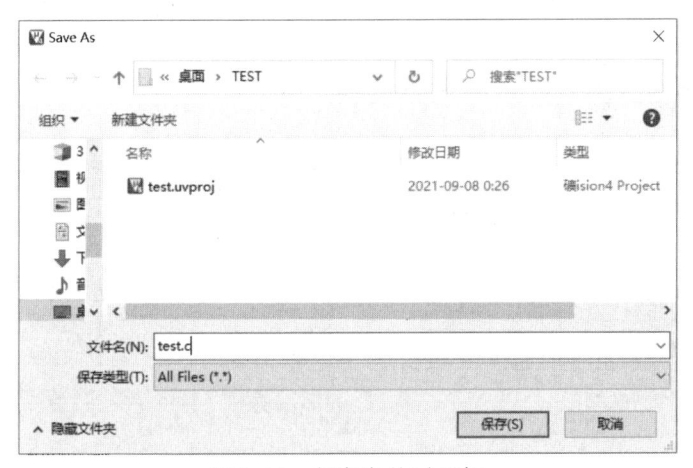

图 3-13　保存文件对话框

4. 加载源文件

在左侧文件浏览窗口中右击"Source Group 1"文件夹，在弹出的快捷菜单中选择"Add Files to Group' Source Group 1'"，如图 3-14 所示。然后在打开的"选择文件"对话框中加载好刚才新建的源文件，如图 3-15 所示。注意：在该对话框中的"文件类型"一栏中请选择好相应的文件类型，使用 C 语言编程时在下拉菜单选择"*.c"，使用汇编语言编程时在下拉菜单选择"*.asm"。

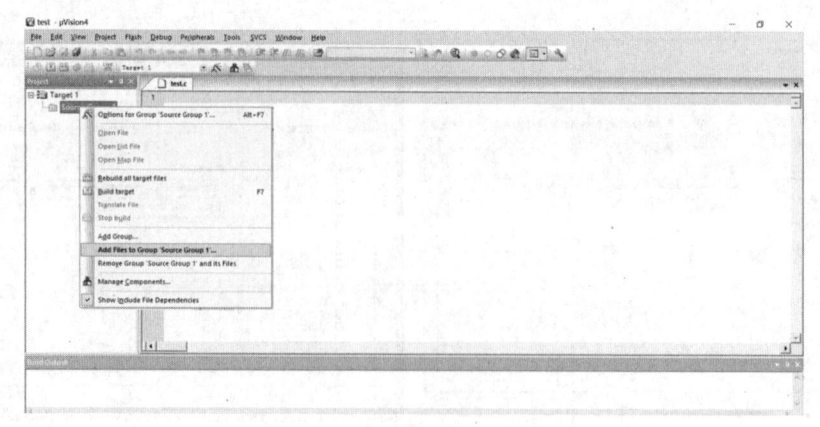

图 3-14 加载源文件对话框

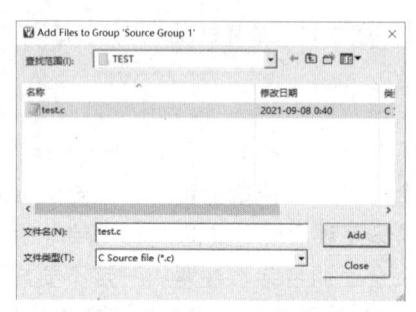

图 3-15 确认加载源文件

至此，一个完整的工程就建立完毕，用户可以在右侧的文本编辑框中编写程序。

3.6.2 Keil C51 项目的编译过程

用户将程序输入编辑框之后，需要经过编译环节才能生成最终的单片机目标代码文件。点击工具栏中的█按钮编译当前的工程文件，如果程序正确无误，相关的项目配置正确，在 μVision4 集成开发环境下方的输出窗口中会显示"0 Error（s），0 Warning（s）"，如图 3-16 所示。如果有错误或者警告，用户可根据提示进行相应的修正。

图 3-16 编译结果

3.6.3 Keil C51 项目的仿真运行

1. 设置 Keil 软件仿真模块

Keil 项目的仿真与调试

点击μVision4 集成开发环境工具栏上的 按钮,弹出名为 "Options for Target 'Target 1'" 的对话框。也可通过μVision4 菜单→[Project]→[Options for Target 'Target 1'] 打开对话框,单击 "Debug" 标签页,选中 "Use Simulator" 项,设置成软件仿真方式,然后点击 "OK",如图 3-17 所示。

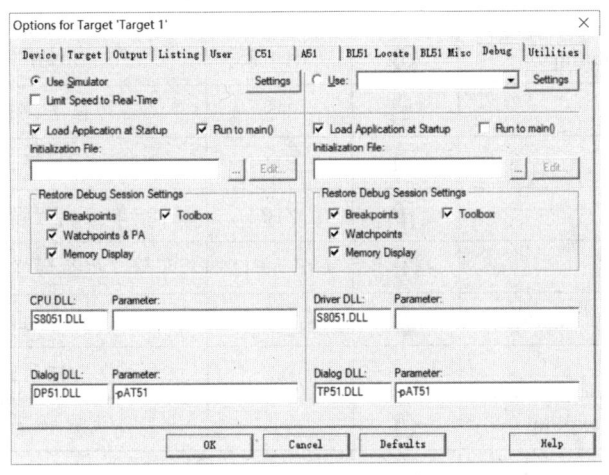

图 3-17 软件仿真设置窗口

2. 进入/退出仿真模式

进入仿真模式的前提是程序要编译通过,点击 实现编辑模式和仿真模式的切换。仿真模式界面如图 3-18 所示,黄色箭头指向的程序行就是即将被执行的语句。用户可以通过 Keil 提供的调试工具对程序的执行进行控制和观察。

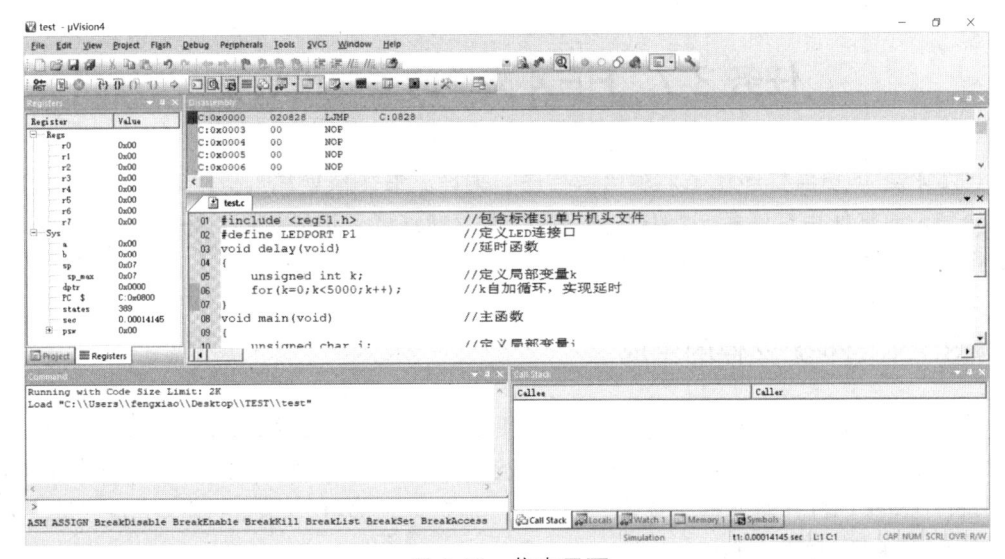

图 3-18 仿真界面

3. 仿真调试工具

进入调试仿真界面后，可以采用多种方式执行程序，包括单步、跟踪、断点、全速、运行到光标处等。在运行程序的过程中，还可以查看、设置单片机内部各个部件的状态，包括中断系统、I/O 口、定时器等，也可以观察 C 语言程序中变量的值。仿真模式下相关调试功能的描述如表 3-8 所示。

表 3-8 仿真功能一览表

菜 单	按钮	快捷键	功能描述
Start/Stop Debugging		Ctrl + F5	开始/停止调试模式
Go		F5	运行程序，直到遇到一个中断
Step		F11	单步执行程序，遇到子程序则进入
Step over		F10	单步执行程序，跳过子程序
Step out of		Ctrl + F11	执行到当前函数后结束
Current function stop Runing		Esc	停止程序运行
Breakpoints…			打开断点对话框
Insert/Remove Breakpoint			设置/取消当前行的断点
Enable/Disable Breakpoint			使能/禁止当前行的断点
Disable All Breakpoints			禁止所有的断点
Kill All Breakpoints			取消所有的断点
Show Next Statement			显示下一条指令
Enable/Disable Trace Recording			使能/禁止程序运行轨迹的标识

任务 3-7　HEX 文件的生成和烧写

无论是 C 语言程序还是汇编语言程序，编译后最终被单片机执行的是二进制的机器语言，通常使用扩展名"*.HEX"的文档来存储这些二进制代码。将 Keil 集成环境进行相关设置，即可在项目目录中生成"HEX"文件。

3.7.1　HEX 文件的生成

生成 HEX 目标文件：点击μVision4 集成开发环境工具栏上的 按钮，弹出名为"Options for Target 'Target 1'"的对话框；或通过μVision4 菜单→[Project]→[Options for Target 'Target 1']打开对话框，单击"Output"标签页，选中"Create HEX File"项，然后点击"OK"，如图 3-19 所示。

图 3-19 选中"Create HEX File"项

3.7.2 HEX 文件的下载

下面介绍的是两种常用单片机 AT89S51 和 STC89C52RC 的下载方法。

1. AT89S51 单片机的 ISP 下载方法

1) ISP 下载软件准备

ISP 是 In System Programming(系统编程)的缩写。这里推荐一款名为"PROGISP"的下载软件,它是一款绿色软件,用户可以直接将其解压到计算机的任意目录下使用。其主程序文件为"progisp.exe",程序启动以后的界面如图 3-20 所示,第一次运行该软件时应进行系统设置。将编程器及接口下拉菜单选为"USBASP",选择芯片为"AT89S51"即可。

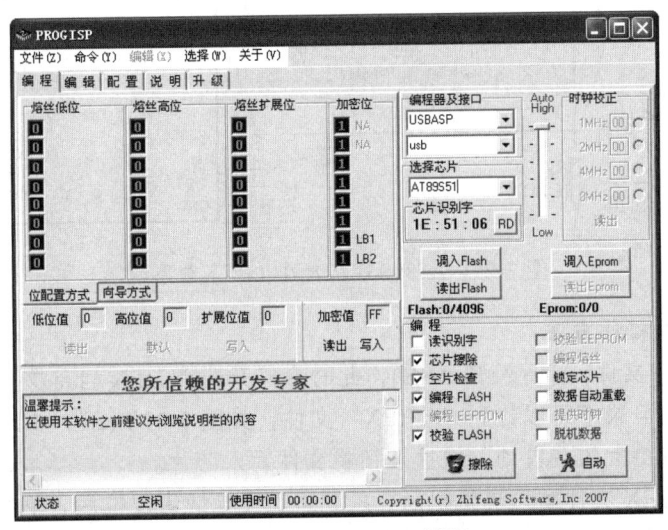

图 3-20 PROGISP 界面

2）ISP 下载硬件安装

将 USBASP 硬件连接到计算机 USB 口上。第一次连接时，计算机会提示发现新硬件，如图 3-21 所示。选择自动安装软件，即可完成安装。

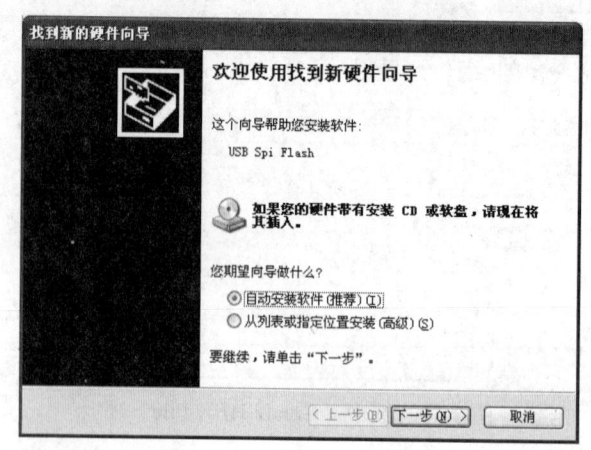

图 3-21　驱动程序安装

将 USBASP 的编程电缆插头连接到单片机的编程口上。实验板上的编程口与 AT89S51 的 P15、P16、P17 及 RESET 脚相连接，构成 AT89S51 的最小 ISP 下载系统，如图 3-22 所示。

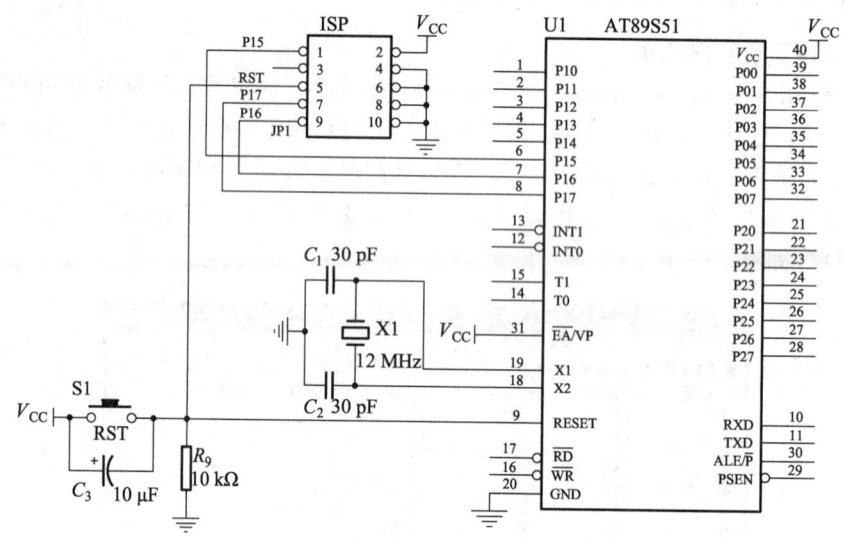

图 3-22　AT89S51 的最小 ISP 下载系统

3）ISP 下载操作方法

点击菜单栏[文件]→[调入 FLASH]，此时会打开选择 HEX 目标文件对话框，用户在项目文件存放目录下可以找到"*.HEX"文件，如图 3-23 所示。调入 HEX 文件后，可以直接点击窗口上的"自动"快捷按钮将文件写入芯片。

将正确的 HEX 文件写入单片机后，系统再次上电或者复位后，单片机即可按照程序的设定开始工作。

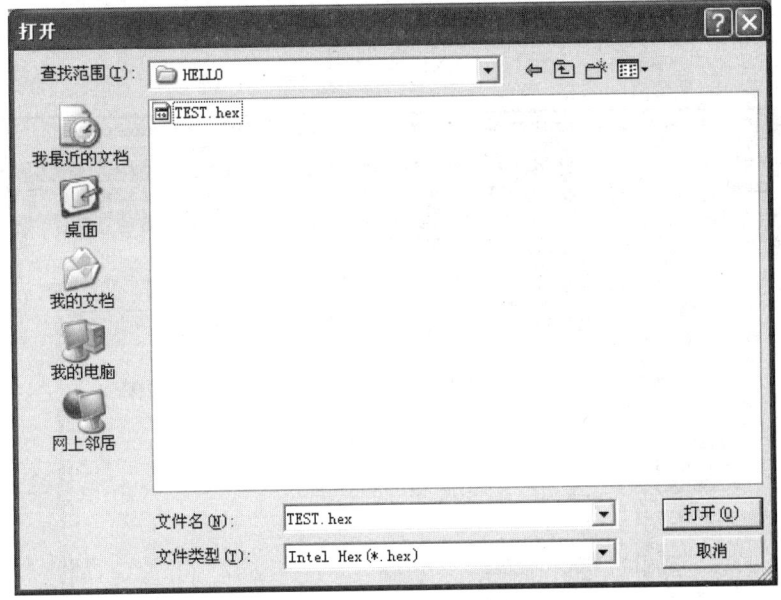

图 3-23　调入 HEX 文件

2. 单片机的 STC-ISP 下载方法

下面以单片机型号为 STC89C52RC 系列下的 STC89C52RC/LE52RC 为例进行 STC-ISP 下载方法的具体介绍。

（1）选择 USB 下载线，并且选择对应单片机系列下的型号。界面如图 3-24 所示。

单片机的 STC-ISP 下载方法介绍

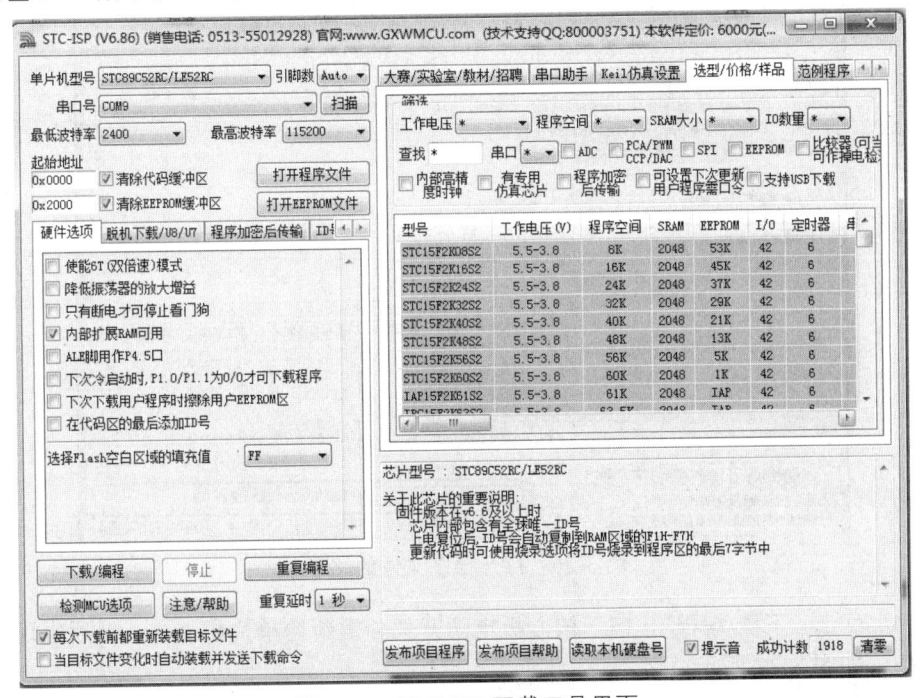

图 3-24　STC-ISP 下载工具界面

（2）点击"打开程序文件"，选中要下载的 HEX 文件，点击"打开"，如图 3-25 所示。

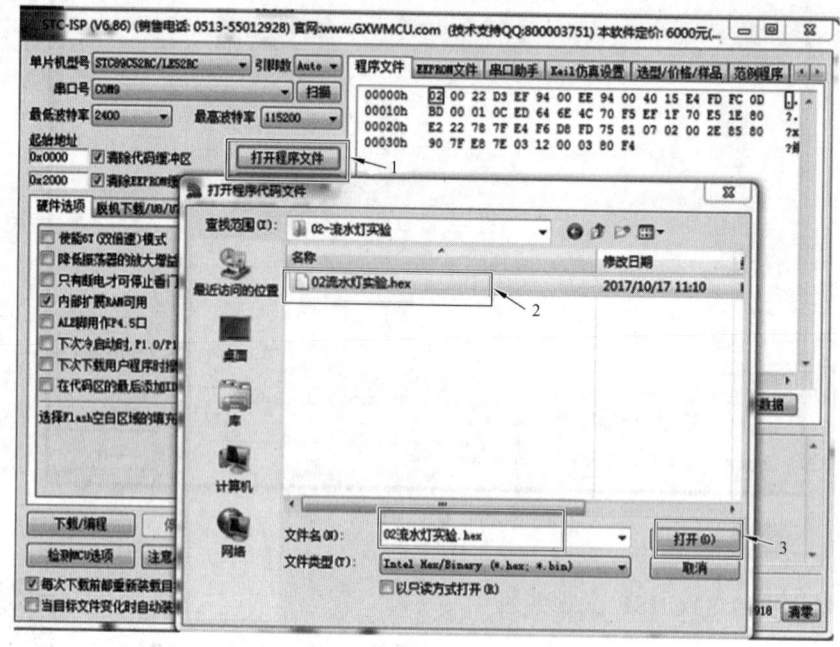

图 3-25　打开程序文件

（3）如图 3-26 所示，会出现.hex 文件的路径显示。

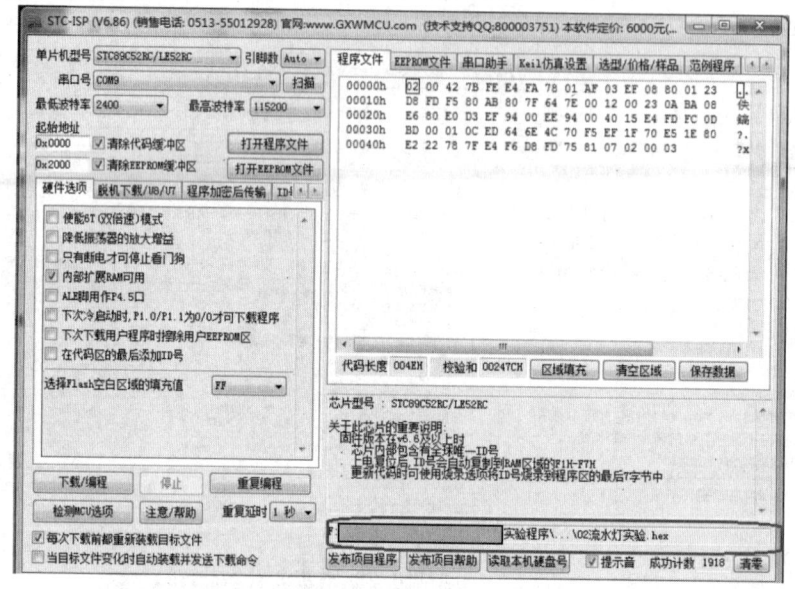

图 3-26　打开程序文件的路径

（4）点击"下载/编程"，按下核心板电源开关，重新给单片机上电，然后出现下载进度条，如图 3-27 所示。

（5）如图 3-28 所示，成功下载.hex 文件后，提示"操作成功"。

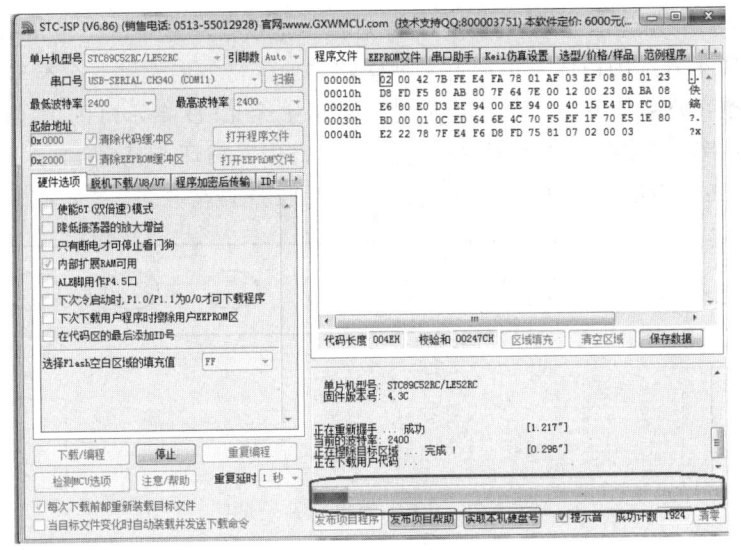

图 3-27 下载进度条

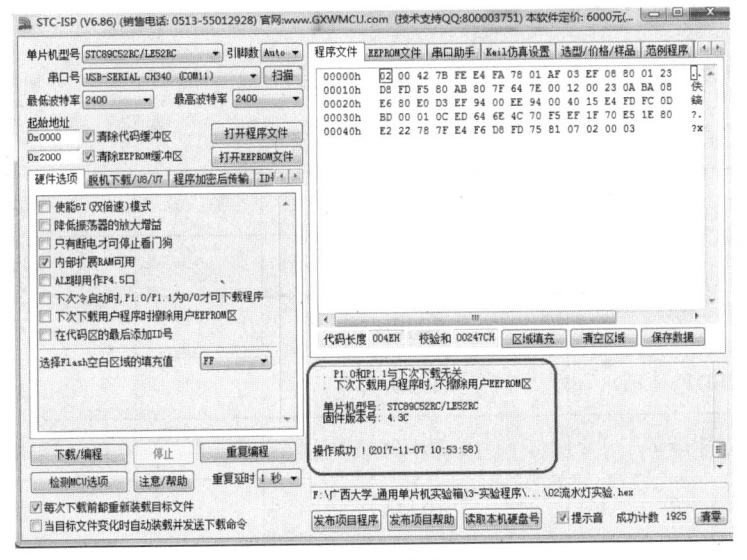

图 3-28 下载成功

项目实施

任务 3-8 模拟地铁行车指示灯设计

3.8.1 任务要求

用 C51 语言编程控制 8 路 LED 灯，实现模拟地铁行车指示灯的设计。如图 3-29 所示，用第 1 个和

C51 实现模拟地铁　模拟地铁行车
行车指示灯设计　指示灯动画效果

第 8 个 LED 灯表示停靠站点,其余 LED 灯指示地铁行驶途中上行或下行方向。例如按照郑州地铁 1 号线的市体育中心站到博学路站的下行方向设计一个行车指示过程。

编程思想:地铁停靠在市体育中心站点时第 1 个 LED 指示灯闪烁显示 n1 次,发车后此 LED 指示灯常亮,中间第 2~7 个 LED 灯依次循环点亮 n2 次,地铁到达博学路站点时此 LED 指示灯闪烁显示 n3 次,且其余 LED 灯常亮。

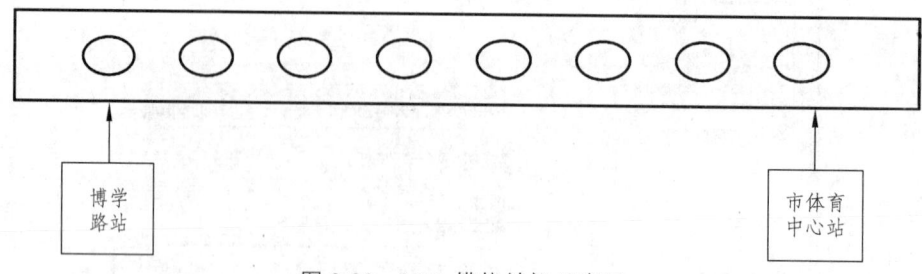

图 3-29 LED 模拟站间示意图

3.8.2 元器件准备

按表 3-9 所示的元器件清单采购并准备好元器件。

表 3-9 元器件清单

序号	标号	标称	数量	属性
1	$C_1 \sim C_2$	30 pF	2	瓷片电容
2	C_3	10 μF	1	电解电容
3	LED1~LED8	RED	8	直插 3 mm
4	$R_1 \sim R_8$	301 Ω	8	直插 1/4 W
5	R_9	10 kΩ	1	直插 1/4 W
6	S1	RST	1	直插
7	U1	AT89S51/STC89C51	1	DIP40
8	X1	12 MHz	1	直插
9	JP1	IDC10	1	直插 10 芯排针
10	P1	SIP2	1	5 V 直插电源座

3.8.3 电路搭建

按图 3-30 所示的电路原理图进行电路设计和电路搭建。

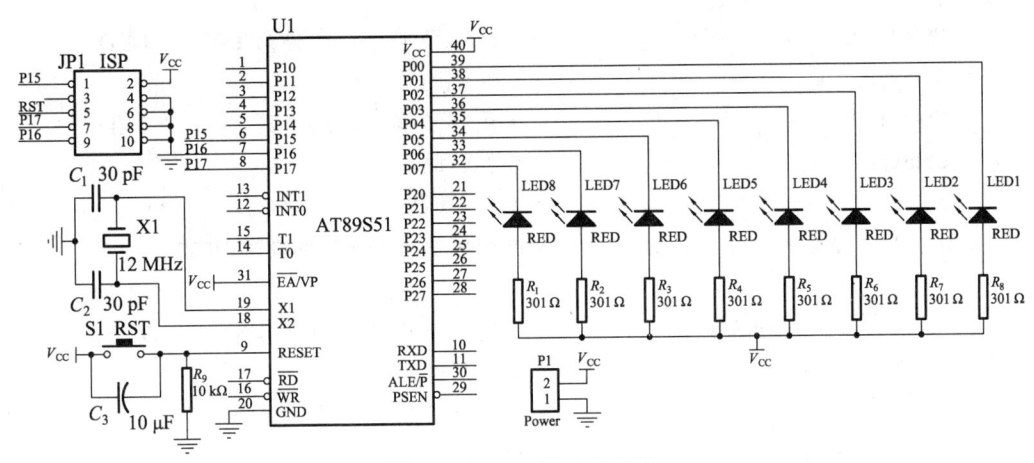

图 3-30　LED 流水灯系统

3.8.4　C51 语言程序编写

```
#include <reg51.h>              //包含标准 51 单片机头文件
void delay(void)                //延时函数
{
    unsigned int k;             //定义局部变量 k
    for(k=0;k<20000;k++);       //k 自加循环，实现延时
}
void main()
{   unsigned char i,j,x;        //定义局部变量 i，j，x
    for(i=0;i<10;i++)           //这里闪烁次数 n1 模拟为 10 次
        {  P0=0xff;             //采用字节操作，熄灭 LED 灯
           delay();             //软件延时
            P0=0xfe;            //采用字节操作，点亮第 1 个 LED
           delay();             //软件延时
        }
    for(j=0;j<20;j++)           //这里 LED 循环点亮次数 n2 模拟为 20 次
      {
        P0=0xfC;                //采用字节操作，点亮第 1~2 个 LED
        delay();                //软件延时
        P0=0xf8;                //采用字节操作，点亮第 1~3 个 LED
        delay();                //软件延时
        P0=0xf0;                //采用字节操作，点亮第 1~4 个 LED
        delay();                //软件延时
        P0=0xe0;                //采用字节操作，点亮第 1~5 个 LED
        delay();                //软件延时
```

```
        P0=0xc0;                //采用字节操作,点亮第1~6个LED
        delay();                //软件延时
        P0=0x80;                //采用字节操作,点亮第1~7个LED
        delay();                //软件延时
    }
    for(x=0;x<10;x++)           //这里闪烁次数n3模拟为10次
    {
            P0=0x80;            //采用字节操作,熄灭第8个LED灯
            delay();            //软件延时
            P0=0x00;            //采用字节操作,再点亮第8个LED
            delay();            //软件延时
    }
    while(1);
}
```

3.8.5 功能实现

搭建单片机最小系统,编写 C 语言程序,利用单片机控制 8 个发光二极管实现模拟地铁行车指示灯的设计效果。

思考与练习

1. 选择题

(1) C51 中整型变量占用( )字节存储单元。
    A. 一个   B. 两个   C. 三个   D. 四个

(2) C51 中 sfr 型占用( )字节存储单元。
    A. 一个   B. 两个   C. 三个   D. 四个

(3) C51 中 sfr16 型占用( )字节存储单元。
    A. 一个   B. 两个   C. 三个   D. 四个

(4) 单片机 C51 程序的开始都会包含一个头文件是( )。
    A. reg51.h   B. absacc.h   C. intrins.h   D. startup.h

(5) C 程序总是从主函数开始执行,无论函数的排列顺序如何,最后都在( )中结束整个程序。
    A. 主函数   B. 主程序   C. 子函数   D. 主过程

(6) 下面对一维数组 a 初始化,其中不正确的是( )。
    A. char a[5] = { "abc"};   B. char a[5] = { 'a', 'b', 'c'};
    C. char a[5] = "";   D. char a[5] = { "abcdef"};

(7) 下列不属于循环结构的语句是( )。

    A. for   B. while   C. do-while   D. if-else

（8）下列属于分支结构的语句是（　　）。

    A. for   B. while   C. do-while   D. switch

2．问答题

（1）C 语言常用的数据类型有哪些？

（2）在 C51 中，bit 位与 sbit 位有什么区别？

（3）C51 中的中断函数与一般函数有什么不同？

（4）编写 C 语言程序，定义 2 个整数变量，要求两个数交换。

（5）编写 C 语言程序，有一个"ABCD123"字符串，分别统计其中数字字符、字母字符的个数。

（6）编写 C 语言程序，建立一个数组保存有 6 名学生某门课程的成绩，求出这 6 名学生的平均成绩。

（7）假设 89S51 单片机的 P1 口接 8 个发光二极管，P2 口接 8 个开关。编写 C51 程序，使开关动作时，对应的发光二极管亮或灭。

项目 4 单片机定时器和中断的分析与应用

项目简介

定时是指预先设定一个时间，时间到后发出提醒或开始下一个事件，如闹钟；计数是指计算一段时间内某个事件发生的次数，如统计公园每天进园的人数。中断系统是微型计算机的重要组成部分，通常用于实时控制、故障处理、CPU 与外围设备间的数据传输等，有了中断系统，可以大大提高微机的处理效率，从而增强控制的实时性和系统的可靠性。

本项目涉及单片机内部资源中非常重要的两部分——定时器/计数器和中断系统，主要介绍了 51 单片机中的定时器/计数器的结构，定时与计数的原理、工作方式及编程方法；介绍了中断系统的作用、基本概念以及中断的控制和中断系统的编程方法。通过本项目的学习，学生可结合应用实例进行技能训练，理解单片机定时器/计数器和中断系统的工作原理，学会单片机定时器/计数器和中断技术应用的编程方法和技巧。

任务 4-1 MCS-51 单片机定时器/计数器原理分析

4.1.1 定时方法概述

在单片机测量控制系统中，有很多场合需要用到一定时间的定时，有时需要对脉冲的数量进行计数。常用的定时方法如下：

1. 硬件定时

对于时间较长的定时，常使用硬件定时完成，例如用时间继电器、555 定时器、其他定时芯片或搭建分立电路来实现。硬件定时的特点是定时全部由硬件电路完成，不占用 CPU 时间。但需通过变换器件或改变电路的元件参数来调节定时时间，这在使用上不够方便。

2. 软件定时

软件定时是靠执行一段延时程序来实现定时。软件定时明显的缺点就是要占用 CPU，CPU 在执行这段延时程序时不能做其他工作。因此软件定时的时间不宜太长。

3. 可编程定时器定时

这种定时方法是通过对系统时钟脉冲的计数来实现的，定时的时间长短可以通过程序设定。对可编程定时器的编程可以采用查询或中断方式，如果采用中断编程，定时器在工作期间无须占用 CPU 的资源，只有在定时时间到的时候才需要 CPU 做出处理。该方法的优越性显而易见。可编程指其功能（如工作方式、定时时间、量程、启动方式等）均可由指令来设定和改变。

4.1.2 定时器/计数器的结构和工作原理

AT89S51 单片机片内有两个 16 位的可编程定时器/计数器 T0 和 T1。其结构框图如图 4-1 所示。每个定时器都可以实现定时或计数。

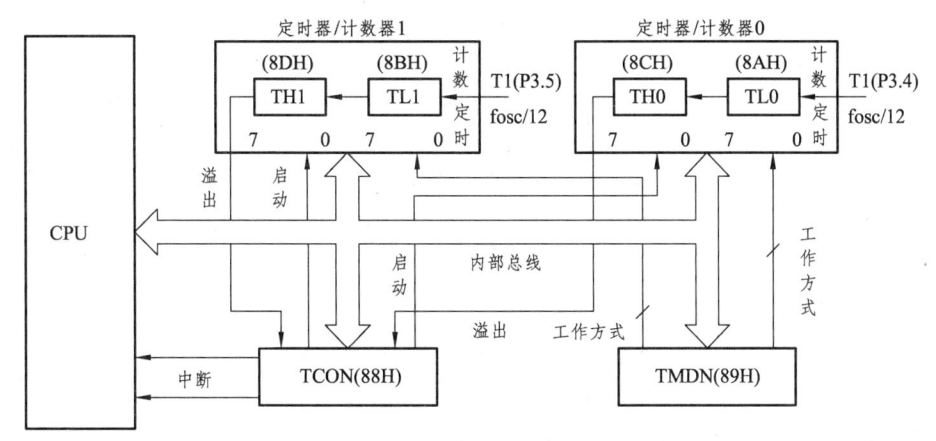

图 4-1 AT89S5 内部定时器/计数器原理结构框图

1. 定时器/计数器的结构

可以将 AT89S51 内部的定时器/计数器看作是一台机器设备，机器设备有工作机构和控制机构，控制机构控制工作机构按什么样的方式来工作。与 T0、T1 相关的 SFR 有 6 个，TL0、TH0 两个 8 位的 SFR 构成 T0 的工作机构，TL1、TH1 两个 8 位的 SFR 构成 T1 的工作机构，而 TMOD（定时器方式寄存器）和 TCON（定时器控制寄存器）则是定时器/计数器的控制机构，实现工作方式的选择、设定、启动控制以及建立溢出标志。

2. 定时器/计数器的原理

AT89S51 内部的两个 16 位的定时器/计数器 T0 和 T1 实质上是一个加 1 计数器，其控制电路受软件控制、切换。下面以 T0 为例进行讲解。

当定时器/计数器 T0 在 TMOD 中被选择为定时工作方式时，计数器的加 1 信号由振荡器的 12 分频信号产生，也就是对机器周期进行计数。在 TCON 中启动后，每过一个机器周期，计数器加 1，直至计满溢出为止。显然，定时器的定时时间与系统的振荡频率有关。因一个机器周期等于 12 个振荡周期，所以计数频率 $f_c = \frac{1}{12} f_{osc}$。如果晶振为 12 MHz，则计数周期为

$$T = \frac{1}{12 \text{ MHz} \times 1/12} = 1 \text{ μs}$$

如果在 TMOD 中选择 T0 为计数方式，则对 T0 引脚（P3.4）上的外部输入脉冲进行计数，如果在第一个机器周期检测到 T0 引脚为高电平，第二个机器周期检测到 T0

引脚为低电平,即出现负跳变时,计数器加1。由于检测到一次负跳变需要两个机器周期,所以最高的外部计数脉冲的频率不能超过振荡频率的1/24,并且要求外部计数脉冲的高电平和低电平的持续时间不能小于一个机器周期。

4.1.3 定时器/计数器方式寄存器

定时器/计数器方式寄存器(TMOD)的地址为89H,用于控制和选择定时器/计数器的工作方式,高四位控制T1,低四位控制T0,不能采用位寻址方式。其格式如图4-2所示。

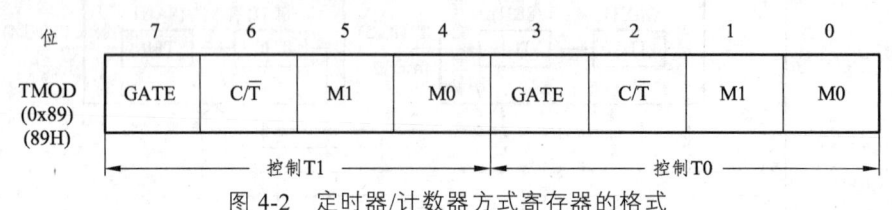

位	7	6	5	4	3	2	1	0
TMOD (0x89) (89H)	GATE	C/$\overline{\text{T}}$	M1	M0	GATE	C/$\overline{\text{T}}$	M1	M0
	控制T1				控制T0			

图4-2 定时器/计数器方式寄存器的格式

下面说明各位的功能。

GATE:门控位。当 GATE = 0 时,只要软件控制位 TR0 或 TR1 置"1"即可启动定时器开始工作;当 GATE = 1 时,只有 $\overline{\text{INT0}}$ 或 $\overline{\text{INT1}}$ 引脚为高电平,且 TR0 或 TR1 置"1"时,才能启动相应的定时器开始工作。定时器的启动控制如图4-3所示。

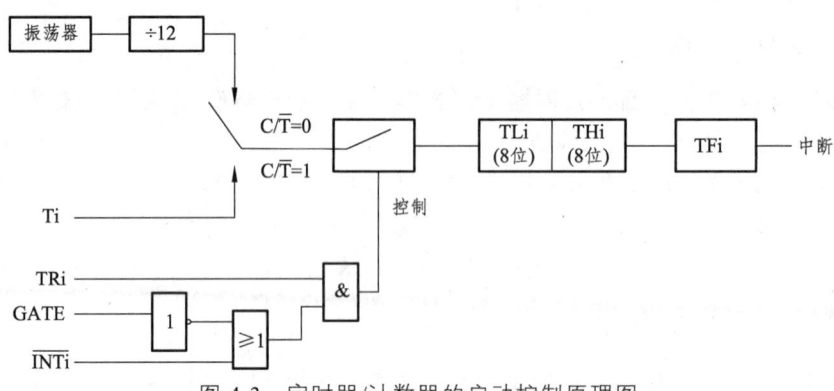

图4-3 定时器/计数器的启动控制原理图

C/$\overline{\text{T}}$:定时/计数功能选择位。当 C/$\overline{\text{T}}$ = 0 时,为定时器方式;当 C/$\overline{\text{T}}$ = 1 时,为计数器方式。

M1 和 M0:工作方式选择位。其定义如表4-1所示。

表4-1 工作方式说明表

M1	M0	方式	说明
0	0	方式0	TLi的低5位与THi的8位构成13位计数器
0	1	方式1	TLi的8位与THi的8位构成16位计数器
1	0	方式2	具有自动重装初值功能的8位计数器
1	1	方式3	T0分成两个独立的计数器,T1可工作在方式0~方式2

工作方式的设定只能通过字节操作实现。例如，要求用定时器 T1 工作于方式 1 定时，启动方式为内部启动，则 TMOD 的内容应该为 0001 0000，所用的汇编语句为：MOV TMOD,#10H，而对应的 C51 语句为：TMOD = 0x10。

4.1.4 定时器/计数器控制寄存器

定时器/计数器控制寄存器（TCON）的作用是控制定时器的启动、停止，标志定时器的溢出和中断情况。定时器/计数器控制寄存器（TCON）的格式如图 4-4 所示。

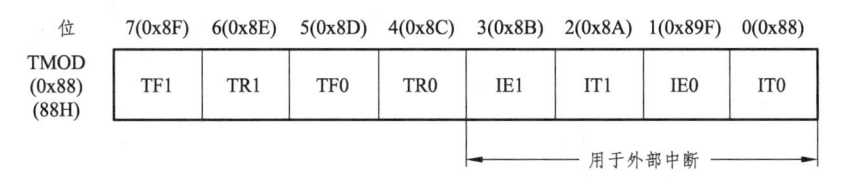

位	7(0x8F)	6(0x8E)	5(0x8D)	4(0x8C)	3(0x8B)	2(0x8A)	1(0x89F)	0(0x88)
TMOD (0x88) (88H)	TF1	TR1	TF0	TR0	IE1	IT1	IE0	IT0

用于外部中断（IE1、IT1、IE0、IT0）

图 4-4 定时器/计数器控制寄存器的格式

各位定义如下：

TF1：定时器 1 溢出标志。当定时器 1 计满溢出时，由硬件使 TF1 置"1"，并且申请中断。进入中断服务程序后，由硬件自动清"0"，在查询方式下用软件清"0"。

TR1：定时器 1 运行控制位。由软件清"0"关闭定时器 1。当 GATE = 1，且 $\overline{INT1}$ 为高电平时，TR1 置"1"启动定时器 1；当 GATE = 0 时，TR1 置"1"即启动定时器 1。

TF0：定时器 0 溢出标志。其功能及操作情况同 TF1。

TR0：定时器 0 运行控制位。其功能及操作情况同 TR1。

IE1：外部中断 1 请求标志。

IT1：外部中断 1 触发方式选择位。

IE0：外部中断 0 请求标志。

IT0：外部中断 0 触发方式选择位。

由于 TCON 可以进行位寻址，因而可以用位操作指令启动定时器或清除溢出标志位。例如，执行"SETB TR1"或语句"TR1 = 1"后可启动定时器 1 开始工作（当然前面还要设置方式字）。执行"CLR TF0"或"TF0 = 0"后则清除定时器 0 的溢出标志位。

4.1.5 定时器/计数器的初始化

在使用定时器/计数器时，需要对 TMOD 操作设置其工作方式，需要在 TH0、TL0 或 TH1、TL1 中置入初值，同时还需要根据编程方式决定是否开放定时器中断，然后才能启动定时器开始工作。这个过程叫作定时器的初始化。初始化步骤如下：

（1）确定工作方式，对 TMOD 赋值。

（2）预置定时或计数的初值，将初值写入 TH0、TL0 或 TH1、TL1。

① 做定时器工作时，设定时间为 Δt，时钟频率为 f_{osc}，定时器/计数器在某种工作方式下的位数为 n，则

$$\text{定时器初值} = 2^n - \frac{\Delta t}{12} \times f_{osc}$$

② 做计数器工作时，设计数值为 C，定时器/计数器在某种工作方式下的位数为 n，则

$$\text{计数初值} = 2^n - C$$

（3）根据需要开放定时器/计数器的中断，直接对 IE 位赋值。

（4）启动定时器/计数器，若已规定用软件启动，则可把 TR0 或 TR1 置 "1"；若已规定由外中断引脚电平启动，则需给外引脚加启动电平。当实现了启动要求之后，定时器即按规定的工作方式和初值开始计数或定时。

现举例说明定时初始化方法。若 AT89S51 单片机主频为 6 MHz，要求用 T1 产生 1 ms 的定时，对其进行初始化编程。

在 6 MHz 主频情况下，机器周期为 2 μs。如果要产生 1 ms 的定时时间，则需计 500 个数。如果要求在方式 1 情况下工作，则初值 $X = 2^{16} - \text{计数值} = 65\,536 - 500 = 65\,036 = \text{FE0CH}$。

对应的初始化汇编程序：
MOV TMOD，#10H
MOV TL1，#0CH
MOV TH0，#0FEH
C51 程序则为：
TMOD = 0x10；
TL1 = 65036%256；
TH1 = 65036/256；

任务 4-2　定时器/计数器的 4 种工作方式分析

由任务 4-1 可知，通过对 M1、M0 位的设置，可选择 4 种工作方式。本任务将介绍 4 种工作方式的结构、特点及其工作过程。

4.2.1　方式 0

方式 0 是一个 13 位的定时器/计数器。图 4-5 所示为定时器 0 在方式 0 时的逻辑电路结构。定时器 1 的结构和操作与定时器 0 完全相同。

在这种方式下，16 位寄存器（TH0 和 TL0）只用 13 位。其中，TL0 的高 3 位未用，其余位占整个 13 位的低 5 位，TH0 占高 8 位。当 TL0 的低 5 位溢出时，向 TH0 进位，而 TH0 溢出时，向中断标志 TF0 进位（称硬件置位 TF0），并申请中断。定时器 0 计数溢出与否可通过查询 TF0 是否置位，或是否产生定时器 0 中断判断。

当 $C/\bar{T} = 0$ 时，多路开关连接振荡器的 12 分频器输出，T0 对机器周期计数，这就是定时工作方式。

图 4-5 T0 方式 0 结构

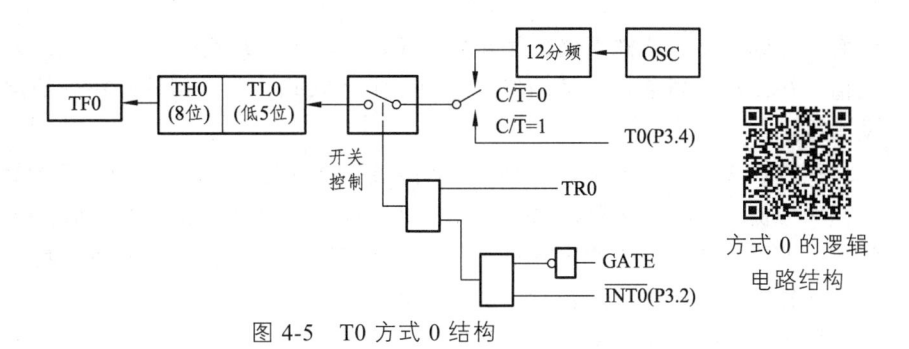

当 C/$\overline{T}$ = 1 时，多路开关与引脚 T0（P3.4）相连，外部计数脉冲由引脚 T0 输入。当外信号电平发生 1 到 0 的跳变时，计数器加 1，这时 T0 成为外部事件计数器。

当 GATE = 0 时，封锁"或"门，使引脚 $\overline{INT0}$ 输入信号无效。这时，"或"门输出常"1"，打开"与"门，由 TR0 控制定时器 0 的开启和关断。若 TR0 置"1"，接通控制开关，启动定时器 0，允许 T0 在原计数值上作加法计数，直至溢出。溢出时，计数寄存器值为 0，TF0 置位，并申请中断，T0 从 0 开始计数。因此，若希望计数器按原计数初值开始计数，在计数溢出后，应给计数器重新赋初值。若 TR0 = 0，则关断控制开关，停止计数。

当 GATE = 1，且 TR0 = 1 时，"或"门、"与"门全部打开，外信号电平通过 $\overline{INT0}$ 引脚直接开启或关断定时器计数。输入"1"电平时，允许计数，否则停止计数。这种操作方法可用来测量外信号的脉冲宽度等。

4.2.2 方式 1

这是一个 16 位定时器/计数器。其结构与操作几乎与方式 0 完全相同，唯一的差别是：在方式 1 中，定时器是以全 16 位二进制数参与操作。T0 方式 1 结构如图 4-6 所示。

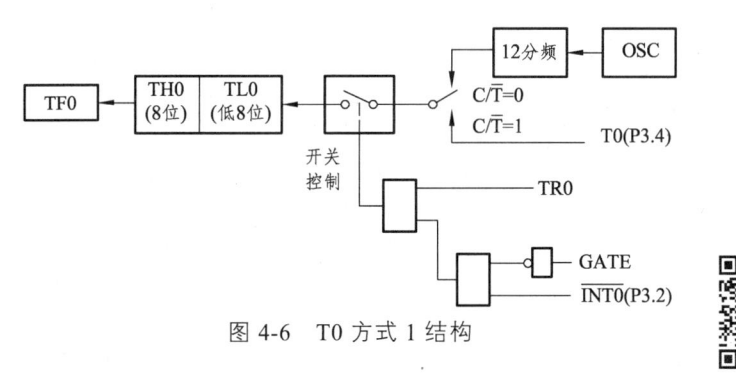

图 4-6 T0 方式 1 结构

4.2.3 方式 2

方式 2 是能重置初值的 8 位定时器/计数器。方式 0、方式 1 若用于循环重复定时/计数时（如产生连续脉冲信号），每次计满溢出，寄存器全部为 0，第二次计数还得重新装入计数初值。这样不仅编程麻烦,而且影响定时时间精度。而方式 2 有自动恢复初值(初值自动再装入)的功能,避免了上述缺陷,适合用作较精确的定时脉冲信号发生器。

在方式 2 中(见图 4-7),16 位的计数器被拆成两个。TL1 用作 8 位计数器,TH1 用以保持初值。在程序初始化时,TL1 和 TH1 由软件赋予相同的初值。一旦 TL1 计数溢出,则置 TF1,并将 TH0 中的初值再装入 TL1,继续计数,循环重复不止。

这种方式可省去用户软件中重装常数的程序,并可产生相当精度的定时时间,特别适用于作串行口波特率发生器。

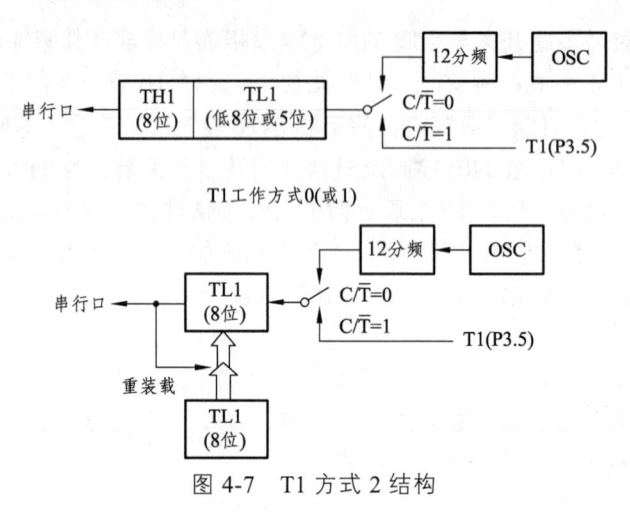

图 4-7　T1 方式 2 结构

4.2.4　方式 3

方式 3 只适用于定时器 T0。定时器 T0 在方式 3 下被拆成两个独立的 8 位计数器 TL0 和 TH0,如图 4-8 所示。其中,TL0 用原 T0 的控制位、引脚和中断源:$C/\overline{T}$、GATE、TR0、TF0、T0(P3.4)、$\overline{INT0}$(P3.2)引脚。除了仅用 8 位寄存器 TL0 外,其功能和操作与方式 0、方式 1 完全相同,可定时也可计数。

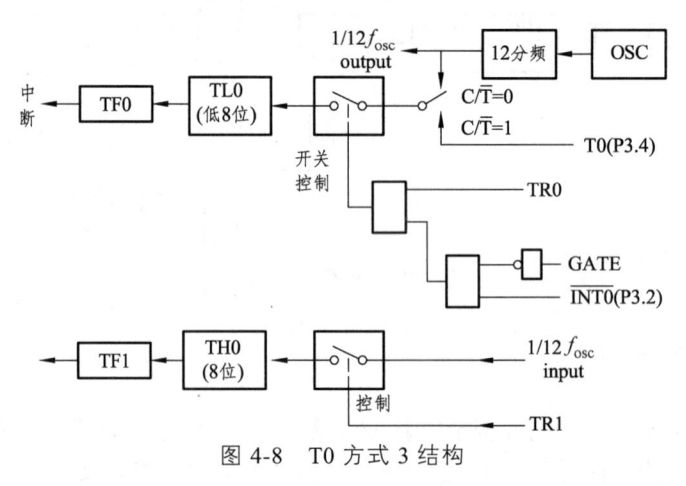

图 4-8　T0 方式 3 结构

从图 4-8 中可以看出，此时 TH0 只可用作简单的内部定时功能，它占用原定时器 T1 的控制位 TR1 和 TF1，同时占用 T1 的中断源，其启动和关闭仅受 TR1 置"1"和清"0"的控制。方式 3 为定时器 T0 增加了一个 8 位定时器。

在定时器 T0 用作方式 3 时，T1 仍可设置为方式 0~2。由于 TR1、TF1 和 T1 中断源均被定时器 T0 占用，此时仅有控制位 C/$\overline{T}$ 切换定时器或计数器工作方式，计数溢出时，只能将输出送入串行口。由此可见，在这种情况下，定时器 T1 一般用作串行口波特率发生器。当设置好工作方式时，定时器 1 自动开始运行。通常把定时器 T1 设置为方式 2 作波特率发生器比较方便。

任务 4-3　定时器/计数器的应用

在单片机测控系统中，定时器/计数器是非常重要的部件，灵活运用各种工作方式，提高编程技巧，对减轻 CPU 的负担，提高 CPU 的运用效率非常重要。对定时器的编程可以采用查询方式，也可以采用中断方式。查询方式指的是启动定时器后，采用查询语句查询溢出标志位是否变为"1"。而中断方式则是启动定时器后，CPU 可以执行其他程序，只有定时器产生中断的时候，才去执行中断服务程序。本任务将介绍定时器/计数器工作方式 0、1、2 的基础应用和综合应用实例。

4.3.1　基础应用

定时器/计数器应用

1. 方式 0 和方式 1 的应用

【例 4.1】 选择 T1 方式 0 用于定时，在 P1.0 输出周期为 1 ms 的方波，晶振 $f_{osc}=6$ MHz。

解：根据题意，只要使 P1.0 每隔 500 μs 取反一次即可得到 1 ms 的方波，因而 T0 的定时时间为 500 μs。因定时时间不长，取方式 0 即可，则 M1M0 = 00；因是定时器方式，所以 C/$\overline{T}$ = 0；在此用软件启动 T0，所以 GATE = 0。T1 不用，方式字可任意设置，故 TMOD = 00H。

下面计算 500 μs 定时器 T0 的初始值：

机器周期：$T = 12/f_{osc} = \dfrac{12}{6\,\text{MHz}} = 2\,\mu s$

设初始值为 X，则

$$(2^{13} - X) \times 2 \times 10^{-6}\,\text{s} = 500 \times 10^{-6}\,\text{s}$$
$$X = 7942D = 1111100001106B = 1F06H$$

因为在作 13 位计数器用时，TL1 的高 3 位未用，应填写 0，TH1 占高 8 位，所以 X 的实际填写值应为

$$X = 1111100000000110B = F806H$$

结果：TH0 = F8H，TL0 = 06H。

程序如下：

```
#include<reg51.h>
sbit P10=P1^0;
void main(void)
{TMOD=0x00;
TH0=0x06;
TL0=0xF8;
TR0=1;
do{if(TF0==1)
{ TH0=0x06;
TL0=0xF8;
TF0=0;
P10=!P10;
}
}while(1);
}
```

【例 4.2】 用定时器 T1 定时,使 P1.2 端电平每隔 1 s 变反一次,晶振为 12 MHz。

解:在方式 1 下,最大的定时时间 T_{max} 为

$$T_{max} = M \times 12/f_{osc} = 65\,536 \times 12/(12 \times 10^6\,Hz) = 65\,536\,\mu s = 65.536\,ms$$

显然不能满足本题的定时时间要求,因而需另设 1 个软件计数器,在此用片内 50H 作软件计数器。

让 T_1 单次溢出定时 50 ms,则 T_1 的初始值 X 为

$$(M - X) \times 1 \times 10^{-6}\,s = 50 \times 10^{-3}\,s$$

$$X = 65\,536 - 50\,000 = 15\,536 = 3CB0H$$

于是:TH1 = 0x3C,TL1 = 0xB0。

程序如下:

```
#include<reg51.h>
sbit P10=P1^0;
void main(void)
{unsigned char i=0x14;
TMOD=0x10;
TH1=0x3C;         //其他赋初值方法:高 8 位 TH1 =(65536-50000)/256
TL1=0xB0;         //其他赋初值方法:低 8 位 TL1 =(65536-50000)%256
TR1=1;
do{if(TF1==1)
{ TH1=0x3C;
TL1=0xB0;
TF1=0;
```

```
      i--;
      if(i==0){i=0x14;
      P10=!P10;}
    }
  }while(1);
}
```

2. 方式 2 的应用

【例 4.3】 用定时器/计数器 T1 采用方式 2 计数,要求每计满 100 次,将 P1.0 端取反。

解:T1 计数方式时,是对外部计数信号输入端 T1(P3.5)输入的脉冲信号进行计数,每负跳变一次计数器加 1,由程序查询 TF1。方式 2 具有初值自动重装功能,初始化后不必再置初值。

初值:$X = 2^8 - 100 = 156D = 9CH$

　　　TH1 = TL1 = 9CH,TMOD = 60H

程序如下:
```
#include<reg51.h>
sbit P10=P1^0;
void main(void)
{
   TMOD=0x60;
   TH1=0x9C;
   TL1=0x9C;
   TR1=1;
   while(1)
   {if(TF1==1)
      { P10=! P10;
        TF0=0;
      }
   }
}
```

3. 门控位的应用

门控位 GATE 为 1 时,允许外部输入电平控制启、停定时器。利用这个特性可以测量外部输入脉冲的宽度。测量电路如图 4-9 所示,其原理是当门控位 GATE 为 1 且 TRi = 1 时,启动定时/计数器取决于 $\overline{INTi}$ 的状态,当 $\overline{INTi}$ = 1 时,开始计数;当 $\overline{INTi}$ = 0 时,停止计数。下面给出正脉冲宽度测量实例。

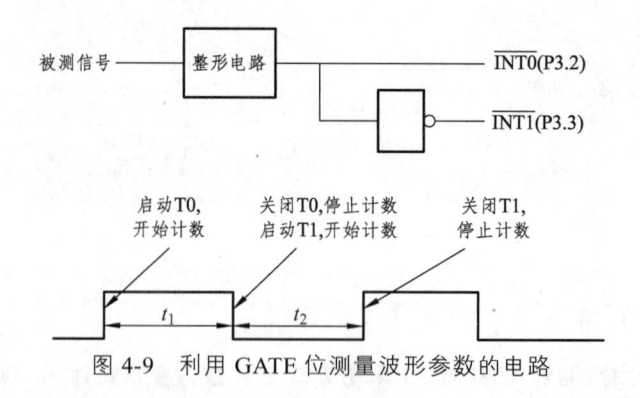

图 4-9 利用 GATE 位测量波形参数的电路

【例 4.4】 利用定时器/计数器的门控位 GATE 测量正脉冲宽度。假定晶振频率为 12 MHz，正脉冲宽度不超过 256 μs，将测量结果以二进制形式（00～FF）显示在 8 个 LED 上。

程序如下：

```
#include <REGX51.H>
sbit INPUT=P3^2;           //脉冲信号从引脚 INT0（P3.2）输入，定义 P3.2 为 INPUT
void main()
{   TMOD=0x0a;             //设置 T0：GATE=1，定时功能、工作方式 2
    TL0=0;                 //设置 T0 的计数初值为 0
    TH0=0;                 //初值缓冲器赋值，具有初值自动重载功能
    while(INPUT==1);       //等待输入脉冲变 0
    TR0=1;                 //将运行控制位置 1，尚未启动计数
    while(INPUT==0);       //等待输入脉冲变 1，真正启动计数
    while(INPUT==1);       //等待输入脉冲变 0，计数器停止计数
    TR0=0;                 //将运行控制位清 0
    P1=TL0;                //将计数结果显示在 P1 控制的 8 个 LED 上
    while(1);
}
```

4.3.2 定时器/计数器的综合应用

下面介绍单片机音乐演奏器。音乐乐谱中的两个要素是音符和节拍，音符对应于不同的声波频率，而节拍对应的是音符的持续时间。

通过控制定时器定时时间的不同可以产生不同频率的方波，驱动蜂鸣器即可发出不同音高的音符，然后利用延时程序来控制某个音符发音的时间长短，即可得到节拍。将乐谱中的所有音符和节拍变换成定时器的初值和延时常数，制作成表格常数存放于数组中。由程序查表得到定时初值和延时常数，分别用于控制定时器产生方波的频率和该频率方波的持续时间。当某个音符的时值到了后，再查看下一个音符对应的定时初值和延时常数，这样不停地循环下去，即可用蜂鸣器演奏出一首动听的音乐。

下面是演奏"同一首歌"对应的程序和硬件电路（见图 4-10）。

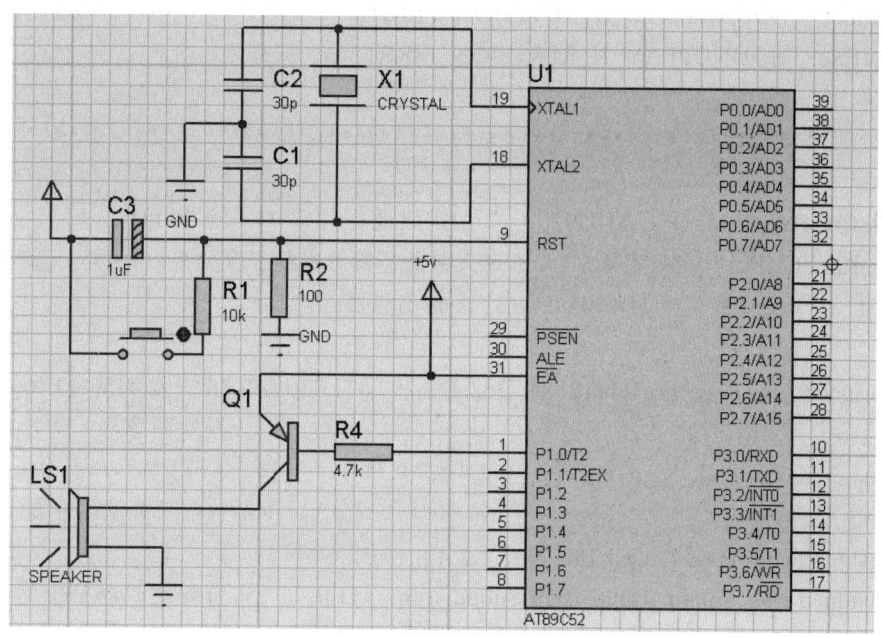

图 4-10 音乐演奏器电路图

下面是参考源程序：
/*说明＊＊
　　曲谱存储格式 unsigned char code MusicName{音高，音长，音高，音长……，0,0};
末尾：0,0 表示结束(Important)
　　音高由三位数字组成：
　　　　　　　个位是表示 1~7 这 7 个音符；
　　　　　　　十位是表示音符所在的音区：1-低音，2-中音，3-高音；
　　　　　　　百位表示这个音符是否要升半音：0-不升，1-升半音。
　　音长最多由三位数字组成：
　　　　　　　个位表示音符的时值，其对应关系是：
　　　　　　　　|数值(n):|0 |1 |2 |3 |4 |5 |6
　　　　　　　　|几分音符：|1 |2 |4 |8 |16 |32 |64　　音符=2^n
　　　　　　　十位表示音符的演奏效果(0-2):0-普通，1-连音，2-顿音；
　　　　　　　百位是符点位：0-无符点，1-有符点。
　　调用演奏子程序的格式：
　　　　　　　Play(乐曲名，调号，升降八度，演奏速度);
　　|乐曲名　　　　　　　:要播放的乐曲指针，结尾以(0, 0)结束；
　　|调号(0-11)　　　　　:是指乐曲升多少个半音演奏；
　　|升降八度(1-3)　　　 :1-降八度，2-不升不降，3-升八度；
　　|演奏速度(1-12000)　 :值越大，速度越快；
　　＊＊/

```c
#include <at89x52.h>
#ifndef __SOUNDPLAY_H_REVISION_FIRST__
#define __SOUNDPLAY_H_REVISION_FIRST__

//*********************************************************************

#define SYSTEM_OSC 11059200      //定义晶振频率 11 059 200 Hz
#define SOUND_SPACE 4/5          //定义普通音符演奏的长度分率，//每4分音符间隔
sbit    BeepIO  =  P1^0;         //定义输出管脚

unsigned int  code FreTab[12] ={ 262,277,294,311,330,349,369,392,415,440,466,494 };
                                                //原始频率表
unsigned char code SignTab[7] ={ 0,2,4,5,7,9,11 };
                                                //1~7 在频率表中的位置
unsigned char code LengthTab[7]={ 1,2,4,8,16,32,64 };
unsigned char Sound_Temp_TH0,Sound_Temp_TL0;    //音符定时器初值暂存
unsigned char Sound_Temp_TH1,Sound_Temp_TL1;    //音长定时器初值暂存
//*********************************************************************
void InitialSound(void)
{
    BeepIO=0;
    Sound_Temp_TH1=(65535-(1/1200)*SYSTEM_OSC)/256;
                        //计算 TL1 应装入的初值（10 ms 的初装值）
    Sound_Temp_TL1=(65535-(1/1200)*SYSTEM_OSC)%256;
                        //计算 TH1 应装入的初值
    TH1=Sound_Temp_TH1;
    TL1=Sound_Temp_TL1;
    TMOD  |=0x11;
    ET0   =1;
    ET1   =0;
    TR0   =0;
    TR1   =0;
    EA    =1;
}
void BeepTimer0(void)interrupt 1    //音符发生中断
{
    BeepIO=!BeepIO;
    TH0   =Sound_Temp_TH0;
    TL0   =Sound_Temp_TL0;
```

```c
    }
//*********************************************************************
void Play(unsigned char *Sound,unsigned char Signature,unsigned Octachord,unsigned int Speed)
    {
        unsigned int NewFreTab[12];        //新的频率表
        unsigned char i,j;
        unsigned int Point,LDiv,LDiv0,LDiv1,LDiv2,LDiv4,CurrentFre,Temp_T,SoundLength;
        unsigned char Tone,Length,SL,SH,SM,SLen,XG,FD;
        for(i=0;i<12;i++)                  //根据调号及升降八度来生成新的频率表
        {
            j=i+Signature;
            if(j > 11)
            {
                j=j-12;
                NewFreTab[i]=FreTab[j]*2;
            }
            else
                NewFreTab[i]=FreTab[j];
            if(Octachord==1)
                NewFreTab[i]>>=2;
            else if(Octachord==3)
                NewFreTab[i]<<=2;
        }
        SoundLength=0;
        while(Sound[SoundLength] !=0x00)   //计算歌曲长度
        {
            SoundLength+=2;
        }
        Point=0;
        Tone  =Sound[Point];
        Length=Sound[Point+1];             //读出第一个音符和它的时值

        LDiv0=12000/Speed;                 //算出 1 分音符的长度（几个 10 ms）
        LDiv4=LDiv0/4;                     //算出 4 分音符的长度
        LDiv4=LDiv4-LDiv4*SOUND_SPACE;     //普通音最长间隔标准
        TR0  =0;
        TR1  =1;
        while(Point < SoundLength)
```

```c
    {
        SL=Tone%10;                             //计算出音符
        SM=Tone/10%10;                          //计算出高低音
        SH=Tone/100;                            //计算出是否升半
        CurrentFre=NewFreTab[SignTab[SL-1]+SH]; //查出对应音符的频率
        if(SL!=0)
        {
            if(SM==1)CurrentFre >>=2;           //低音
            if(SM==3)CurrentFre <<=2;           //高音
            Temp_T=65536-(50000/CurrentFre)*10/(12000000/SYSTEM_OSC);
                                                //计算计数器初值
            Sound_Temp_TH0=Temp_T/256;
            Sound_Temp_TL0=Temp_T%256;
            TH0=Sound_Temp_TH0;
            TL0=Sound_Temp_TL0+12;              //加 12 是对中断延时的补偿
        }
        SLen=LengthTab[Length%10];              //算出是几分音符
        XG=Length/10%10;                        //算出音符类型（0-普通，1-连音，2-顿音）
        FD=Length/100;
        LDiv=LDiv0/SLen;                        //算出连音音符演奏的长度（多少个 10 ms）
        if(FD==1)
            LDiv=LDiv+LDiv/2;
        if(XG!=1)
            if(XG==0)                           //算出普通音符的演奏长度
                if(SLen<=4)
                    LDiv1=LDiv-LDiv4;
                else
                    LDiv1=LDiv*SOUND_SPACE;
            else
                LDiv1=LDiv/2;                   //算出顿音的演奏长度
        else
            LDiv1=LDiv;
        if(SL==0)LDiv1=0;
        LDiv2=LDiv-LDiv1;                       //算出不发音的长度
        if(SL!=0)
        {
            TR0=1;
            for(i=LDiv1;i>0;i--)                //发规定长度的音
            {
```

```c
                    while(TF1==0);
                    TH1=Sound_Temp_TH1;
                    TL1=Sound_Temp_TL1;
                    TF1=0;
                }
            }
            if(LDiv2!=0)
            {
                TR0=0;BeepIO=0;
                for(i=LDiv2;i>0;i--)          //音符间的间隔
                {
                    while(TF1==0);
                    TH1=Sound_Temp_TH1;
                    TL1=Sound_Temp_TL1;
                    TF1=0;
                }
            }
            Point+=2;
            Tone=Sound[Point];
            Length=Sound[Point+1];
        }
        BeepIO=0;
    }
//*********************************************************************
    #endif

    //音频输出 P1.0
    //相关函数和初始化定义参见 SoundPlay.h

    //#include "SoundPlay.h"
    void Delay1ms(unsigned int count)
    {
        unsigned int i,j;
        for(i=0;i<count;i++)
        for(j=0;j<120;j++);
    }
//************************Music************************//同一首歌
    unsigned char code Music_Same[]={ 0x0F,0x01,0x15,0x02,0x16,0x02,0x17,0x66,0x18,
0x03,0x17,0x02,0x15,0x02,0x16,0x01,0x15,0x02,0x10,0x02,0x15,0x00,0x0F,0x01,0x15,0x
```

02,0x16,0x02,0x17,0x02,0x17,0x03,0x18,0x03,0x19,0x02,0x15,0x02,0x18,0x66,0x17,0x03,0x19,0x02,0x16,0x03,0x17,0x03,0x16,0x00,0x17,0x01,0x19,0x02,0x1B,0x02,0x1B,0x70,0x1A,0x03,0x1A,0x01,0x19,0x02,0x19,0x03,0x1A,0x03,0x1B,0x02,0x1A,0x0D,0x19,0x03,0x17,0x00,0x18,0x66,0x18,0x03,0x19,0x02,0x1A,0x02,0x19,0x0C,0x18,0x0D,0x17,0x03,0x16,0x01,0x11,0x02,0x11,0x03,0x10,0x03,0x0F,0x0C,0x10,0x02,0x15,0x00,0x1F,0x01,0x1A,0x01,0x18,0x66,0x19,0x03,0x1A,0x01,0x1B,0x02,0x1B,0x03,0x1B,0x03,0x1B,0x0C,0x1A,0x0D,0x19,0x03,0x17,0x00,0x1F,0x01,0x1A,0x01,0x18,0x66,0x19,0x03,0x1A,0x01,0x10,0x02,0x10,0x03,0x10,0x03,0x1A,0x0C,0x18,0x0D,0x17,0x03,0x16,0x00,0x0F,0x01,0x15,0x02,0x16,0x02,0x17,0x70,0x18,0x03,0x17,0x02,0x15,0x03,0x15,0x03,0x16,0x66,0x16,0x03,0x16,0x02,0x16,0x03,0x15,0x03,0x10,0x02,0x10,0x01,0x11,0x01,0x11,0x66,0x10,0x03,0x0F,0x0C,0x1A,0x02,0x19,0x02,0x16,0x03,0x16,0x03,0x18,0x66,0x18,0x03,0x18,0x02,0x17,0x03,0x16,0x03,0x19,0x00,0x00,0x00 };
//***

```
main()
{
    InitialSound();
    while(1)
    {
        Play(Music_Same,0,3,360);
        Delay1ms(500);
    }
}
```

任务 4-4 MCS-51 单片机中断系统

4.4.1 什么是中断

1. 中断的概念

什么是中断？我们先来看一个生活中的例子。老师正在给学生上课，突然有人敲门，于是老师记下讲课讲到什么地方，然后去开门看看有什么事情，处理完了后接着刚才暂停的地方继续上课。这就是生活中非常司空见惯的"中断"现象，也即正常的工作过程被突发事件打断了。

中断是指在特定的事件（中断源，也称中断请求信号）触发下引起 CPU 暂停正在运行的程序（主程序），转而先去处理一段为特定事件而编写的处理程序（中断服务处理程序），等中断处理程序处理完成后，再回到主程序被打断的地方（断点）继续运行。中断源要求服务的请求称为中断请求（或中断申请）；在满足条件时，CPU 转去执行中断服务程序的过程称为中断响应。中断示意图如图 4-11 所示。

图 4-11 中断示意图

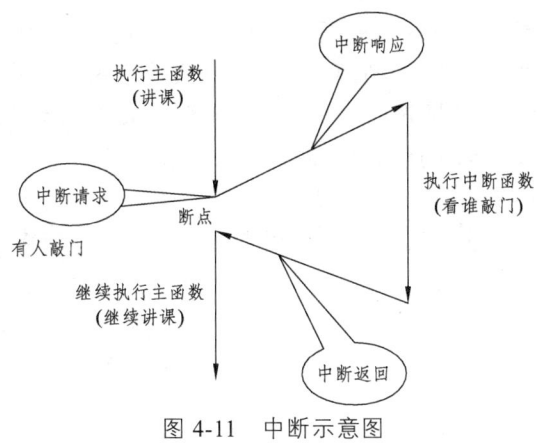

（1）什么事件可引起中断——中断源

生活中很多事件可以引起中断：电话响了，有人敲门，学生喊报告，水壶响了，闹钟响了，等等，可以引起中断的事情很多。像这样引起中断的来源统称为中断源。单片机中可向 CPU 申请中断的事件很少，对于标准 51 单片机，只有 5 个中断源，分别是外部中断 0、外部中断 1、定时器 T0 中断、定时器 T1 中断和串行口中断。

（2）中断的优先级和嵌套

大家可以想象：老师正在讲课，有人敲门和学生举手两个事情同时发生，老师该先处理哪个事情呢？如果认为学生举手这个事情比较重要，可以先解决学生的问题，处理完之后再去看看谁在敲门；反之亦然。这就是中断优先级的问题，对于单片机来说也存在这样的优先级问题。优先级的问题不仅发生在两个中断源同时申请中断的情况，也发生在已经响应一个中断，正在处理这个中断时又有另一个中断源申请中断的情况。例如，老师正在处理刚才举手的学生的问题，又有人在敲门，如果老师认为敲门的事情比较重要，就会先暂停处理举手学生的问题，先去处理敲门这件事情，处理完了后再去接着处理举手学生的问题，处理完之后再接着刚才的讲课内容继续讲课。像这种高级中断源能中断低级中断源的中断处理过程称为中断嵌套。人类其实可以实现很多级中断嵌套，而单片机只能实现两级中断嵌套，如图 4-12 所示。

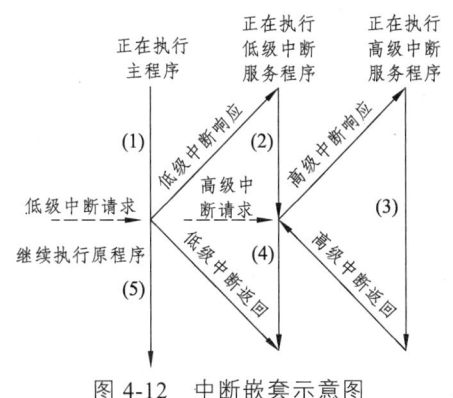

图 4-12 中断嵌套示意图

（3）中断的请求与响应方式

日常生活中我们人类的中断请求方式可以是打电话、敲门，也可以是举手、一个眼神等，判断有无中断可以通过眼睛看、耳朵听这样的方式。那么在单片机中这两个过程如何实现呢？在单片机中，中断源只能通过建立自己的标志——中断请求标志来告知CPU，CPU只能通过不停地查询这些中断请求标志来判断是否有中断源向它申请中断。在后面的内容里会详细讲述这个问题。

（4）去哪里处理中断——中断入口地址

人类在处理中断时，方式很灵活：可以直接去开门，或者接电话，或者一个眼神示意都可以。单片机中的CPU怎么处理中断呢？暂停正在执行的程序后，去哪里找中断程序呢？有没有固定的地方？我们知道，所有的程序都存放在ROM中，那么CPU去什么地方找中断程序呢？每个中断源都对应一个固定的地方，这个地方叫作中断入口地址，如表4-2所示。

表4-2 中断源和中断入口地址

中断源	中断入口地址
外部中断0	0003H
定时器T0中断	000BH
外部中断1	0013H
定时器T1中断	001BH
串行口接收/发送中断	0023H

2. 中断的优点

（1）并行操作

中断功能解决了快速的CPU与慢速的外设之间的矛盾，可以使CPU和外设同时工作。CPU在启动外设工作后，继续执行主程序，同时外设也在工作。每当外设做完一件事，就发出中断申请，请求CPU中断它正在执行的程序，转去执行中断服务程序（一般情况是处理输入/输出数据）。中断处理完之后，CPU恢复执行主程序，外设仍继续工作。这样，CPU可以命令多个外设同时工作，从而大大提高了CPU的利用率。

（2）实现实时处理

在实时控制中，现场的各个参数、信息是随时间和现场情况不断变化的。有了中断功能，外界的这些变化量可根据要求随时向CPU发出中断请求，要求CPU及时处理，CPU可以马上响应（若中断响应条件满足）加以处理。这样的及时处理在查询方式下是做不到的。

（3）故障处理

计算机在运行过程中，出现一些事先无法预料的故障是难免的，如电源突跳、存储出错、运算溢出等，有了中断功能，计算机就能自行处理，而不必停机处理。

3. 中断系统的功能

（1）能实现中断及返回

当某一个中断源发出中断申请时，CPU能决定是否响应这个中断请求（当CPU在执行更急、更重要的工作时，可以暂不响应中断）。若允许响应这个中断请求，CPU

必须在现行的指令执行完后,把断点处的 PC 值(即下一条应执行的指令地址)压入堆栈保留下来,称之为保护断点,这是硬件自动执行的。同时,用户在编程时要注意把有关的寄存器内容和状态标志位压入堆栈保留下来,称之为保护现场。保护断点和现场之后即可执行中断服务程序,执行完毕,需恢复原保留的寄存器的内容和标志位的状态,称之为恢复现场,并执行返回指令"RETI",这个过程通过用户编程来实现。"RETI"指令的功能为恢复 PC 值(称为恢复断点),使 CPU 返回断点,继续执行主程序。

(2)能实现优先权排队

通常,在系统中有多个中断源,有时会出现两个或更多个中断源同时提出中断请求的情况。这就要求计算机既能区分各个中断源的请求,又能确定首先为哪一个中断源服务。为了解决这一问题,通常给各中断源规定了优先级别,称之为优先权。当两个或者两个以上的中断源同时提出中断请求时,计算机首先为优先权最高的中断源服务,服务结束后再响应级别较低的中断源。计算机按中断源级别高低逐次响应的过程称为优先权排队。这个过程可以通过硬件电路来实现,也可以通过程序查询来实现。

(3)能实现中断嵌套

当 CPU 响应某一中断的请求而进行中断处理时,若有优先权级别更高的中断源发出中断申请,CPU 则中断正在进行的中断服务程序,并保留这个程序的断点(类似于子程序嵌套),响应高级中断,在高级中断处理完以后,再继续执行被中断的中断服务程序。这个过程称为中断嵌套。如果发出新的中断申请的中断源的优先权级别与正在处理的中断源同级或更低时,CPU 暂时不响应这个中断申请,直至正在处理的中断服务程序执行完以后才去处理新的中断申请。

4.4.2 单片机中断系统的结构

51 单片机中断系统结构如图 4-13 所示。其中断系统有 5 个中断源、2 个中断优先级,可以编程控制每个中断源的中断优先级别、中断允许与关闭等。与中断有关的寄存器有 4 个,分别为中断标志寄存器 TCON 和 SCON、中断允许控制寄存器 IE 和中断优先级控制寄存器 IP,这些寄存器都可以位操作。通过对各种寄存器的读/写来控制单片机的中断类型、中断开/关和中断源的优先级。

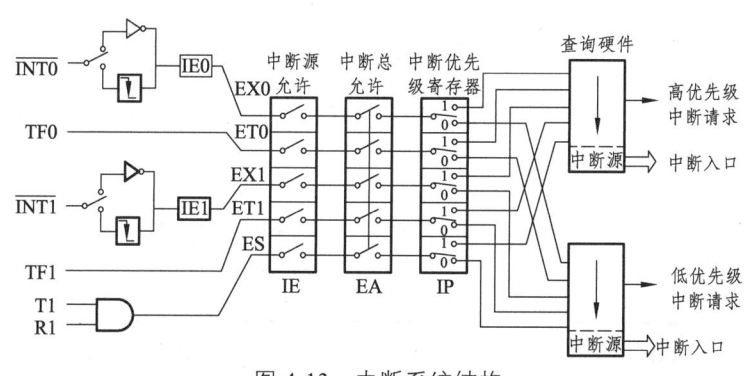

图 4-13 中断系统结构

4.4.3 中断请求标志

当中断源需要 CPU 申请中断时，需要将相应的标志位置 1。中断源的中断请求标志分布在特殊功能寄存器 TCON 和 SCON 中。

1. TCON 中的中断标志（0x88）

TCON 为定时器 T0 和 T1 的控制寄存器，同时也锁存 T0 和 T1 的溢出中断标志及外部中断 0 和外部中断 1 的中断标志等。与中断有关的位如图 4-14 所示。

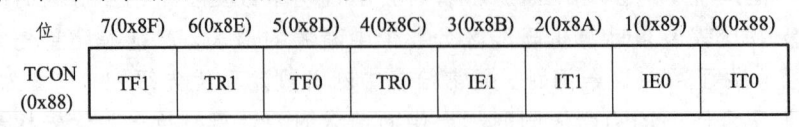

位	7(0x8F)	6(0x8E)	5(0x8D)	4(0x8C)	3(0x8B)	2(0x8A)	1(0x89)	0(0x88)
TCON (0x88)	TF1	TR1	TF0	TR0	IE1	IT1	IE0	IT0

图 4-14 与中断有关的位

（1）TF1——T1 溢出中断标志。T1 被启动计数后，从初值开始加 1 计数，直至计满溢出由硬件使 T1 = 1，向 CPU 请求中断，此标志一直保持到 CPU 响应中断后，才由硬件自动清"0"。也可用软件查询该标志，并由软件清"0"。

（2）TF0——T0 溢出中断标志。其操作功能类似于 TF1。

（3）IE1——外部中断 1 中断标志。IE1 = 1 表明外部中断 1 向 CPU 申请中断。

（4）IT1——外部中断 1 触发方式控制位。外部中断在 MCU 的外部，如何向 CPU 申请中断呢？又不能像人一样打电话或者举手示意，那只能通过某个管脚，在这个管脚上出现合适的信号的时候表示要向 CPU 申请中断。对于外部中断 1，这个管脚是 $\overline{INT1}$，"合适的信号"指的是低电平或者负跳变。当 IT1 = 0，外部中断 1 为电平触发方式。在这种方式下，CPU 在每个机器周期的 S5P2 期间对 $\overline{INT1}$（P3.3）引脚采样，若采到低电平，则认为有中断申请，随即使 IE1 = 1；若为高电平，认为无中断申请或中断申请已撤销，随即清除 IE1 标志。在电平触发方式中，CPU 响应中断后不能自动清除 IE1 标志，也不能由软件清除 IE1 标志，所以在中断返回前必须撤销 $\overline{INT1}$ 引脚上的低电平，否则将再次响应中断造成出错。

若 IT1 = 1，外部中断 1 控制为边沿触发方式。CPU 在每个机器周期的 S5P2 期间采样引脚。若在连续两个机器周期采样到先高电平后低电平，则使 TE1 = 1，此标志一直保持到 CPU 响应中断时，才由硬件自动清除。在边沿触发方式中，为保证 CPU 在两个机器周期内检测到先高后低的负跳变，输入高低电平的持续时间起码要保持 12 个时钟周期。

（5）IE0——$\overline{INT0}$ 外部中断 0 标志。其操作功能与 IE1 类似。

（6）IT0——外部中断 0 触发方式控制位。其操作功能与 IT1 类似。

2. SCON（0x98）中的中断标志

SCON 是串行口控制寄存器，其低 2 位 TI 和 RI 锁存串行口的接收中断和发送中断标志，如图 4-15 所示。

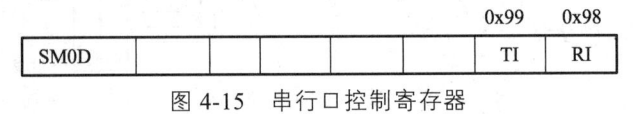

						0x99	0x98
SM0D						TI	RI

图 4-15 串行口控制寄存器

（1）TI——串行发送中断标志。CPU 将一个字节数据写入发送缓冲器 SBUF 后启动发送，每发送完一个串行帧，硬件置位 TI。但 CPU 响应中断后，并不能自动清除 TI，标志必须由软件清除。

（2）RI——串行接收中断标志。在串行口允许接收时，每接收完一个串行帧，硬件置位 RI。同样，CPU 响应中断后不会自动清除 RI，标志必须由软件清除。

AT89S51 系统复位后，TCON 和 SCON 中各位均清 "0"，应用中要注意各位的初始状态。

4.4.4 中断允许控制

先举例说明什么叫中断允许控制。例如教室里有日光灯，那么灯就具备了点亮的条件。但有灯是不是一定就会亮呢？这还要看开关是否合上。教室里每个灯都有分开关，走廊上也会有总开关，那么日光灯要想发光就得总开关和每个灯的分开关都合上才行。AT89S51 单片机中，中断源的中断允许控制和这个情况非常相似。由专用寄存器 IE 来实现中断允许控制，通过向 IE 写入中断控制字，控制 CPU 对中断的开放或屏蔽，以及每个中断源是否允许中断。其格式如图 4-16 所示。

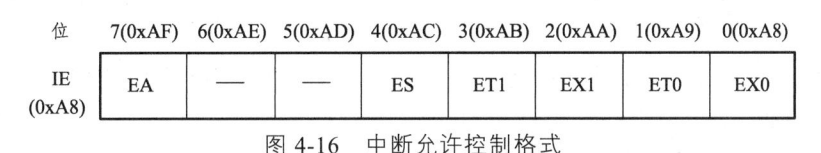

位	7(0xAF)	6(0xAE)	5(0xAD)	4(0xAC)	3(0xAB)	2(0xAA)	1(0xA9)	0(0xA8)
IE (0xA8)	EA	—	—	ES	ET1	EX1	ET0	EX0

图 4-16　中断允许控制格式

（1）EA——CPU 中断总允许位。EA = 1，CPU 开放中断，每个中断源是被允许还是被禁止，分别由各自的允许位确定；EA = 0，CPU 屏蔽所有的中断要求，称为关中断。

（2）ES——串行口中断允许位。ES = 1，允许串行口中断；ES = 0，禁止串行口中断。

（3）ET1——T1 中断允许位。ET1 = 1，允许 T1 中断；ET1 = 0，禁止 T1 中断。

（4）EX1——外部中断 1 允许位。EX1 = 1，允许外部中断 1 中断；EX1 = 0，禁止外部中断 1 中断。

（5）ET0——T0 中断允许位。ET0 = 1，允许 T0 中断；ET0 = 0，禁止 T0 中断。

（6）EX0——外部中断 0 允许位。EX0 = 1，允许外部中断 0 中断；EX0 = 0，禁止外部中断 0 中断。

AT89S51 系统复位后，IE 中各中断允许位均被清 "0"，即禁止所有中断。需要中断时要设置 IE 寄存器。

例如要开发外部中断 0，需要 EA 和 EX0 置 1，可用如下语句：

　　　　　　　　　IE = 0x81;

或者　　　　　　　EA = 1;

　　　　　　　　　EX0 = 1;

汇编语句则为：　　MOV IE, #81H

或者　　　　　　　SETB EA

　　　　　　　　　SETB EX0

4.4.5 中断优先级的设定

AT89S51 单片机中断优先级的设定由专用寄存器 IP 统一管理,它具有两个中断优先级,由软件设置每个中断源为高优先级中断或低优先级中断,并可实现两级中断嵌套。

高优先级中断源可中断正在执行的低优先级中断服务程序,除非在执行低优先级中断服务程序时设置了 CPU 关中断或禁止某些高优先级中断源的中断。同级或低优先级的中断源不能中断正在执行的中断服务程序。为此,在 AT89S51 中断系统内部有两个(用户不能访问)优先级状态触发器,它们分别指示出 CPU 是否在执行高优先级或低优先级中断服务程序,从而决定是否屏蔽所有的中断申请。

专用寄存器 IP(B8H)为中断优先级寄存器,锁存各中断源优先级的控制位,用户可由软件进行设定。其格式如图 4-17 所示。

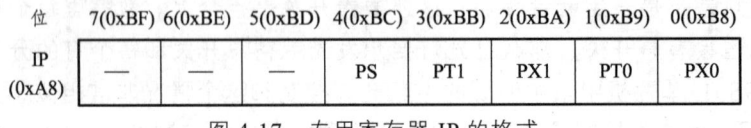

位	7(0xBF)	6(0xBE)	5(0xBD)	4(0xBC)	3(0xBB)	2(0xBA)	1(0xB9)	0(0xB8)
IP (0xA8)	—	—	—	PS	PT1	PX1	PT0	PX0

图 4-17 专用寄存器 IP 的格式

(1)PS——串行口中断优先级控制位。PS = 1,设定串行口为高优先级中断;PS = 0,为低优先级。

(2)PT1——T1 中断优先级控制位。PT1 = 1,设定定时器 T1 为高优先级中断;PT1 = 0,为低优先级。

(3)PX1——外部中断 1 中断优先级控制位。PX1 = 1,设定外部中断 1 为高优先级中断;PX1 = 0,为低优先级。

(4)PT0——T0 中断优先级控制位。PT0 = 1,设定定时器 T0 为高优先级中断;PT0 = 0,为低优先级。

(5)PX0——外部中断 0 中断优先级控制位。PX0 = 1,设定外部中断 0 为高优先级中断;PX0 = 0,为低优先级。

当系统复位后,IP 低 5 位全部清"0",将所有中断源设置为低优先级中断。

如果几个同一优先级的中断源同时向 CPU 申请中断,CPU 通过内部硬件查询逻辑按自然优先级顺序确定应该响应哪个中断请求。其自然优先级由硬件形成,排列如图 4-18 所示。

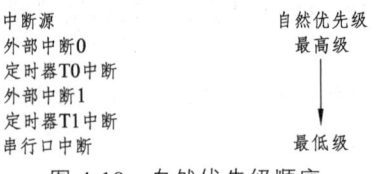

```
中断源              自然优先级
外部中断0            最高级
定时器T0中断           │
外部中断1             │
定时器T1中断           ↓
串行口中断            最低级
```

图 4-18 自然优先级顺序

这种排列顺序在实际应用中很方便,且合理。如果重新设置了优先级,则顺序查询逻辑电路将会相应改变排队顺序。例如,如果给 IP 中设置的优先级控制字为 12H,则 PS 和 PT0 均为高优先级中断,但当这两个中断源同时发出中断申请时,CPU 将先响应自然优先级高的 PT0 的中断申请。

任务 4-5 中断处理过程分析

中断处理过程可分为三个阶段，即中断响应、中断处理和中断返回。所有计算机的中断处理都有这三个阶段，但不同的计算机由于中断系统的硬件结构而中断处理不完全相同，因而中断响应的方式有所不同，在此以 8051 单片机为例来介绍中断处理的过程。

4.5.1 中断响应

中断处理过程分析

中断响应是在满足 CPU 的中断响应条件之后，CPU 对中断源中断请求的回答。在这一阶段，CPU 要完成中断服务以前的所有准备工作，包括保护断点和把程序转向中断服务程序的入口地址。

计算机在运行时，并不是任何时刻都会去响应中断请求，而是在中断响应条件满足之后才会响应。

1. CPU 的中断响应条件

（1）有中断源发出中断申请。

（2）中断总允许位 EA = 1，即 CPU 允许所有中断源申请中断。

（3）申请中断的中断源允许位为 1，即此中断源可以向 CPU 申请中断。

以上是 CPU 响应中断的基本条件。若满足，CPU 一般会响应中断，但如果有下列任何一种情况存在，中断响应都会受到阻断。

（1）CPU 正在执行一个同级或高一级的中断服务程序。

（2）当前的机器周期不是正在执行的指令的最后一个周期，即正在执行的指令完成前，任何中断请求都得不到响应。

（3）正在执行的指令是返回（RETI）指令或者对专用寄存器 IE、IP 进行读/写的指令，此时，在执行 RETI 或者读写 IE 或 IP 之后，不会马上响应中断请求。

若存在上述任何一种情况，则不会马上响应中断，而把该中断请求锁存在各自的中断标志位中，在下一个机器周期再按顺序查询。

在每个机器周期的 S5P2 期间，CPU 对各中断源采样，并设置相应的中断标志位。CPU 在下一个机器周期 S6 期间按优先级顺序查询各中断标志，如查询到某个中断标志为 1，将在下一个机器周期 S1 期间按优先级进行中断处理。中断查询在每个机器周期中重复执行，如果中断响应的基本条件已满足，但由于存在中断阻断的情况而未被及时响应，待上述封锁中断的条件被撤销之后，由于中断标志还存在，它仍会被响应。

2. 中断响应过程

如果中断响应条件满足，且不存在中断阻断的情况，则 CPU 响应中断。此时，中断系统通过硬件生成的长调用指令"LCALL"，自动把断点地址压入堆栈保护（但不保护状态寄存器 PSW 及其他寄存器内容），然后将对应的中断入口地址装入程序计数器 PC，使程序转向该中断入口地址，并执行中断服务程序。

4.5.2 中断处理

中断处理（又称中断服务）程序从入口地址开始执行，直到返回指令"RETI"为止，这个过程称为中断处理。此过程一般包括两部分内容：一是保护现场，二是处理中断源的请求。因为一般主程序和中断服务程序都可能会用到累加器、PSW 寄存器及其他一些寄存器。CPU 在进入中断服务程序后，用到上述寄存器时就会破坏它原来存在寄存器中的内容，一旦中断返回，将会造成主程序的混乱。因而，在进入中断服务程序后，一般要先保护现场，然后再执行中断处理程序，在返回主程序以前，再恢复现场。

另外，在编写中断服务程序时还需注意以下几点：

（1）因为各入口地址之间只相隔 8 个字节，一般的中断服务程序是容纳不下的，因此最常用的方法是在中断入口地址单元处存放一条无条件转移指令，使程序跳转到用户安排的中断服务程序起始地址上去。这样可使中断服务程序灵活地安排在 64 KB 程序存储器的任何空间。图 4-19 所示为外部中断 0 入口地址的处理。

（2）若在执行当前中断程序时禁止更高优先级中断源的中断请求，应先用软件关闭 CPU 中断，或屏蔽更高级中断源的中断，在中断返回前再开放被关闭或被屏蔽的中断。

（3）在保护现场和恢复现场时，为了不使现场数据受到破坏或者造成混乱，一般规定此时 CPU 不响应新的中断请求。这就要求在编写中断服务程序时，注意在保护现场之前要关中断，在恢复现场之后开中断。如果在中断处理时允许有更高级的中断打断它，则在保护现场之后再开中断，恢复现场之前关中断。

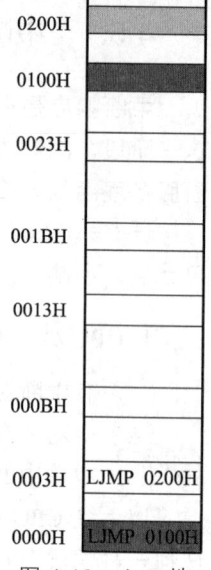

图 4-19 入口地址的处理

4.5.3 中断返回

中断返回是指中断服务完成后，计算机返回到断点（即原来断开的位置），继续执行原来的程序。中断返回由专门的中断返回指令"RETI"实现，该指令的功能是把断点地址取出，送回到程序计数器 PC 中去。另外，它还通知中断系统已完成中断处理，将清除优先级状态触发器。特别要注意不能用"RET"指令代替"RETI"指令。

综上所述，一个完整的主程序的轮廓如下：

（1）汇编语言：

```
ORG 0000H
AJMP START
ORG 0003H
AJMP INTO        ；跳到外中断 0 的服务子程序处执行
ORG 000BH
    ……
ORG 0030H
```

```
START：…
INTO：…
RETI
```
（2）C 语言：
```
main()
{
主程序内容
}
/*****中断程序入口,"using 工作组" 可以忽略*****/
void 函数名()interrupt 中断序号 using 工作组
{
中断服务内容
}
```
在汇编语言中如此设计的目的就是让出中断源的入口地址，在 C 语言中就不需要自己编写，而是由 C51 编译器自己完成。所以，C 语言程序相对汇编语言程序来说简单易懂。

4.5.4 中断请求的撤除

在 CPU 响应某中断请求后，中断返回（RETI）之前，该中断请求应该及时撤销，否则会重复引起中断而发生错误。8051 单片机的各中断请求撤销的方法各不相同，分别如下：

1. 硬件清零

定时器 T0 和定时器 T1 的溢出中断标志 TF0、TF1 及采用下降沿触发方式的外部中断 0 和外部中断 1 的中断请求标志 IE0、IE1 可以由硬件自动清零。

2. 软件清零

串行口发出的中断请求，在 CPU 响应后，硬件不能自动清除 TI 和 RI 标志位，因此 CPU 响应中断后，必须在中断服务程序中，用软件来清除相应的中断标志位，以撤销中断请求。

3. 强制清零

当外部中断采用低电平触发方式时，仅仅依靠硬件清除中断标志 IE0、IE1 并不能彻底清除中断请求标志。因为尽管在单片机内部已将中断标志位清除，但外围引脚 $\overline{INT0}$、$\overline{INT1}$ 上的低电平不清除，在下一个机器周期采样中断请求信号时，又会重新将 IE0、IE1 置 1，引起误中断。这种情况必须进行强制清零。

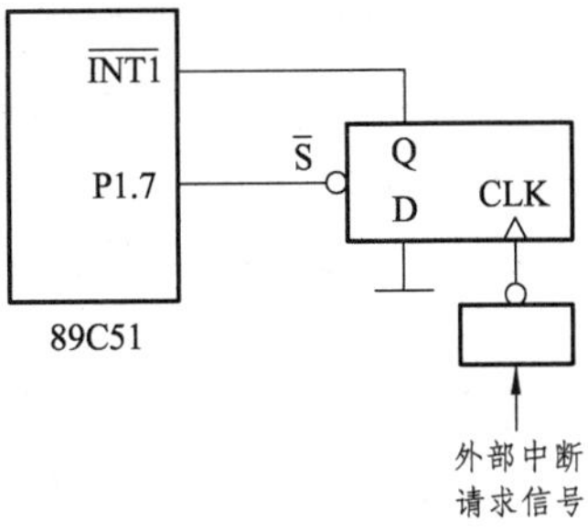

图 4-20 所示为一种清除中断请求的电路方案。将外部中断请求信号加在 D 触发器的时钟输入端。当有中断请求信号产生低电平时，在 D 触发器的时钟输入端会产生一

图 4-20 低电平触发的外部
中断请求清除电路

个上升沿，将 D 端的状态输出到 Q 端，形成一个有效的中断请求信号送入 $\overline{INT1}$ 引脚。当 CPU 响应中断后，利用"CLR　P1.7"指令在 P1.7 引脚输出低电平至 D 触发器的置位端，将 Q 端直接置 1，从而清除外部中断请求信号。

4.5.5　中断响应时间

CPU 不是在任何情况下对中断请求都予以响应的。此外，不同的情况对中断响应的时间也是不同的。下面以外部中断为例，说明中断响应的时间。

在每个机器周期的 S5P2 期间，$\overline{INT0}$ 和 $\overline{INT1}$ 端的电平被锁存到 TCON 的 IE0 和 IE1 位。CPU 在下一个机器周期才会查询这些值。如果满足中断响应条件，下一条要执行的指令将是一条硬件长调用指令"LCALL"，使程序转入中断矢量入口。调用本身要用 2 个机器周期。这样，从外部中断请求有效到开始执行中断服务程序的第一条指令，至少需要 3 个机器周期，这是最短的响应时间。

如果遇到中断受阻的情况，中断响应时间会更长一些。例如，当一个同级或更高级的中断服务正在进行，则附加的等待时间取决于正在进行的中断服务程序；如果正在执行的一条指令还没有进行到最后一个机器周期，附加的等待时间为 1~3 个机器周期（因为一条指令的最长执行时间为 4 个机器周期）；如果正在执行的是"RETI"指令或者访问 IE、IP 的指令，则附加的等待时间在 5 个机器周期之内（为完成正在执行的指令，还需要 1 个周期，加上为完成下一条指令所需的最长时间——4 个周期，则最长为 5 个周期）。

若系统中只有一个中断源，则响应时间为 3~8 个机器周期。如果有两个以上中断源同时申请中断，则响应时间将更长。一般情况可不考虑响应时间，但在精确定时的场合需要考虑此问题。

任务 4-6　中断技术应用

中断技术应用

在使用中断系统时，需要编写的程序有中断初始化程序和中断服务程序。中断初始化程序用于实现对中断的控制，常放在主程序和主程序一起运行。中断服务程序用于完成中断源所要求的各种具体操作，放在中断入口地址所对应的存储区中或放到 ROM 的其他地方，以避开其他中断入口地址，仅在发生中断时才会执行。

下面通过具体实例说明中断控制和中断服务程序的设计。

【例 4.5】　定时器中断应用：利用定时器 T0 定时，在 P1.0 端输出一方波，方波周期为 20 ms。已知晶振频率为 12 MHz。

解：在前面的任务中已用查询方法做过类似题目，现在采用中断的方法实现这一要求。
C51 源程序如下：
#include "reg51.h"
sbit P10=P1^0;
void　timer0(void)interrupt　1

```
{
    TH0=65536-10000/256;
    TL0=65536-10000%256;
P10=! P10;
}
void   main(void)
{
    TMOD=0x01;
    TH0=65536-10000/256;
    TL0=65536-10000%256;
    EA=1;        //开中断
    ET0=1;
    TR0=1;
    do { } while(1);
}
```

【例 4.6】 外部中断的应用。如图 4-21 所示，编程实现如下控制：程序运行后，P1 口 8 只发光二极管刚开始都是灭的。每按一次 K1 键，P1 口的 8 只二极管闪烁 3 次，又恢复到熄灭状态。

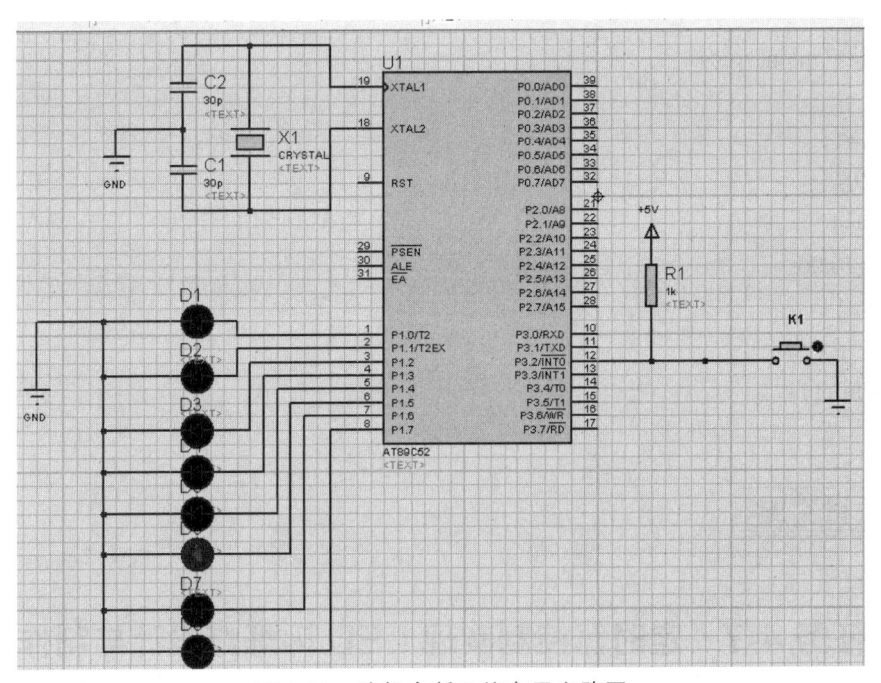

图 4-21 外部中断 0 的应用电路图

解：分析电路可知，K1 连接在 $\overline{INT0}$，K1 没按下时，$\overline{INT0}$ 是高电平，K1 按下后，$\overline{INT0}$ 会产生一个负跳变，符合外部中断的其中一种触发方式。因此在编程时，可以用外部中断 0，在中断服务程序中实现 P1 口二极管的闪烁。

C51 源程序如下：
```c
#include "reg51.h"
void delay02s(void)
{
  unsigned char i,j,k;

  for(i=20;i>0;i--)
    for(j=20;j>0;j--)
     for(k=248;k>0;k--);
}
void   INTX0(void)interrupt   0
{unsigned char i;
for(i=3;i>0;i--)
{P1=0xff;
delay02s();
P1=0x00;
delay02s();
}
 }
void   main(void)
{
EA=1;
EX0=1;
IT0=1;
P1=0x00;
 do {
}
 while(1);
}
```

项目实施

任务 4-7　定时器控制实现 LED 闪烁灯设计与制作

4.7.1　元器件准备

按表 4-3 所示的元器件清单采购并准备好元器件。

定时器控制实现 LED
闪烁灯设计与制作

表 4-3 元器件清单

序号	标号	标称	数量	属性
1	$C_1 \sim C_2$	30 pF	2	瓷片电容
2	C_3	10 μF	1	电解电容
3	LED1	RED	1	直插 3 mm
4	R_1	301 Ω	1	直插 1/4W
5	R_2	10 kΩ	1	直插 1/4W
6	S1	RST	1	直插
7	U1	AT89S51/STC89C51	1	DIP40
8	X1	12 MHz	1	直插
9	JP1	IDC10	1	直插 10 芯排针
10	P1	SIP2	1	5 V 直插电源座

4.7.2 电路搭建

按图 4-22 所示电路原理图进行电路设计和电路搭建。

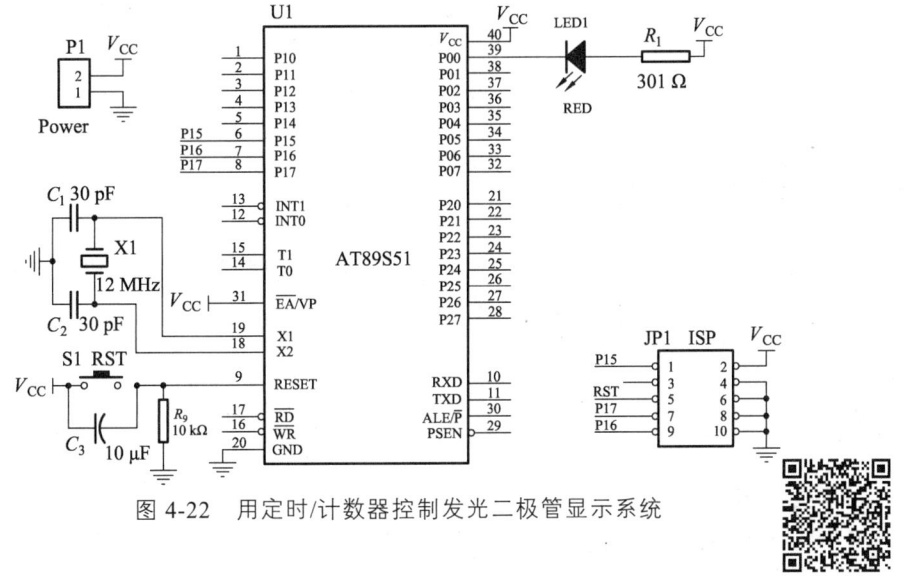

图 4-22 用定时/计数器控制发光二极管显示系统

定时器流水灯
Keil 仿真

4.7.3 C51 语言程序设计

启动 μVison4 新建一个 51 单片机的工程，输入参考代码，调试后编译下载。通过查询方式编写 C51 程序如下，并且思考如何用中断方式编写程序。

```
#include <reg51.h>
sbit LED=P0^0;              //定义 LED 连接口
unsigned char time=0;       //定义全局变量 time 累计计数器溢出次数
```

```c
void main(void)                    //主函数
{
    TMOD=0x01;                     //设置定时器0工作方式1
    TH0=15563/256;                 //设置计数初值高位为60 共定时50 000 μs
    TL0=15536%256;                 //设置计数初值低位为176
    TR0=1;                         //打开定时器0
    while(1)                       //主程序无限循环
    {
        if(TF0==1)                 //检测定时器0是否溢出
        {
            TF0=0;                 //溢出后清除溢出标志位
            TH0=15563/256;         //再次设置计数初值高位为60
            TL0=15536%256;         //再次设置计数初值低位为176
            if((time++)==20)       //判断溢出次数是否达到20次
            {
                LED=!LED;          //达到20次，LED电平翻转，交替亮灭
                time=0;            //累计值清零
            }
        }
    }
}
```

4.7.4 功能实现

搭建单片机最小系统，编写C51程序，并利用定时器使发光二极管每一秒钟闪烁一次。

思考与练习

1. 选择题

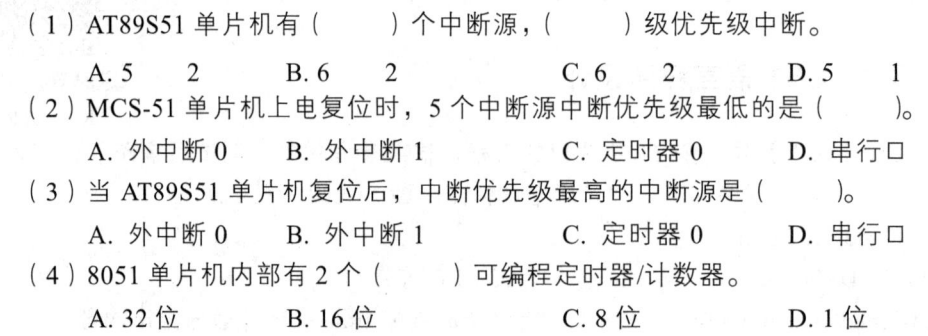

（1）AT89S51单片机有（　　）个中断源，（　　）级优先级中断。
　　　A. 5　2　　　B. 6　2　　　C. 6　2　　　D. 5　1

（2）MCS-51单片机上电复位时，5个中断源中断优先级最低的是（　　）。
　　　A. 外中断0　　B. 外中断1　　C. 定时器0　　D. 串行口

（3）当AT89S51单片机复位后，中断优先级最高的中断源是（　　）。
　　　A. 外中断0　　B. 外中断1　　C. 定时器0　　D. 串行口

（4）8051单片机内部有2个（　　）可编程定时器/计数器。
　　　A. 32位　　　B. 16位　　　C. 8位　　　D. 1位

（5）AT89S51 单片机的一个机器周期为 2 μs 时，此时它的晶振频率为（　　）MHz。

　　A. 2　　　　　　B. 6　　　　　　C. 12　　　　　　D. 1

（6）如果定时器的启动和停止仅由一个信号 TRx（x = 0，1）来控制，此时寄存器 TMOD 中的 GATEx 位必须为（　　）。

　　A. 0　　　　　　B. 1　　　　　　C. 11　　　　　　D. 10

（7）如果定时器的启动和停止要由两个信号 TRx（x = 0，1）和 $\overline{\text{INTx}}$（x = 0，1）来共同控制，此时寄存器 TMOD 中的 GATEx（x = 0，1）位必须为（　　）。

　　A. 0　　　　　　B. 1　　　　　　C. 11　　　　　　D. 10

（8）当 AT89S51 单片机与慢速外设进行数据传输时，最佳的数传方式是采用（　　）。

　　A. 查询方式　　　B. 串行方式　　　C. 中断方式　　　D. 并行方式

（9）T0 计数溢出标志位是（　　）。

　　A. TCON 中的 TF0　　　　　　　B. TCON 中的 TF1
　　C. TCON 中的 TR0　　　　　　　D. TCON 中的 TR1

（10）语句 TRI = 1; 的作用是（　　）。

　　A. 启动 T1 计数　　　　　　　　B. 启动 T0 计数
　　C. 停止 T1 计数　　　　　　　　D. 停止 T0 计数

（11）关于中断优先级，下面说法不正确的是（　　）。

　　A. 低优先级可被高优先级中断
　　B. 高优先级不能被低优先级中断
　　C. 任何一种中断一旦得到响应，不会再被它的同级中断源所中断
　　D. 自然优先级中 INT0 优先级最高，任何时候它都可以中断其他 4 个中断源
　　　 正在执行的服务

（12）关于中断服务函数，以下说法不正确的是（　　）。

　　A. 不能进行参数传递　　　　　　B. 不可以指定工作寄存器组
　　C. 无返回值　　　　　　　　　　D. 不可以直接调用

2. 问答题

（1）89S51 单片机内部有几个定时器/计数器？与定时器相关的特殊功能寄存器有哪些？

（2）89S51 单片机的定时器/计数器有哪几种工作方式？各有什么特点？

（3）定时器/计数器用作定时方式时，其定时时间与哪些因素有关？作计数时，对外界计数频率有何限制？

（4）简述中断和中断嵌套的概念。

（5）89S51 有哪几个中断源？各中断标志是如何产生的，又是如何清零的？

（6）什么是中断优先级？中断优先级处理的原则是什么？

（7）CPU 响应中断时，中断入口地址各是多少？

（8）中断响应时间是否确定不变，为什么？

（9）中断响应过程中，为什么通常要保护现场？如何保护？

（10）如果系统的晶振频率为 24 MHz，定时器/计数器工作在方式 0、1、2 下，其

最大定时时间各为多少？

（11）在 89S51 单片机中，已知时钟频率为 12 MHz，请编程使 P1.0 和 P1.1 分别输出周期为 2 ms 和 500 μs 的方波。

（12）已知 89S51 单片机的 $f_{osc} = 6$ MHz，利用定时器/计数器 T0 编程实现 P1.0 端口输出矩形波。要求：矩形波高电平宽度为 50 μs，低电平宽度为 300 μs。

（13）AT89S51 单片机 P1 口外接 8 只共阴极发光二极管，在 P3.2 设置一按钮，要求实现如下控制要求：程序执行后，二极管全是灭的。每按一次按钮，二极管闪烁 5 次，之后又处于熄灭状态。

项目 5　模拟量输入/输出的设计与实现

项目简介

在单片机应用系统中，常会涉及许多如温度、压力、位移和速度等模拟量，为了进行数据采集，需要将模拟量转换成数字量后，再由单片机进行数据处理。本项目主要为 D/A 和 A/D 转换的技术及应用。模拟量转换成数字量的过程为模/数转换（A/D 转换），实现 A/D 转换的器件为模/数转换器（A/D 转换器）；单片机对一些外部设备进行连续可调控制时（如电机调速），应该将单片机直接输出的数字量转换成模拟量驱动外部设备，数字量转换成模拟量的过程称为数/模转换（D/A 转换），实现 D/A 转换的器件为数/模转换器（D/A 转换器）。

通过本项目的学习，学生应完成单片机与 ADC0809、ADC0832 等模/数转换芯片电路及 C 语言程序设计，并完成单片机与 DAC0832、DAC1208、MAX538 等数/模转换芯片的电路及 C 语言程序设计，同时掌握单片机与 ADC0809、DAC0832 的接口电路及编程技能。

任务 5-1　D/A 转换器原理及指标分析

D/A 转换器芯片类型很多，按位数区分有 8 位、10 位、12 位、16 位和 24 位 D/A 转换器；按输入形式有并行 D/A 和串行 D/A；按输出形式有电流输出型（DAC0832、AD7502 等）和电压输出型（AD558、AD3860 等），电流输出型建立时间快，通常为几十到几百纳秒，而电压输出型则需几百纳秒到几微秒。

5.1.1　D/A 转换器的原理

D/A 转换器原理分析

D/A 转换器有并行和串行两种，在工业控制中，主要使用并行 D/A 转换器。D/A 转换器的原理可以归纳为"按权展开，然后相加"。也就是说，D/A 转换器能把输入数字量中的每位都按其权值分别转换成模拟量，并通过运算放大器求和相加。因此，D/A 转换器内部必须要有一个解码网络，以实现按权值分别进行 D/A 转换。

解码网络通常有两种：二进制加权电阻网络和 T 型电阻网络。在二进制加权电阻网络中，每位二进制的 D/A 转换是通过相应位加权电阻实现的。在 D/A 转换器的位数较大时，加权电阻阻值差别极大，若某 D/A 转换器有 12 位，则最高位加权电阻为 10 kΩ 时的最低位加权电阻应是 $10\ \text{k}\Omega \times 2^{11} = 20\ \text{M}\Omega$。如此大的电阻值在实际中是很难制造出来的，即便制造出来，其精度也是很难符合要求的。因此，现代的 D/A 转换器几乎均采用了 T 型电阻网络进行解码。

为了说明 T 型电阻网络的工作原理，现以 4 位 D/A 转换器为例加以讨论，如图 5-1 所示。

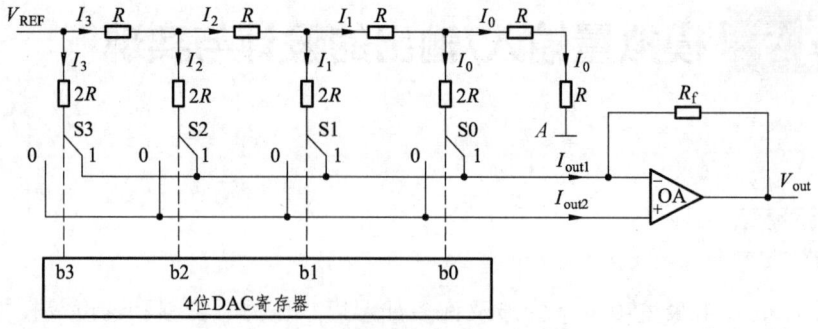

图 5-1 T 型电阻网络型 D/A 转换器

在图 5-1 中，V_{REF} 为参考电压，由稳压电源提供；S3~S0 为电子开关，分别受 4 位 DAC 寄存器中的 b3、b2、b1、b0 控制。A 点虚地，接近 0 V。设 b3、b2、b1、b0 全为"1"，故 S3、S2、S1、S0 全部和"1"端相连。根据电流定律，有

$$I_3 = \frac{V_{REF}}{2R} = 2^3 \cdot \frac{V_{REF}}{2^4 R}$$

$$I_2 = \frac{I_3}{2} = 2^2 \cdot \frac{V_{REF}}{2^4 R}$$

$$I_1 = \frac{I_2}{2} = 2^1 \cdot \frac{V_{REF}}{2^4 R}$$

$$I_0 = \frac{I_1}{2} = 2^0 \cdot \frac{V_{REF}}{2^4 R}$$

由于 S3~S0 的状态是受 b3、b2、b1、b0 控制的，并不一定全是"1"。若它们中有些位为"0"，S3~S0 中相应开关会因和"0"端相连而无电流流过。因此，可以得到通式：

$$I_{out1} = b_3 \cdot I_3 + b_2 \cdot I_2 + b_1 \cdot I_1 + b_0 \cdot I_0$$
$$= (b_3 \cdot 2^3 + b_2 \cdot 2^2 + b_1 \cdot 2^1 + b_0 \cdot 2^0) \cdot \frac{V_{REF}}{2^4 R}$$

选取 $R_f = R$，并考虑 A 点为虚地，故

$$I_{R_f} = -I_{out1}$$

因此，可以得到

$$V_{out} = I_{R_f} \cdot R_f = -(b_3 \cdot 2^3 + b_2 \cdot 2^2 + b_1 \cdot 2^1 + b_0 \cdot 2^0) \cdot \frac{V_{REF}}{2^4 R} \cdot R_f = -B \cdot \frac{V_{REF}}{2^4}$$

对于 n 位 T 型电阻网络，上式可写成

$$V_{out} = -(b_{n-1} \cdot 2^{n-1} + b_{n-2} \cdot 2^{n-2} + \cdots + b_1 \cdot 2^1 + b_0 \cdot 2^0) \cdot \frac{V_{REF}}{2^n R} \cdot R_f$$
$$= -B \cdot \frac{V_{REF}}{2^n} \tag{5-1}$$

上述讨论表明：D/A 转换过程主要是由解码网络实现，而且是并行工作的。也就是说，D/A 转换器是并行输入数字量的，每位代码也是同时被转换成模拟量的。这种转换方式的速度快，一般为微秒级。

5.1.2 D/A 转换器的性能指标分析

D/A 转换器（Digital Analog Converter，DAC）性能指标是选用 DAC 芯片型号的依据，也是衡量芯片质量的重要参数。

1. 分辨率

分辨率是指输入数字量的最低有效位（LSB）发生变化时，所对应的输出模拟量（电压或电流）的变化量，它反映了 D/A 转换的灵敏度。此外，D/A 转换器也可以用能分辨最小输出电压与最大输出电压之比给出，如果 D/A 转换器输入的数字量位数为 n，则它的分辨率可表示为 $1/2^n$，输入数字量位数越多，输出模拟量的最小变化量就越小。

例如，某 10 位 D/A 转换器，其分辨率的计算结果为

$$分辨率 = 1/2^{10} = 1/1\,024 \approx 0.001$$

可以看出，分辨率是指 D/A 转换器能分辨的最小输出模拟增量，它是对输入变化敏感程度的描述，取决于输入数字量的二进制位数。实际应用时，应根据分辨率的要求来选定 D/A 转换器的位数。

2. 转换精度

转换精度是指转换后所得的实际值和理论值的接近程度。它和分辨率是两个不同的概念。例如，满量程时的理论输出值为 10 V，实际输出值为 9.99～10.01 V，其转换精度为 ±10 mV。对于分辨率很高的 D/A 转换器，并不一定具有很高的精度。

3. 偏移量误差

偏移量误差是指输入数字量时，输出模拟量对于零的偏移值。此误差可通过 DAC 的外接 V_{REF} 和电位计加以调整。

4. 建立时间

建立时间是描述 D/A 转换速度快慢的一个参数，指从输入数字量变化到输出模拟量稳定到相应数值范围内（1/2）LSB（最低有效位）时所需的时间。通常以建立时间来表明转换速度。

任务 5-2　单片机与 D/A 转换器的接口应用

5.2.1　单片机与并行 8 位 D/A 转换器的接口应用

1. 典型的 D/A 转换器芯片 DAC0832 内部结构

DAC0832 是一个 8 位 D/A 转换器，相关芯片还有 DAC0830 和 DAC0831，它们可以相互替换。

单片机与 D/A 转换器的接口应用

DAC0832 内部由三部分电路组成，如图 5-2 所示。8 位输入寄存器用于存放 CPU 送来的数字量，使输入数字量得到缓冲和锁存，由 $\overline{LE1}$ 加以控制；8 位 DAC 寄存器用于存放待转换的数字量，由 $\overline{LE2}$ 加以控制；8 位 D/A 转换电路由 8 位 T 型电阻网络和电子开关组成，电子开关受 8 位 DAC 寄存器输出控制，T 型电阻网络能输出与数字量成正比的模拟电流。

当 I_{LE} 为 "1"，$\overline{CS}$ 为 "0"，$\overline{WR1}$ 为 "0" 同时满足时，则与门 M_1 输出高电平，8 位输入寄存器接收信号；若上述条件有一个不满足，则 M_1 输出由高变低，8 位输入寄存器锁存数据。当 $\overline{XFER}$ 和 $\overline{WR2}$ 同时为低电平时，则 M_3 输出高电平，8 位 DAC 寄存器输出跟随输入；否则，M_3 输出低电平时 8 位 DAC 寄存器锁存数据。DAC0832 通常需要外接运算放大器才能得到模拟输出电压。

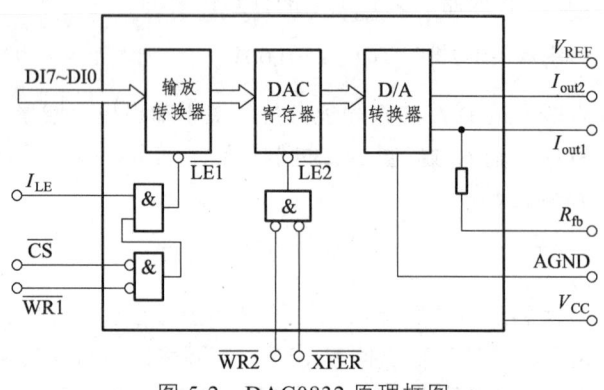

图 5-2 DAC0832 原理框图

2. DAC0832 引脚功能

DAC0832 芯片为 20 引脚，双列直插式封装。其引脚排列如图 5-3 所示。

（1）数字量输入线 D7 ~ D0（8 条）：D7 ~ D0 常与 CPU 数据总线相连，用于输入 CPU 送来的待转换数字量。

（2）控制线（5 条）：$\overline{CS}$ 为片选线，当 $\overline{CS}$ 为低电平时，本芯片被选中工作；当 $\overline{CS}$ 为高电平时，本芯片不被选中不工作。I_{LE} 为数据锁存允许信号（输入），高电平有效。当 I_{LE} 为高电平时，8 位输入寄存器允许数字量输入。$\overline{XFER}$ 为数据传送控制信号（输入），低电平有效。$\overline{WR1}$ 和 $\overline{WR2}$ 为两条写信号输入线，低电平有效。

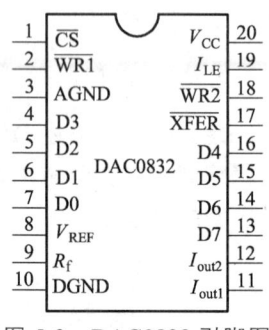

图 5-3 DAC0832 引脚图

（3）输出线（3 条）：R_f 为反馈电阻端，常常接到运算放大器输出端。I_{out1} 和 I_{out2} 为两条模拟电流输出线，$I_{out1} + I_{out2}$ = 常数。通常，I_{out1} 和 I_{out2} 接运算放大器的输入端。

（4）电源线（4 条）：V_{CC} 为电源输入线，为 + 5 ~ + 15 V；V_{REF} 为参考电压，一般为 − 10 ~ + 10 V；DGND 为数字量地线；AGND 为模拟量地线。通常，两条地线可接在一起。

3. DAC0832 技术指标分析

DAC0832 的主要技术指标如下：

（1）分辨率：8 位。
（2）电流建立时间：1 μs。
（3）线性度（在整个温度范围内）：8 位、9 位或 10 位。
（4）增益温度系数：0.0002% FS/℃。
（5）低功耗：20 mW。
（6）单一电源：+5～+15 V。

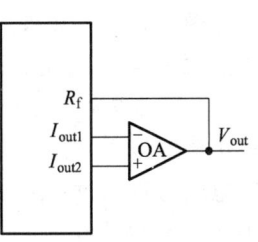

图 5-4 运算放大器接法

由于 DAC0832 是电流输出型 D/A 转换芯片，为了取得电压输出，需在电流输出端接运算放大器，R_f 为运算放大器的反馈电阻端。运算放大器的接法如图 5-4 所示。

4. DAC0832 的单极性输出与双极性输出

由于工作要求不同，输出方式可以分为单极性输出和双极性输出两种形式。

（1）单极性输出

在需要单极性输出的情况下，可以采用图 5-5 所示的接法接线。

图 5-5 单极性 DAC 接法

因为 DAC0832 是 8 位的 D/A 转换器，所以由式（5-1）可得输出电压 V_{out} 的单极性输出表达式为

$$V_{out} = -B \cdot \frac{V_{REF}}{2^8} \tag{5-2}$$

式中：$B = b_7 \cdot 2^7 + b_6 \cdot 2^6 + b_1 \cdot 2^1 + b_0 \cdot 2^0$；$\frac{V_{REF}}{2^8}$ 为常数。

显然，V_{out} 和 B 成正比关系，输入数字量 B 为 00H 时，V_{out} 也为 0，输入数字量 B 为 FFH 时，V_{out} 为负的最大值，输出电压为负的单极性。

（2）双极性输出

在需要双极性输出的情况下，可以采用如图 5-6 所示的方法接线。

$$I_1 + I_2 + I_3 = 0$$
$$V_{out} = -B \cdot \frac{V_{REF}}{2^8}$$
$$I_1 = \frac{V_{REF}}{2R}$$
$$I_2 = \frac{V_{out}}{2R}$$
$$I_3 = \frac{V_{out}}{R}$$

图 5-6 双极性 DAC 接法

解上述方程可得出双极性输出表达式：

$$V_{out} = (B - 128) \cdot \frac{V_{REF}}{2^7} \tag{5-3}$$

图 5-6 中运算放大器 OA2 的作用是将运算放大器 OA1 的单向输出转变为双向输出。式（5-3）的比例关系可以用图 5-7 来表示。

从图 5-7 中可以看出，当输入数字量小于 80H 时，输出模拟电压为负；当输入数字量大于 80H 时，输出模拟电压为正。改变图 5-6 中电阻的比例关系，可改变模拟电压的输出范围，即改变图 5-7 中 V_{out} 的斜率。

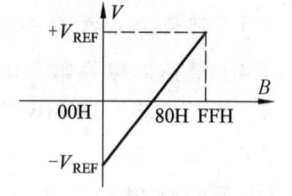

图 5-7 双极性输出线性关系图

5. 51 单片机和 DAC0832 的接口

51 单片机和 DAC0832 的连接方式有 3 种：直通方式、单缓冲方式和双缓冲方式。

1）直通方式

DAC0832 的内部有两个起数据缓冲器作用的寄存器，分别受 LE1 和 LE2 控制。如果使 LE1 和 LE2 都为高电平，则 D7~D0 上的信号可直通地到达 8 位 DAC 寄存器，进行 D/A 转换。因此 I_{LE} 接 +5 V，$\overline{CS}$、$\overline{XFRR}$、$\overline{WR1}$ 和 $\overline{WR2}$ 接地，DAC0832 就可在直通方式下工作。直通方式下工作的 DAC0832 常用于不带微机的控制系统。

2）单缓冲方式

所谓单缓冲方式，就是使 DAC0832 的两个输入寄存器中有一个处于直通方式，而另一个处于受控的锁存方式。在实际应用中，如果只有一路模拟量输出，或虽有几路模拟量但并不要求同步输出的情况下，可采用单缓冲方式。单缓冲方式接线如图 5-8 所示。

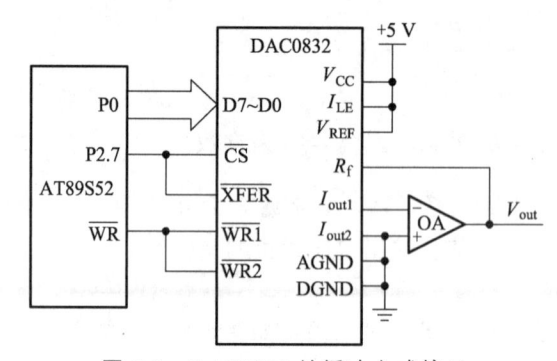

图 5-8 DAC0832 单缓冲方式接口

图中，$\overline{CS}$ 和 $\overline{XFRR}$ 连在一起接 8051 的 P2.7，$\overline{WR1}$ 和 $\overline{WR2}$ 连在一起接 8051 的 $\overline{WR}$，在这种接线方式下，只要选通 DAC0832 进行写操作，DAC0832 的 DAC 寄存器就处于直通方式，只有输入寄存器处于受控锁存方式，因此，可以认为是单缓冲方式。由于 P2.7 = 0 且 $\overline{WR}$ = 0 即可选通 DAC0832，设端口地址为 7FFFH（由片选 P2.7 决定），对片外 7FFFH 地址写数据，即可满足上述两个条件，在芯片输出端得到模拟电流输出。另外，由于输出的接线方式为单极性输出方式，且 V_{REF} 和 V_{CC} 相接，故根据式（5-2）可以得出：当输入数字量为 00H 时，对应输出的模拟量是 0 V；当输入数字量是 FFH 时，对应输出的模拟量是 -5 V。

此外，其他单缓冲方式接口电路：通过使 $\overline{WR2}$ 和 $\overline{XFRR}$ 固定接地，$\overline{CS}$ 和 $\overline{WR1}$ 分别连接 8051 的 P2.7 和 $\overline{WR}$，那么 DAC0832 的 DAC 寄存器处于直通方式，DAC 转换器处于受控状态。

【例 5.1】 DAC0832 波形发生器。试根据图 5-8 所示的接线，分别写出产生锯齿波、三角波和方波的程序，产生的波形如图 5-9 所示。

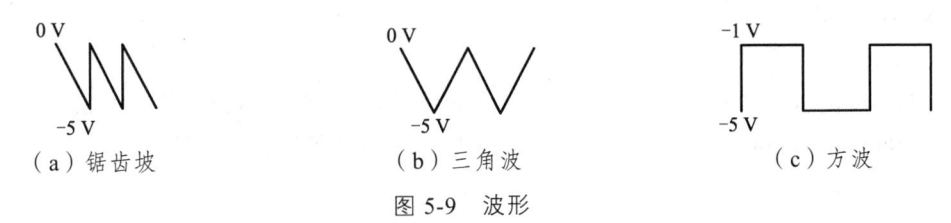

（a）锯齿波　　　　（b）三角波　　　　（c）方波

图 5-9　波形

解：由图 5-8 可以看出，DAC0832 采用的是单缓冲单极性的接线方式，由于 DAC0832 所接 P2.7 引脚低电平有效，所以 P2 口最大地址为 01111111（7FH），P0 口最大为 1111111（FFH）。所以它的选通地址为 7FFFH，程序中可以使用 XBYTE 关键字来定义 DAC0832 绝对地址 XBYTE[0x7fff]。

（1）锯齿波程序。

```
#include <reg51.h>       //包含通用 51 单片机头文件
#include <absacc.h>      //包含访问绝对地址头文件
void Delay(()
{
    unsigned char i;
        for(i=0;i<50;i++)
          {}
}
void main(void)
{
    unsigned char i=0;   ()   //定义局部变量 i 保存输出数据
    while(1)         ()       //主程序无限循环
    {
       XBYTE[0x7fff]=i++;     //DAC0832 对应地址输出数据
   () Delay(());()()          //调用延时函数，控制输出频率
    }
}
```

运行上述程序，在运算放大器的输出端就能得到如图 5-9（a）所示的锯齿波。由于运算放大器的反相作用，图中的锯齿波是负向的。对锯齿波的产生有如下几点说明：

①程序每循环一次，待转换数据 i 加 1，因此，实际上锯齿波的下降边是由 256 个小阶梯构成，每个小阶梯暂留时间为执行一遍程序所需的时间。但由于阶梯很小，所以宏观上看就是从 0 V 线性下降到负的最大值。

②可通过循环程序段的机器周期数计算出锯齿波的周期，并可根据需要，通过延时的方法来改变波形周期。延时时间不同，波形周期不同，锯齿波的斜率就不同。

③通过转换数据 i++ 加 1，可得到负向的锯齿波；如要得到正向的锯齿波，改为 i-- 减 1 即可实现。

④程序中 i 的变化范围是 0~255，因此，得到的锯齿波是满幅度的。如果要得到非满幅锯齿波，可通过计算求得数字量的初值和终值，然后在程序中通过置初值判断终值的办法即可实现。

（2）三角波程序。

```c
#include <reg51.h>              //包含通用51单片机头文件
#include <absacc.h>             //包含访问绝对地址头文件
void Delay()
{
    unsigned char i;
        for(i=0;i<25;i++)
        {}
}
void main(void)
{
        unsigned char i=0;      //定义局部变量i保存输出数据
        while(1)                //主程序无限循环
        {
          for(i=0;i<255;i++)
          { XBYTE[0x7fff]=i;    //DAC0832对应地址输出数据
            Delay();            //调用延时函数，控制输出频率
          }
          for(i=255;i>0;i--)
          { XBYTE[0x7fff]=i;    //DAC0832对应地址输出数据
            Delay();            //调用延时函数，控制输出频率
          }
        }
}
```

执行上述程序产生的三角波如图 5-9（b）所示。程序中应注意在下降段转为上升段时赋初值。三角波频率同样可以通过延时程序来改变。

（3）方波程序。

```c
#include <reg51.h>              //包含通用51单片机头文件
#include <absacc.h>             //包含访问绝对地址头文件
void Delay()
{
    unsigned char i;
        for(i=0;i<50;i++)
        {}
}
void main(void)
```

```
    {
        while(1)                    //主程序无限循环
        {
            XBYTE[0x7fff]=0x33;     //置上限电平,DAC0832对应地址输出数据
            Delay();                //调用延时函数,改变输出频率
            XBYTE[0x7fff]=0xff;     //置下限电平,DAC0832对应地址输出数据
            Delay();                //调用延时函数,改变输出频率
        }
    }
```

程序执行后,产生的波形如图 5-9(c)所示。根据式(5-2)可知,#33H 是 -1 V 对应的数字量。方波频率也可通过调整延时时间来改变。

3)双缓冲方式

所谓双缓冲方式,就是把 DAC0832 的两个锁存器都接成受控锁存方式。双缓冲方式多用于多路 D/A 转换系统,以实现多路模拟信号同步输出的目的。如图 5-10 所示为一种双缓冲方式 DAC0832 连接电路。

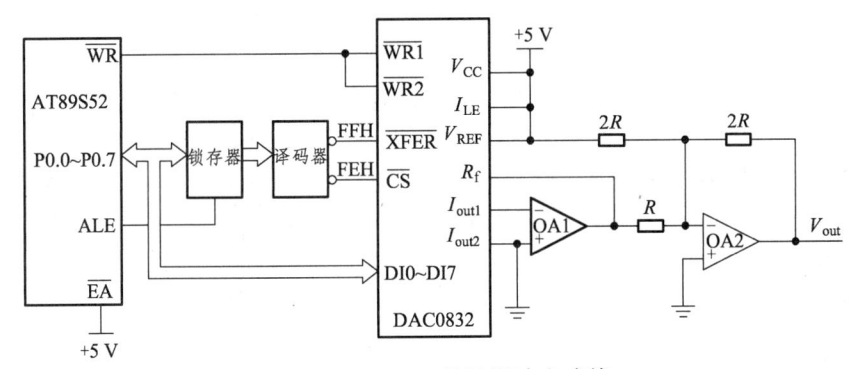

图 5-10 DAC0832 的双缓冲方式接口

图中,为了实现 8 位输入寄存器和 8 位 DAC 寄存器的分别锁存控制,使数据总线上的待转换的数据先送入 8 位输入寄存器,然后根据指令送入 8 位 DAC 寄存器,再进行 D/A 转换,可以将 $\overline{CS}$ 和 $\overline{XFER}$ 分别接译码器两个不同的地址通道,从而实现双缓冲接口方式。由于两个锁存器分别占据两个地址,因此,在程序中需要使用两条传送指令,才能完成一个数字量的模拟转换。另外,由于输出的接线方式为双极性输出方式,且 V_{REF} 和 V_{CC} 相接,故根据式(5-3)可得出:当输入数字量是 00H 时,对应输出的模拟量是 -5 V;当输入数字量是 FFH 时,对应输出的模拟量接近 $+5$ V。

5.2.2 单片机与并行 12 位 D/A 转换器的接口应用

8 位 D/A 转换器的分辨率比较低,为了提高 D/A 转换器的分辨率,在要求分辨率较高的场合,采用的 D/A 转换器常常大于 8 位,可采用 10 位、12 位或更多位数的 D/A 转换器。现以 12 位 DAC1208 为例进行说明。

为保证 D/A 转换器的高位数据与低位数据同时送入，通常采用双缓冲的工作方式，将高位与低位的数据分别送入各自的输入寄存器，然后再将它们同时送入 DAC 寄存器中，使输出发生变化。DAC1208 为采用这种结构的 12 位双缓冲锁存器的 D/A 转换器，其精度为 12 位，建立时间为 1 μs，电流输出型器件。

DAC1208 的内部结构如图 5-11 所示，引脚结构如图 5-12 所示。

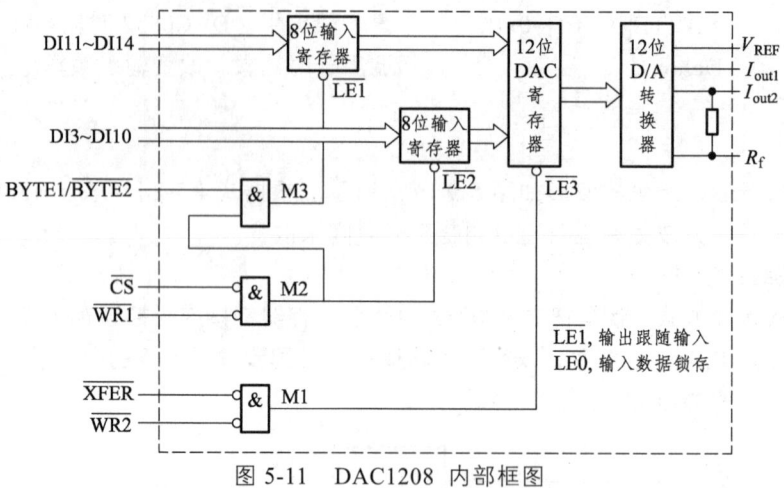

图 5-11 DAC1208 内部框图

由图 5-11 可见，DAC1208 内部有 3 个寄存器：一个 4 位输入寄存器，用于存放 12 位数字量中的低 4 位；一个 8 位输入寄存器，用于存放 12 位数字量中的高 8 位；一个 12 位 DAC 寄存器，存放上述两个输入寄存器送来的 12 位数字量。12 位 D/A 转换器由 12 个电子开关和 12 位 T 型电阻网络组成，用于完成 12 位数字量 D/A 转换。

DAC1208 也是电流型 D/A 转换器，控制基本上与 DAC0832 相同，$\overline{WR2}$ 和 $\overline{XFER}$ 用于控制 12 位 DAC 寄存器，$\overline{CS}$ 和 $\overline{WR2}$ 控制输入寄存器。但为了区分 4 位还是 8 位输入寄存器，DAC1208 增加了一条 BYTE1/$\overline{BYTE2}$ 控制线。当 BYTE1/$\overline{BYTE2}$ 为"0"时，与门 M3 封锁和与门 M2 输出高电平，选中 4 位输入寄存器；当 BYTE1/$\overline{BYTE2}$ 为"1"时，与门 M3 和与门 M2 输出高电平，选中 8 位和 4 位输入寄存器。因此，MCS-51 单片机给 DAC1208 送 12 位输入数字量时，必须先送高 8 位，再送低 4 位。否则，结果就会产生错误。DAC1208 通常只能工作在单缓冲方式下，由于两次送入数字量间产生电压突变而形成"毛刺"。其输出方式与 DAC0832 相同，可以工作在单极性或双极性输出方式下。根据式（5-1）可以得出 12 位 D/A 转换器的计算表达式。

图 5-12 DAC1208 引脚图

单极性输出表达式：$V_{out} = -B \cdot \dfrac{V_{REF}}{4096}$

双极性输出表达式：$V_{out} = (2B - 2048) \cdot \dfrac{V_{REF}}{2048}$

MCS-51 单片机对 DAC1208 的连接方式如图 5-13 所示。

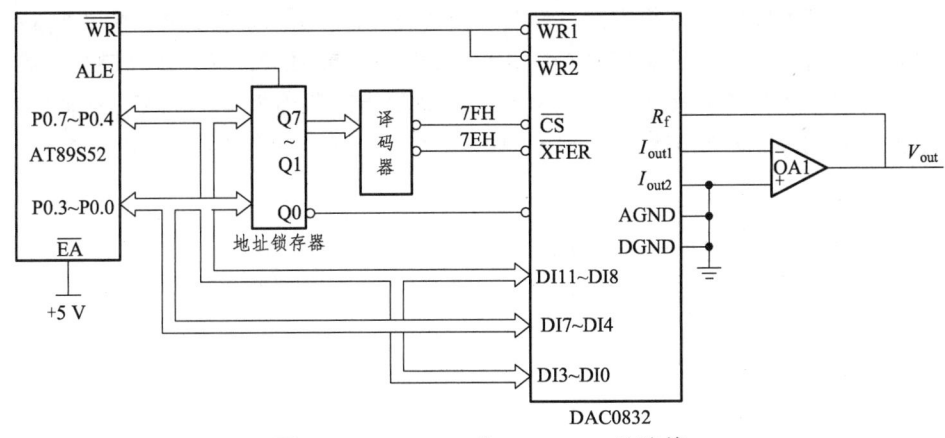

图 5-13　AT89S52 和 DAC1208 的连接

由图 5-13 可以看出，8 位输入寄存器的地址为 FFH；4 位输入寄存器的地址为 FEH；12 位 DAC 寄存器的地址为 FCH 或 FDH。DAC1208 的低 4 位数据线接的是 8052 数据总线的高 4 位，所以，进行低 4 位数据传送时，应当注意数据所在的正确位置。当然，接线方式可以有多种，例如可以不用线译码编译寄存器的地址。

5.2.3　单片机与串行 12 位 D/A 转换器的接口

串行 D/A 转换器具有较多的优点，逐渐受到工程技术人员的认可，下面以 MAXIM 公司生产的 MAX538 为例，介绍串行 D/A 转换器的使用。

1. 芯片介绍

MAX538 是具有 SPI 串行总线接口的 12 位电压输出型 D/A 转换芯片，单一 5 V 供电，输出电压值 0～2.5 V。MAX538 常用的封装有 DIP8 和 SOP8，引脚分配如图 5-14 所示。

DIN：串行数据输入端。

SCLK：串行时钟输入端。

$\overline{CS}$：片选信号输入端，低电平有效。

DOUT：串行数据输出端。

REFIN：参考电压输入端。

V_{out}：模拟电压输出端。

V_{DD}：工作电源。

AGND：模拟地。

图 5-14　MAX538 引脚分配图

MAX538 的数据输入是在 $\overline{CS}$ 和 SCLK 信号的配合下完成的，$\overline{CS}$ 引脚为低电平时选中 MAX538，当 SCLK 引脚信号为上升沿时，DIN 引脚上的数据被依次输入到 MAX538 内部 1 个 16 位移位寄存器中。数据输入时，按先高位后低位的原则输入 2 字节（16 位）数据，最高 4 位是由 4 位填充位（伪数据）构成，该 4 位不参与 D/A 转换，最低 12 位有效数据被送入 D/A 转换器进行转换，更新输出数据。

2. MAX538 与 89C51 单片机的接口

MAX538 与 89C51 单片机的接口如图 5-15 所示。P1.0 接 SCLK，用于输出 MAX538 所需的串行时钟；P1.1 接片选信号 $\overline{CS}$；P1.2 接 DIN，向 MAX538 提供待转换的数据；REFIN 端输入 2.5 V 外部基准电源；MAX538 输出电压范围为 0～2.5 V，该输出电压经运算放大器向控制对象提供模拟电压输出。

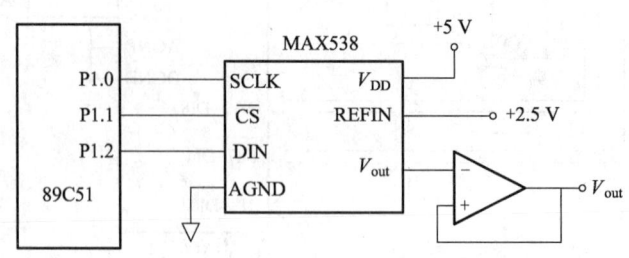

图 5-15 MAX538 与 89C51 单片机的接口电路

【例 5.2】 采用图 5-15 所示电路，将变量 i 中存放的 12 位数据，进行 D/A 转换。若要输出模拟信号，可调用如下函数实现：

```c
sbit CS=P1^1;
sbit SCLK=P1^0;
sbit DIN=P1^2;
void DAC_538(unsigned int i)
{
    unsigned char loop;
    unsigned int i;                    //存放 i 中的 12 位数据
    dat=i;
    CS=0;                              //片选有效
    SCLK=0;                            //时钟置低
for(loop=16;loop>0;loop--)             //输入 16 位数据
    {   DIN=(bit)(dat&0x8000);         //判断最高位
        SCLK=1;                        //时钟信号产生上升沿，把数据送到输入寄存器
        dat<<1;                        //数据左移一位
        SCLK=0;                        //时钟信号产生下降沿
    }
    CS=1;
}
```

任务 5-3　A/D 转换器原理及指标分析

A/D 转换器能把输入的模拟电压或电流变成与它成正比的数字量，即能把被控对象的各种模拟信息变成计算机可以识别的数字信息。随着大规模集成电路的发展，目

前已经生产出各种 A/D 转换器，如普通型 A/D 转换器 ADC0801（8 位）、AD7570（10 位）、AD574（12 位），高性能的 A/D 转换器 MOD-1205、AD578、ADC1131 等。此外，为了使用方便，有些 A/D 转换器内部还有放大器或多路转换开关、三态输出锁存等。例如 ADC0809，其内部有 8 路多路开关；AD363 不但有 16 通道（或双向 8 通道）多路开关，而且还有放大器、采样保持器及 12 位 A/D 转换器。A/D 转换器从原理上通常可分为 4 类：计数器式 A/D 转换器、双积分式 A/D 转换器、逐次逼近式 A/D 转换器和并行 A/D 转换器。

逐次逼近式 A/D 转换器的工作原理

5.3.1 逐次逼近式 A/D 转换器的工作原理

计数式 A/D 转换器结构很简单，但转换速度很慢，所以很少采用。双积分式 A/D 转换器抗干扰能力强，转换精度也很高，但速度不够理想。逐次逼近式 A/D 转换器的结构不太复杂，转换速度也很高。并行 A/D 转换器的转换速度最快，但结构复杂而且造价高。因此，下面仅以应用最多的逐次逼近型 A/D 转换器为例，说明 A/D 转换器的工作原理。

逐次逼近式 A/D 转换器是一种采用对分搜索原理来实现 A/D 转换的方法，逻辑框图如图 5-16 所示。

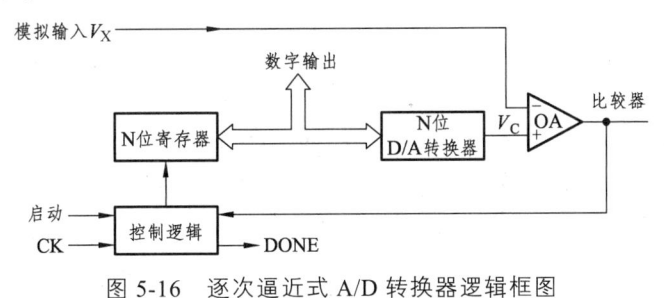

图 5-16 逐次逼近式 A/D 转换器逻辑框图

从图 5-16 中可以看出，逐次逼近型 A/D 转换器由 N 位寄存器、N 位 D/A 转换器、比较器以及控制逻辑四部分组成。其工作原理如下：

当启动信号作用后，时钟信号在控制逻辑作用下，首先使寄存器的 D（N−1）=1，N 位寄存器的数字量一方面作为输出用，另一方面经 D/A 转换器转换成模拟量 V_C 后，送到比较器。在比较器中与被转换的模拟量 V_X 进行比较，控制逻辑根据比较器的输出进行判断。若 $V_X \geq V_C$，保留这一位；若 $V_X < V_C$，则 D（N−1）=0。D（N−1）位比较完后，再对下一位 D（N−2）进行比较，使 D（N−2）=1，与上一位 D（N−1）位一起进入 D/A 转换器，转换后再进入比较器，与 V_X 进行比较，……如此一位一位地继续下去，直到最后一位 D0 比较完为止。此时，N 位寄存器的数字量即为 V_X 所对应的数字量。

5.3.2 A/D 转换器的性能指标

1. 转换精度

A/D 转换器的精度是指与数字输出量所对应的模拟输入量的实际值与理论值之间

的差值。A/D 转换电路中，与每个数字量对应的模拟输入量并非一个单一的数值，而是一个范围值 $\varDelta$，其中 $\varDelta$ 的大小理论上取决于电路的分辨率。定义 $\varDelta$ 为数字量的最小有效位 LSB。但在外界环境的影响下，与每一数字输出量对应的输入量实际范围往往偏离理论值 $\varDelta$。

精度通常用最小有效位的 LSB 的分数值表示。目前常用的 A/D 转换集成芯片精度为 1/4～2LSB。

2. 转换时间

A/D 转换器完成一次转换所需的时间称为转换时间。一般常用的 8 位 A/D 转换器的转换时间为几十至几百微秒，如 ADC0809，其转换时间为 100 μs；10 位的 A/D 转换器的转换时间为几十微秒；12 位的 A/D 转换器的转换时间为几至十几微秒。

3. 分辨率

分辨率是指 A/D 转换器对微小输入信号变化的敏感程度。分辨率越高，转换时对输入量微小变化的反应越灵敏。通常用数字量的位数来表示，如 8 位、10 位、12 位和 16 位等。N 位转换器，其数字量变化范围为 $0 \sim 2^n - 1$。若输入电压满刻度为 x 时，则表示转换器对输入模拟电压的分辨能力，即

$$分辨率 = x/(2^n - 1)$$

4. 电源灵敏度

当电源电压变化时，将使 A/D 转换器的电源发生变化，这种变化的实际作用相当于 A/D 转换器输入量的变化，从而产生误差。通常 A/D 转换器对电源变化的灵敏度用相当于同样变化的模拟量输入值的百分数来表示。例如，电源灵敏度为 $0.05\%/\%\Delta U_s$ 时，其含义是电源电压 U_s 变化 1%时，相当于引入 0.05%的模拟量输入值的变化。

任务 5-4　单片机与 A/D 转换器的接口应用

5.4.1　单片机与并行 8 位 A/D 转换器的接口应用

ADC0809 是带有 8 位并行 A/D 转换器、8 路多路开关以及微处理机兼容的控制逻辑的 CMOS 组件。它是逐次逼近式 A/D 转换器，可以和微机直接接口。相关芯片是 ADC0808，两者之间可以互相替换。

1. ADC0809 的内部逻辑结构

ADC0809 的内部逻辑结构如图 5-17 所示。

A/D 转换器 ADC0809 介绍

由图 5-17 可以看出，ADC0809 由一个 8 路模拟开关、一个地址锁存与译码器、一个 A/D 转换器和一个三态输出锁存器组成。多路开关可选通 8 个模拟通道，允许 8 路模拟量分时输入，共用一个 A/D 转换器进行转换。三态输出锁存器用于锁存 A/D 转换

完的数字量，当 OE 端为高电平时，才可以从三态输出锁存器取走转换完的数据。

2. ADC0809 的引脚结构

ADC0809 共有 28 条引脚，采用双列直插式封装的引脚结构，如图 5-18 所示。

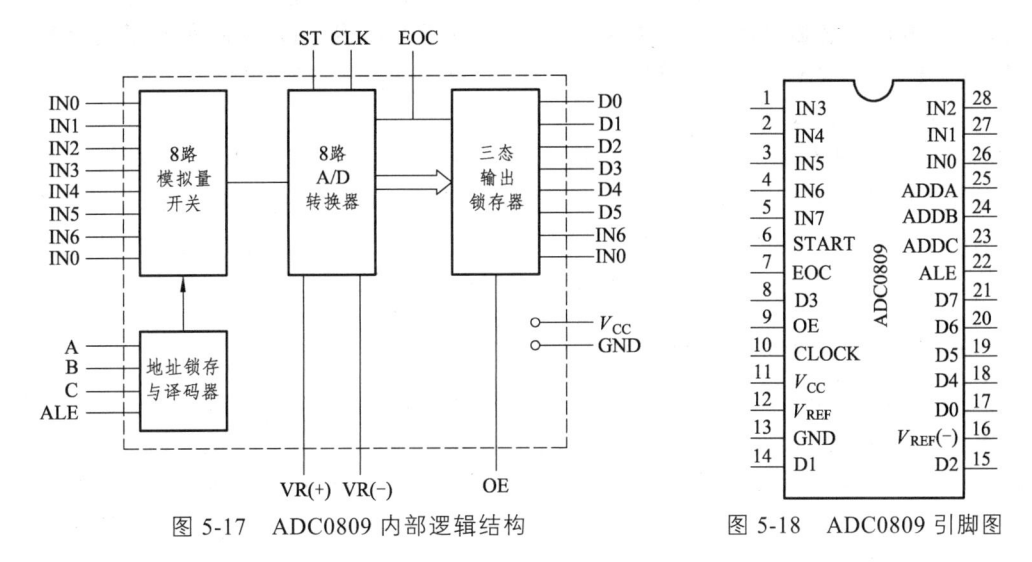

图 5-17　ADC0809 内部逻辑结构　　　图 5-18　ADC0809 引脚图

（1）IN7～IN0：8 条模拟量输入通道。

ADC0809 对输入模拟量的要求：信号单极性，电压范围为 0～5 V，若信号太小，必须进行放大；输入的模拟量在转换过程中应该保持不变，如模拟量变化太快，则需在输入前增加采样保持电路。

（2）地址输入和控制线：4 条。

ALE 为地址锁存允许输入线，高电平有效。当 ALE 线为高电平时，地址锁存与译码器将 ADDA、ADDB 和 ADDC 3 条地址线的地址信号进行锁存，经译码后被选中的通道的模拟量经转换器进行转换。ADDA、ADDB 和 ADDC 为地址输入线，用于选通 IN7～IN0 上的一路模拟量输入。通道选择如表 5-1 所示。

表 5-1　被选通道和地址的关系

ADDC	ADDB	ADDA	选择的通道
0	0	0	IN0
0	0	1	IN1
0	1	0	IN2
0	1	1	IN3
1	0	0	IN4
1	0	1	IN5
1	1	0	IN6
1	1	1	IN7

（3）数字量输出及控制线：11 条。

START 为转换启动信号。当 START 上跳沿时，所有内部寄存器清零；下跳沿时，开始进行 A/D 转换；在转换期间，START 应保持低电平。EOC 为转换结束信号。当 EOC 为高电平时，表明转换结束；否则，表明正在进行 A/D 转换。OE 为输出允许信号，用于控制三态输出锁存器向单片机输出转换得到的数据。OE = 1，输出转换得到的数据；OE = 0，输出数据线呈高阻状态。D7 ~ D0 为数字量输出线。

（4）电源线及其他：5 条。

CLOCK 为时钟输入信号线。因 ADC0809 的内部没有时钟电路，所需时钟信号必须由外界提供，通常使用频率为 500 kHz 的时钟信号。V_{CC} 为 + 5 V 电源线，GND 为地线，$V_{REF}(+)$ 和 $V_{REF}(-)$ 为参考电压输入，参考电压用来与输入的模拟信号进行比较，作为逐次逼近的基准。其典型取值：$V_{REF}(+) = +5 \text{ V}$，$V_{REF}(-) = 0 \text{ V}$。

3. AT89S52 单片机和 ADC0809 转换器的接口应用

由于 ADC0809 带有输出锁存器，因此可以和 51 系列单片机直接相连。连接时应注意 ADC0809 的工作过程：首先输入 3 位地址，并使 ALE = 1，将地址存入地址锁存器中；此地址经译码选通 8 路模拟输入之一到比较器；START 上升沿将逐次逼近寄存器复位；下降沿启动 A/D 转换，之后 EOC 输出信号变低，指示转换正在进行；直到 A/D 转换完成，EOC 变为高电平，指示 A/D 转换结束，结果数据已存入锁存器，这个信号可用作中断申请；当 OE 输入高电平时，输出三态门打开，转换结果的数字量输出到数据总线上。

根据 ADC0809 的工作过程，单片机与 A/D 转换器接口程序设计主要有以下 4 个步骤：
（1）启动 A/D 转换，START 引脚得到下降沿。
（2）查询 EOC 引脚状态，EOC 引脚由 0 变为 1，表示 A/D 转换过程结束。
（3）允许读数，将 OE 引脚设置为 1 状态。
（4）读取 A/D 转换结果。

例如：

START=0;
START=1;   //启动 A/D 转换
START=0;
while(EOC==0);   //等待 A/D 转换结束
 OE=1;   //数据输出允许
Temp=P0;   //读取 A/D 转换结果

A/D 转换器接口应用程序设计步骤

51 单片机和 A/D 转换器的接口通常采用查询或中断方式。查询方式就是查询 EOC 的状态，当 EOC 变为 "1" 时，给 OE 端送一个高电平，读出 A/D 转换后的数据；采用中断方式时，EOC 端经反向后作为中断请求信号，单片机响应中断后，在中断服务程序中使 OE 端变为高电平，读出转换后的数据。

【例 5.3】 模数转换 LED 显示：采用查询方式实现模数转换 LED 显示，如图 5-19 所示。模拟量由电位器模拟产生，使用 ADC0809 模数转换器，将电位器上的模拟电压转换为数字量，把转换结果送到 8 个 LED 进行显示。

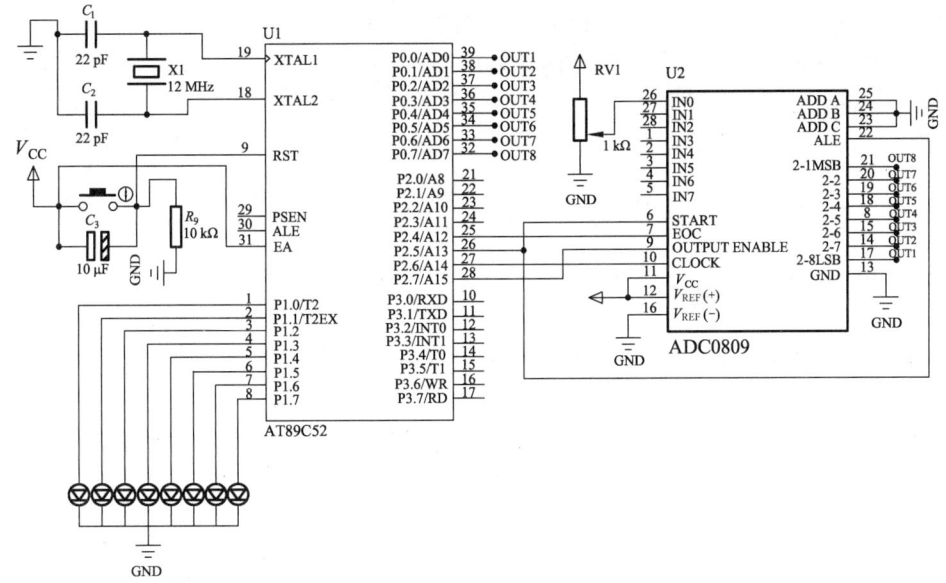

图 5-19 模数转换 LED 显示

查询方式 C 语言程序如下:
```c
#include <AT89X52.h>
#include <INTRINS.h>
sbit    EOC=P2^4;          //定义 ADC0808/0809 转换结束信号
sbit    START=P2^5;        //定义 ADC0808/0809 启动转换命令
sbit    CLOCK=P2^6;        //定义 ADC0808/0809 时钟脉冲输入位
sbit    OE=P2^7;           //定义 ADC0808/0809 数据输出允许位
unsigned char temp;
void main(void)
{
    TMOD=0x02;
    TH0=206;
    TL0=206;
    EA=1;
    ET0=1;
    TR0=1;
    while(1)
    {
        START=0;
        START=1;               //启动 A/D 转换
        START=0;
        while(EOC=-0);         //等待 A/D 转换结束
        OE=1;                  //数据输出允许
```

```
    temp=P0;              //读取 A/D 转换结果
    P1=temp;              //A/D 转换结果送 LED 显示
    _nop_();
    _nop_();
    }
}
void t0(void)interrupt 1 using0
{
    CLOCK=~CLOCK;         //产生 ADC0808/0809 时钟脉冲信号
}
```

【例 5.4】 模数转换 LED 显示：采用中断方式实现模数转换 LED 显示，如图 5-20 所示。把转换完成的状态信号（EOC）作为中断请求信号，经过反相器后送到单片机的 INT0 引脚。

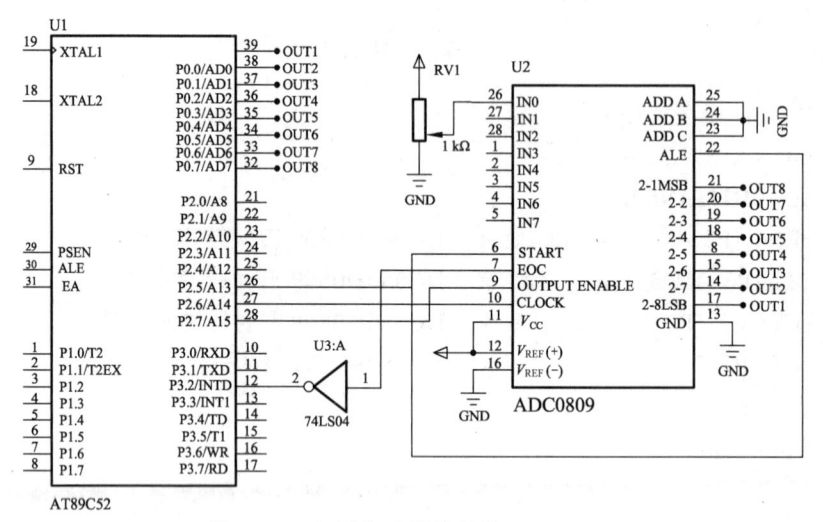

图 5-20　中断方式模数转换 LED 显示

```
#include <AT89X52.h>
#include <INTRINS.h>
sbit START=P2^5;          //定义 ADC0808/0809 启动转换命令
sbit CLOCK=P2^6;          //定义 ADC0808/0809 时钟脉冲输入位
sbit OE=P2^7;             //定义 ADC0808/0809 数据输出允许位
bit F;                    //数据传送标志，F=1 表示数据传送完成
unsigned char temp:
 void main(void)
{
TMOD=0x02;
TH0=206;
TL0=206;
```

```
            EA=1;
            ET0=1;
            EX0=1;
            PT0=1;                      //T0 为最高优先级
            TR0=1;
            while(1)
            { F=0;
            START=0;
            START=1;                    //启动 A/D 转换
            START=0;
            while(F==0);                //等待数据传送完成
            }
            }
            void t0(void)interrupt 1 using 0
            {
            CLOCK=~CLOCK;               //产生 ADC0808/0809 时钟脉冲信号
            }
            void int0(void)interrupt0 using 0
            {OE=1;                      //数据输出允许
            temp=P0;                    //读取 A/D 转换结果
            P1=temp;                    //A/D 转换结果送 LED 显示
            _nop_();
            _nop_();
            F=1;                        //数据传送完成
            }
```

5.4.2 单片机与串行 8 位 A/D 转换器的接口应用

在单片机接口应用中广泛使用串行 A/D 转换器，串行 A/D 转换器具有功耗低、性价比高、芯片引脚少等特点。ADC0832 是 NS（National Semiconductor）公司生产的具有 Microwire/Plus 串行接口的 8 位 A/D 转换器，通过三线接口与单片机连接，适宜在袖珍式智能仪器中使用。其主要性能指标有：功耗低，只有 15 mW；8 位分辨率，逐次逼近型，基准电压为 5 V；输入模拟信号电压范围为 0~5 V；输入和输出电平与 TTL 和 CMOS 兼容；在 250 kHz 时钟频率时，转换时间为 32 μs；具有两个可供选择的模拟输入通道。

1. ADC0832 的引脚及配置位功能

ADC0832 主要有 DIP 和 SOIC 两种封装，DIP 封装的 ADC0832 引脚排列如图 5-21 所示。各引脚说明如下：

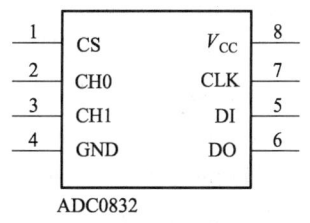

图 5-21 ADC0832 引脚图

CS——片选端，低电平有效。
CH0，CH1——两路模拟信号输入端。
DI——两路模拟输入选择输入端。
DO——模数转换结果串行输出端。
CLK——串行时钟输入端。
V_{CC}/V_{REF}——正电源端和基准电压输入端。
GND——电源地。

ADC0832 工作时，模拟通道的选择及单端输入和差分输入的选择，都取决于输入时序的配置位。当差分输入时，要分配输入通道的极性，两个输入通道的任何一个通道都可作为正极或负极。

2. ADC0832 的工作时序分析

当 CS 由高变低时，选中 ADC0832。在时钟的上升沿，DI 端的数据移入 ADC0832 内部的多路地址移位寄存器。在第一个时钟期间，DI 为高，表示启动位，紧接着输入两位配置位。当输入启动位和配置位后，选通输入模拟通道，转换开始。转换开始后，经过一个时钟周期延迟，以使选定的通道稳定。ADC0832 接着在第 4 个时钟下降沿输出转换数据。数据输出时先输出最高位（D7～D0）；输出完转换结果后，又以最低位开始重新输出一遍数据（D7～D0），两次发送的最低位共用。当片选 CS 为高时，内部所有寄存器清 0，输出变为高阻态。如果要再进行一次模/数转换，片选 CS 必须再次从高向低跳变，后面再输入启动位和配置位。

3. 单片机与 ADC0832 的串行典型接口

图 5-22 为 STC89C51 与 ADC0832 的串行典型接口方式，将 ADC0832 的 CS 和 CLK 分别接单片机的 P2.0 和 P2.1 引脚，将 DI 和 DO 分别接 P2.2 和 P2.3 引脚。对 CH0 通道的模拟信号实行 A/D 转换，转换结果传送给 P0 口。

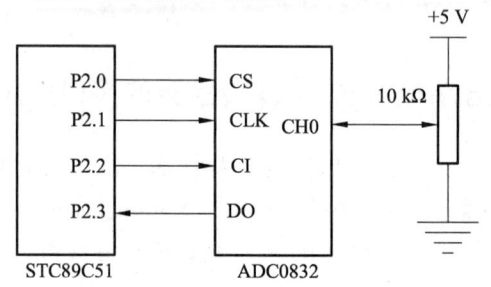

图 5-22 STC89C51 与 ADC0832 的 SPI 串行接口方式

【例 5.5】 如图 5-22 所示，当调节电位器时，提供给 CH0 输入通道的模拟电压将变化，用 C51 编程实现 A/D 转换。

```
#include <reg51.h>
#define uchar unsigned char
#define uint unsigned int
sbit d_out=P2^3;                //转换后的数字量串行输出线
```

```c
sbit d_in=P2^2;              //两路模拟输入选择输入端
sbit clk=P2^1;               //串行时钟输入端
sbit cs=P2^0;                //片选,此引脚为 0 电平有效
void wr_bit(uchar byte);     //函数声明
uchar rebyte(void);          //函数声明
void main()                  //主函数
{
cs=0;
wr_bit(3);                   //往 DI 写启动位和配置位
clk=0;                       //短暂延时,使选定的通道稳定
clk=0;
clk=1;
P0=rebyte();                 //模拟量转换为数字量后通过 P0 口输出
                             //如果 P0 口接 8 只 LED,能通过 LED 的点亮
                             //  情况直观读出 A/D 转换的结果

cs=1;
}
void wr_bit(uchar byte)      //写启动位和配置位子函数
{
   uchar i;
   for(i=0;i<3;i++)          // 控制往 DI 写位的位数为 3 位
   {  clk=0;
      if(byte&0x01);         //写入一位,先写启动位,再写配置位
      d_in=1;
      else
      d_in=0;
      byte>>=1;              //字节右移一位,为写下一位作准备
      clk=1;}
   }
uchar rebyte(void)           //读转换结果函数,函数返回为一个字节
{
   uchar i;
   uchar byte=0;
   for(i=0;i<8;i++)          //连续读 8 位
   {  clk=0;
      byte<<=1;              //字节左移一位,最低位自动补 0
        if(d_out)
      byte|=0x01;
      clk=1;      }
```

```
            return byte;          //读入的转换结果作为函数的返回值
        }
```

> 项目实施

任务 5-5　简易锯齿波信号发生器的设计与制作

5.5.1　元器件准备

按表 5-2 所示的元器件清单采购并准备好元器件。

简易锯齿波信号发生器的设计

表 5-2　元器件清单

序号	标号	标称	数量	属性
1	$C_1 \sim C_2$	30 pF	2	瓷片电容
2	C_3	10 μF	1	电解电容
3	LED1	RED	1	直插 3 mm
4	R_1	10 kΩ	2	直插 1/4 W
5	S1	RST	2	直插
6	U1	AT89S51	1	DIP40
7	X1	11.0592 MHz	1	直插
8	JP1	IDC10	1	直插 ISP 排针
9	U2	DAC0832	1	DIP20
10	U3	LM358	1	DIP8
11	J1	测试端子	1	直插排针
12	P1	SIP2	1	5 V 直插电源座

5.5.2　电路搭建

按图 5-23 所示的电路原理图进行电路设计和电路搭建。

5.5.3　C51 程序设计

启动 μVison4 新建一个 51 单片机的工程，输入参考代码并编译下载。C51 参考代码如下：

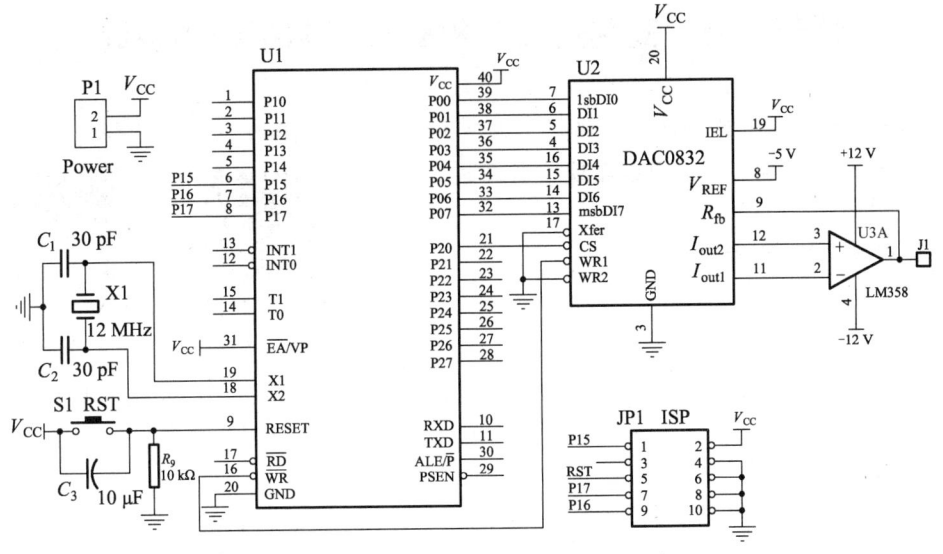

图 5-23　简易锯齿波信号发生器电路

```
#include <reg51.h>              //包含通用 51 单片机头文件
#include <absacc.h>              //包含访问绝对地址头文件
void delay(void)                 //100 μs 延时函数
{
    unsigned char i;             //定义局部变量 i
        for(i=0;i<25;i++)
            {}
}
void main(void)                  //主函数
{
    unsigned char i=0;           //定义局部变量 i 保存输出数据
    while(1)                     //主程序无限循环
    {
        XBYTE[0x7fff]=i++;       //DAC0832 对应地址输出数据
        delay();                 //调用 100 μs 延时函数
    }
}
```

5.5.4　功能实现

实现正锯齿波发生器，从运放 U3 的第 1 引脚输出波形频率约为 40 Hz，幅度 0～+5 V。其仿真实现过程见项目 8 单片机应用系统仿真开发过程。

任务 5-6　简易直流电机转速控制系统的设计

直流电动机具有优良的调速特性，调速方法从模拟化逐步向数字化转化，采用脉冲宽度调制（PWM）方法可以实现平滑调速。

5.6.1　技术准备

1. PWM 简介

PWM 是 Pulse Width Modulation 的缩写，即脉冲宽度调制。它是利用半导体器件的导通与关断，把直流电压变成电压脉冲序列，通过控制电压脉冲宽度或周期以达到变压的目的。

PWM 信号仍然是数字的，因为在给定的任何时刻，满幅值的直流供电要么完全有（ON），要么完全无（OFF）。电压或电流源是以一种通（ON）或断（OFF）的重复脉冲序列被加到模拟负载上去的。通的时候即是直流供电被加到负载上的时候，断的时候即是供电被断开的时候。

2. 占空比

占空比就是在一串理想的脉冲序列（如方波）中，正脉冲的持续时间与脉冲总周期的比值。例如，脉冲宽度 1 μs，信号周期 4 μs 的脉冲序列占空比为 0.25。

3. 直流电机转速控制

调节直流电机转速最方便有效的调速方法是对电枢（即转子线圈）电压 U 进行控制。通过改变一个周期内接通和断开的时间来改变直流电机电枢上电压的"占空比"，从而改变平均电压，控制电机的转速。

在脉宽调速系统中，当电机通电时其速度增加，电机断电时其速度降低。只要按照一定的规律改变通、断电的时间，即可控制电机转速。采用 PWM 技术构成的无级调速系统，启停时对直流系统无冲击，并且具有启动功耗小、运行稳定的特点。

5.6.2　电路设计

按图 5-24 所示的电路原理图进行电路设计和电路搭建。

5.6.3　C51 程序编写

ADC0808/0809 对电位器上的模拟电压进行模数转换，转换结果用于改变 PWM 信号的高电平的脉冲宽度。这样我们就可以通过电位器来对直流电机的电枢电压 U 进行控制，实现直流电机的转速控制。

直流电机转速控制 C 语言程序代码如下：

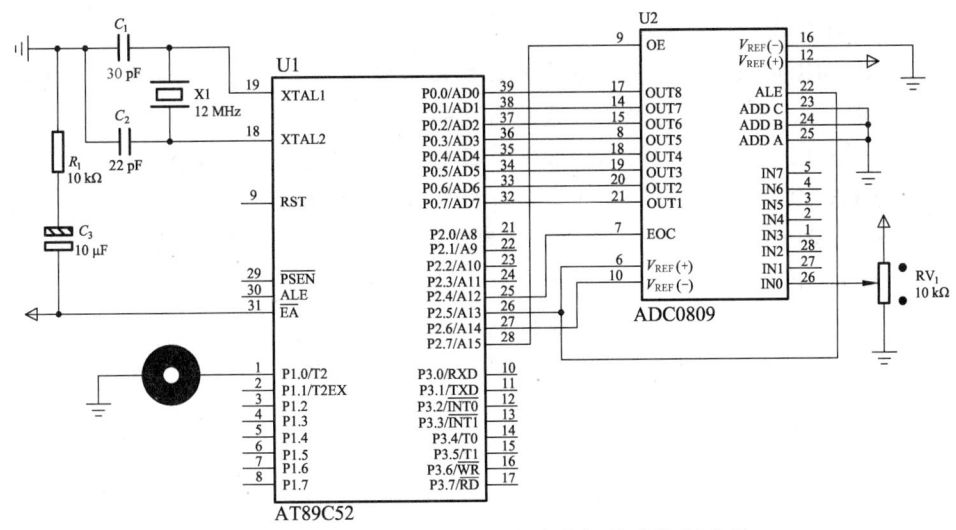

图 5-24 ADC0808/0809 的直流电机转速控制电路

```c
#include <AT89X52.h>
#include <INTRINS.h>
sbit EOC=P2^4;              //定义 ADC0808/0809 转换结束信号
sbit START=P2^5;            //定义 ADC0808/0809 启动转换命令
sbit CLOCK=P2^6;            //定义 ADC0808/0809 时钟脉冲输入位
sbit OE=P2^7;               //定义 ADC0808/0809 数据输出允许位
sbit MOTOR=P1^0;            //直流电机控制
unsigned char temp;
/*由 delay 参数确定延迟时间*/
void mDelay(unsigned char delay)
{
unsigned int i;for(;delay> 0;delay-)
for(i=0;i <124;i++);
}
void main(void)
{
TMOD=0x02;
TH0=206;
TL0=206;
EA=1;ET0=1;
TR0=1;
while(1)
{
    START=0:
    START=1;            //启动 A/D 转换
```

```
        START=0;
        while(EOC=0);        //等待 A/D 转换结束
        OE=1;                //数据输出允许
        temp=P0;             //读取电位器上的模拟电压 A/D 转换结果
        MOTOR=1;             //向直流电机输出高电平脉冲
        mDelay（temp）;      //PWM 信号高电平脉冲宽度（脉冲宽度取决于模拟电压）
        MOTOR=0;             //向直流电机输出低电平脉冲
        temp=255-temp;       //计算低电平脉冲宽度
        mDelay(temp);        //PWM 信号低电平脉冲宽度
    }
}
void t0(void)interrupt 1 using 0
{
    CLOCK=~CLOCK;           //产生 ADC0808/0809 时钟脉冲信号
}
```

思考与练习

1. 选择题

（1）设某 DAC 为二进制 12 位,满量程输出电压为 5 V,试问它的分辨率是(　　)。

　　A. 1.22 mV　　B. 4.8 mV　　C. 0.1 mV　　D. 0.24 mV

（2）对于电流输出型的 D/A 转换器,为了得到电压输出,应使用(　　)。

　　A. I/V 转换电路　　　　　　B. V/I 转换电路

　　C. A/D 转换电路　　　　　　D. DC-DC 转换电路

（3）若单片机发送给 8 位 D/A 转换器 0832 的数字量为 65H,基准电压为 5 V,则 D/A 转换器的输出电压为(　　)。

　　A. 1.56 V　　B. 2.0 V　　C. 5.0 V　　D. 1.97 V

（4）下列不属于 D/A 转换器的主要性能指标的是(　　)。

　　A. 分辨率　　B. 建立时间　　C. 转换精度　　D. 可靠性

（5）AT89S51 与 DAC0832 接口时,不属于其连接方式的是(　　)。

　　A. 直通方式　　B. 单缓冲方式　　C. 双缓冲方式　　D. 多缓冲方式

（6）若 A/D 转换器 0809 的基准电压为 5 V,输入的模拟信号为 2.5 V 时,A/D 转换后的数字量是(　　)。

　　A. 80H　　B. FFH　　C. 08H　　D. F0H

（7）一个 8 位 A/D 转换器的分辨率是(　　)。

　　A 1/8　　B. 1/256　　C. 1/1024　　D. 1/250

2. 问答题

（1）D/A 与 A/D 转换器有哪些重要技术指标?

（2）D/A 转换器由哪几部分组成？D/A 转换电路为什么要有锁存器和运算放大器？

（3）试述 DAC0832 芯片输入寄存器和 DAC 寄存器二级缓冲的优点。

（4）试设计 AT89S52 与 DAC0832 的接口电路，并编制 C51 程序，输出如图 5-9（b）所示的三角波形，要求波形频率约为 1 kHz。

（5）逐次逼近式 A/D 转换器由哪几部分组成？各部分的作用是什么？

（6）AD574 为 12 位 A/D 转换器，而 AT89S51 系列单片机为 8 位单片机，它们如何接口？转换后的结果如何读取和存放？通过查阅相关资料，画出系统完整的电路原理图，编写汇编或 C51 程序。

（7）AT89S51 与 DAC0832 接口时，有哪几种连接方式？各有什么特点？各适合在什么场合使用？

（8）MAX538 是什么类型的集成电路？请画出 STC89C51 与 MAX538 的接口应用电路。

（9）ADC0832 是什么类型的集成电路？它有什么技术特点，请画出 STC89C51 与 ADC0832 的典型接口应用电路。

（10）用单片机设计一个电子秤，测量范围为 0～150 kg，称重误差为 100 g，应选用多少位的 A/D 转换器，为什么？

（11）自己动手设计并制作一个简易锯齿波信号发生器，总结设计制作过程中的体会和经验。

项目 6　单片机串行通信设计与实现

项目简介

MCS-51 单片机内部除了有 4 个并行 I/O 口外，还有一个串行接口。相对于并行通信，串行通信的速度较慢，但这种方式所用的传输线少，通信距离长，通信时可降低成本，易于实现。串行通信早期主要用于长距离、低速率的通信中。然而由于计算机网络的一些应用场合中，电缆和同步化使并行通信实际应用面临困难。凭借着其改善的信号完整性和传播速度，串行通信总线正在变得越来越普遍，甚至应用于短程距离中。

在 MCS-51 单片机中，通过该串行口，可以实现单片机之间以及单片机与 PC 机之间的通信。本项目通过串行通信任务，介绍串行通信的基本知识；讲述 MCS-51 单片机的串行口结构及其应用。通过本项目的学习，学生可以了解串行通信的基本概念，掌握串行通信编程方法。

任务 6-1　串行通信基础知识认知

6.1.1　串行通信原理认知

1. 并行通信和串行通信

计算机与外界的信息交换称为通信。通信的基本方式可分为并行通信和串行通信两种，具体如图 6-1 和图 6-2 所示。

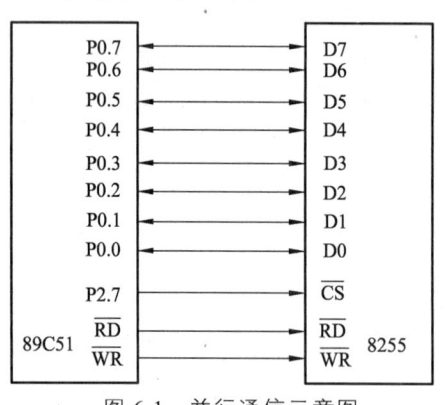

图 6-1　并行通信示意图

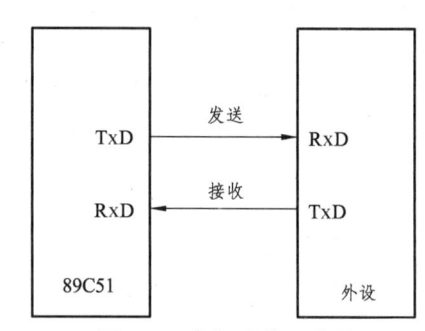

图 6-2　串行通信示意图

1）并行通信

并行通信指一个数据的各位同时进行传送的方式，传送速度较快。其缺点是一个并行数据有多少位，就需要多少根传输线，这样就导致通信线路复杂、成本较高。所以当位数较少且距离较远时，不太适宜用并行通信。

2）串行通信

串行通信是指一个数据的各位逐位传送的通信方式，这样只要一对传输线就可以完成通信。串行通信的通信线路简单、成本低，特别是当传送距离较远时，这一优点尤为突出。但是其传送速度比并行通信慢。

串行通信按同步方式可分为异步通信和同步通信两种基本通信方式。

（1）同步通信（Synchronous Communication）

同步通信是一种连续传送数据的通信方式，一次通信传送多个字符数据，称为一帧信息。同步通信数据传输速率较高，通常可达 56 kb/s 或更高。其缺点是要求发送时钟和接收时钟保持严格同步。

同步通信数据传送格式如图 6-3 所示。

同步字符	数据字符1	数据字符2	…	数据字符$n-1$	数据字符n	校验字符	(校验字符)

图 6-3 同步通信数据传送格式

（2）异步通信（Asynchronous Communication）

在异步通信中，数据通常是以字符或字节为单位组成数据帧进行传送的。收、发端各有一套彼此独立，互不同步的通信机构，由于收发数据的帧格式相同，因此可以相互识别接收到的数据信息。

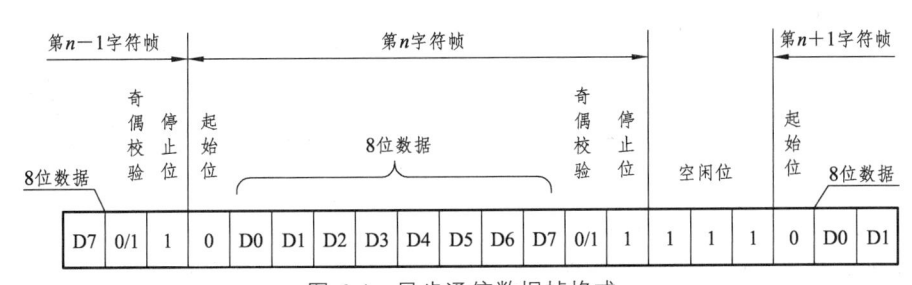

异步通信数据帧格式

异步通信数据帧格式如图 6-4 所示。

图 6-4 异步通信数据帧格式

① 起始位

在没有数据传送时，通信线上处于逻辑"1"状态。当发送端要发送 1 个字符数据时，首先发送 1 个逻辑"0"信号，这个低电平便是帧格式的起始位。其作用是向接收端表示发送端开始发送一帧数据。接收端检测到这个低电平后，就准备接收数据信号。

② 数据位

在起始位之后，发送端发出（或接收端接收）的是数据位，数据的位数没有严格的限制，5~8 位均可，由低位到高位逐位传送。

③ 奇偶校验位

数据位发送完（接收完）之后，可发送一位用来检验数据在传送过程中是否出错的奇偶校验位。奇偶校验是收发双方预先约定好的有限差错检验方式之一。有时也可不用奇偶校验。

④ 停止位

字符帧格式的最后部分是停止位,逻辑"1"电平有效,它可占 1/2 位、1 位或 2 位。停止位表示传送一帧信息的结束,也为发送下一帧信息做好准备。

⑤ 波特率

波特率(Baud Rate)是串行通信中的一个重要概念,它是指传输数据的速率,也称比特率。波特率的定义是每秒传输二进制数码的位数。例如:波特率为 1200 b/s 是指每秒钟能传输 1200 位二进制数码。

波特率的倒数即为每位数据的传输时间。例如:波特率为 1200 b/s,每位的传输时间为

$$T_d = 1/1200 = 0.833\ (\text{ms})$$

波特率和字符的传输速率不同,若采用图 6-3 所示的数据帧格式,并且数据帧连续传送(无空闲位),则实际的字符传输速率为 1200/11 = 109.09 帧/s。波特率也不同于发送时钟和接收时钟频率。同步通信的波特率和时钟频率相等,而异步通信的波特率通常是可变的。

2. 串行通信的制式

在串行通信中,数据是在两个站之间传送的。按照数据传送方向,串行通信可分为三种制式。

1)单工制式(Simplex)

单工制式是指甲乙双方通信只能单向传送数据。单工制式如图 6-5 所示。

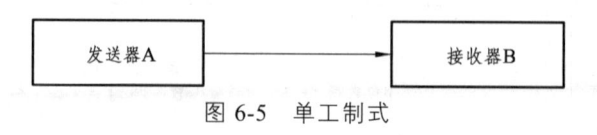

图 6-5 单工制式

串行通信的三种形式

2)半双工制式(Half duplex)

半双工制式是指通信双方都具有发送器和接收器,双方既可发送也可接收,但接收和发送不能同时进行,即发送时就不能接收,接收时就不能发送。半双工制式如图 6-6 所示。

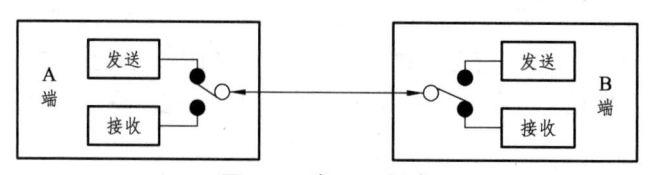

图 6-6 半双工制式

3)全双工制式(Full duplex)

全双工制式是指通信双方均设有发送器和接收器,并且将信道划分为发送信道和接收信道,两端数据允许同时收发,因此通信效率比前两种高。全双工制式如图 6-7 所示。

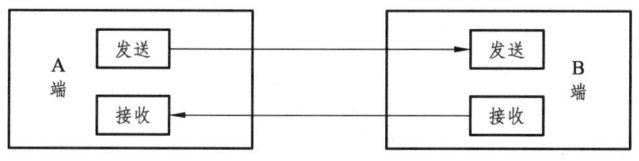

图 6-7　全双工制式

3. 串行通信的校验

串行通信的目的不只是传送数据信息，更重要的是应确保准确无误地传送。因此必须考虑在通信过程中对数据差错进行校验，因为差错校验是保证通信准确无误的关键。常用的差错校验方法有奇偶校验、累加和校验以及循环冗余码校验等。

1）奇偶校验

奇偶校验的特点是按字符校验，即在发送每个字符数据之后都附加一位奇偶校验位（1 或 0），当设置为奇校验时，数据中 1 的个数与校验位 1 的个数之和应为奇数；反之则为偶校验。收、发双方应具有一致的差错检验设置，当接收 1 帧字符时，对 1 的个数进行检验，若奇偶性（收、发双方）一致，则说明传输正确。奇偶校验只能检测到那种影响奇偶位数的错误，比较低级且速度慢，一般只用在异步通信中。

2）累加和校验

累加和校验是指发送方将所发送的数据块求和，并将"校验和"附加到数据块末尾。接收方接收数据时也是先对数据块求和，将所得结果与发送方的"校验和"进行比较，若两者相同，表示传送正确，若不同则表示传送出了差错。"校验和"的加法运算可用逻辑加，也可用算术加。累加和校验的缺点是无法检验出字节或位序的错误。

3）循环冗余码校验（CRC）

循环冗余码校验的基本原理是将一个数据块看成一个位数很长的二进制数，然后用一个特定的数去除它，将余数作校验码附在数据块之后一起发送。接收端收到该数据块和校验码后，进行同样的运算来校验传送是否出错。目前 CRC 已广泛用于数据存储和数据通信中，并在国际上形成规范，市面上已有不少现成的 CRC 软件算法。

6.1.2　RS-232C 总线标准

RS-232C 总线标准是美国电子工业协会（Electronic Industry Association，EIA）制定的一种串行物理接口标准。RS 是英文"推荐标准"的缩写，232 为标识号，C 表示修改次数。

RS-232C 总线标准设有 25 条信号线，包括一个主通道和一个辅助通道。在多数情况下主要使用主通道，对于一般双工通信，仅需几条信号线就可实现，如一条发送线、一条接收线及一条地线。

RS-232C 标准规定的数据传输速率为 50、75、100、150、300、600、1200、2400、4800、9600、19 200、38 400 b/s。

RS-232C 标准规定,驱动器允许有 2500 pF 的电容负载,通信距离将受此电容限制。例如,采用 150 pF/m 的通信电缆时,最大通信距离为 15 m;若每米电缆的电容量减小,通信距离可以增加。传输距离短的另一原因是 RS-232 属单端信号传送，存在共地噪声和不能抑制共模干扰等问题，因此一般用于 20 m 以内的通信。

目前在 PC 机上的 COM1、COM2 接口，就是 RS-232C 接口。RS-232C 标准对电气特性、逻辑电平和各种信号线功能都做了规定。

在 TxD 和 RxD 上：

逻辑 1（MARK）= -15 ~ -3 V

逻辑 0（SPACE）= +3 ~ +15 V

在 RTS、CTS、DSR、DTR 和 DCD 等控制线上：

信号有效（接通，ON 状态，正电压）= +3 ~ +15 V

信号无效（断开，OFF 状态，负电压）= -15 ~ -3 V

以上规定说明了 RS-323C 标准对逻辑电平的定义。对于数据（信息码）：逻辑"1"（传号）的电平低于 -3 V，逻辑"0"（空号）的电平高于 +3 V；对于控制信号：接通状态（ON）即信号有效的电平高于 +3 V，断开状态（OFF）即信号无效的电平低于 -3 V，也就是当传输电平的绝对值大于 3 V 时，电路可以有效地检查出来，介于 -3 ~ +3 V 的电压无意义，低于 -15 V 或高于 +15 V 的电压也认为无意义，因此，实际工作时，应保证电平在 ±（3 ~ 15）V。

即使自 IBM PC/AT 开始改用 9 针连接器起，目前已几乎不再使用 RS-232C 标准中规定的 25 针连接器，但由于 RS-232C 标准的重大影响，大多数人仍然普遍使用 RS-232C 标准来代表此接口。

RS-232C 引脚信号定义见表 6-1。

表 6-1　RS-23C 引脚信号定义

脚　位	简　写	说　明
Pin1	CD	调制解调器通知计算机有载波被侦测到
Pin2	RxD	接收数据
Pin3	TxD	传送数据
Pin4	DTR	计算机告诉调制解调器可以进行传输
Pin5	GND	地线
Pin6	DSR	调制解调器告诉计算机一切准备就绪
Pin7	RTS	计算机要求调制解调器将数据提交
Pin8	CTS	调制解调器通知计算机可以传数据过来
Pin9	RI	调制解调器通知计算机有电话进来

6.1.3　串行接口电路应用

由于 RS-232C 信号电平（EIA）与 AT89C51 单片机信号电平（TTL）不一致，因此，必须进行信号电平转换。实现这种电平转换的电路称为 RS-232C 接口电路，一般有两种形式：一种是采用运算放大器、晶体管、光电隔离器等器件组成的电路来实现；另

RS-232C 接口电路

一种是采用专门集成芯片（如MC1488、MC1489、MAX232等）来实现。下面介绍由专门集成芯片MAX232构成的接口电路。

1. MAX232接口电路

MAX232芯片是MAXIM公司生产的具有两路接收器和驱动器的IC芯片，其内部有一个电源电压变换器，可以将输入+5V的电压变换成RS-232C输出电平所需的±12V电压。所以采用这种芯片来实现接口电路特别方便，只需单一的+5V电源即可。

MAX232芯片的引脚结构如图6-8所示。其中管脚1~6（C1+、V+、C1-、C2+、C2-、V-）用于电源电压转换，只要在外部接入相应的电解电容即可；管脚7~10和管脚11~14构成两组TTL信号电平与RS-232C信号电平的转换电路，对应管脚可直接与单片机串行口的TTL电平引脚和PC机的RS-232C电平引脚相连。

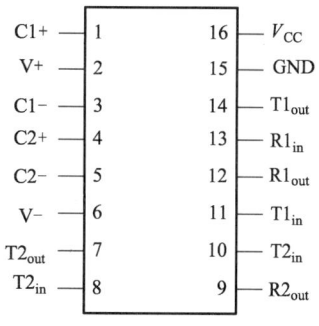

2. PC机与89C51单片机串行通信电路

用MAX232芯片实现PC机与89C51单片机串行通信的典型电路如图6-9所示。图中外接电解电容C_1、C_2、C_3、C_4用于电源电压变换，可提高抗干扰能力，它们可取相同容量的电容，一般取1.0 μF/16 V。电容C_5的作用是对+5V电源的噪声干扰进行滤波，一般取0.1 μF。选用两组中的任意一组电平转换电路实现串行通信，如图中选$T1_{in}$、$R1_{out}$分别与AT89C51的TXD、RXD相连，$T1_{out}$、$R1_{in}$分别与PC机的R232接口的RXD、TXD相连。这种发送与接收的对应关系不能接错，否则将不能正常工作。

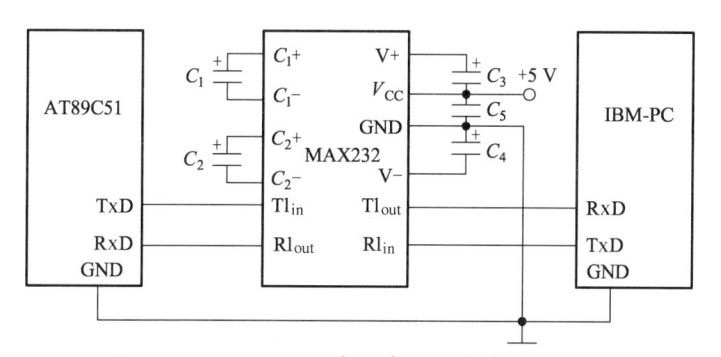

图6-8 MAX232引脚图

图6-9 用MAX232实现串行通信接口电路图

RS-232通过电平转换芯片与MCU通信动画

任务6-2 MCS-51单片机的串行口及控制寄存器应用

6.2.1 串口寄存器结构

MCS-51单片机内部有一个可编程全双工串行通信接口。该部件不仅能同时进行数据的发送和接收，也可作为一个同步移位寄存器使用。

串口相关寄存器与波特率介绍

MCS-51 单片机内的串行接口部分,具有串行发送器和接收器,有两个物理上独立的发送缓冲器和接收缓冲器,发送器只能写入,不能读出,接收缓冲器只能读出,不能写入,两个缓冲器共用一个地址 99H。这个缓冲器就好比是邮局,发信者和收信者共用一个邮局,起到临时储存信件的作用。另外,串行接口中还有两个特殊功能的寄存器 SCON 和 PCON,控制着串行口的工作发式和波特率,定时器 TI 作为波特率发生器。

MCS-51 单片机的串行接口已经做在片内,其结构如图 6-10 所示。

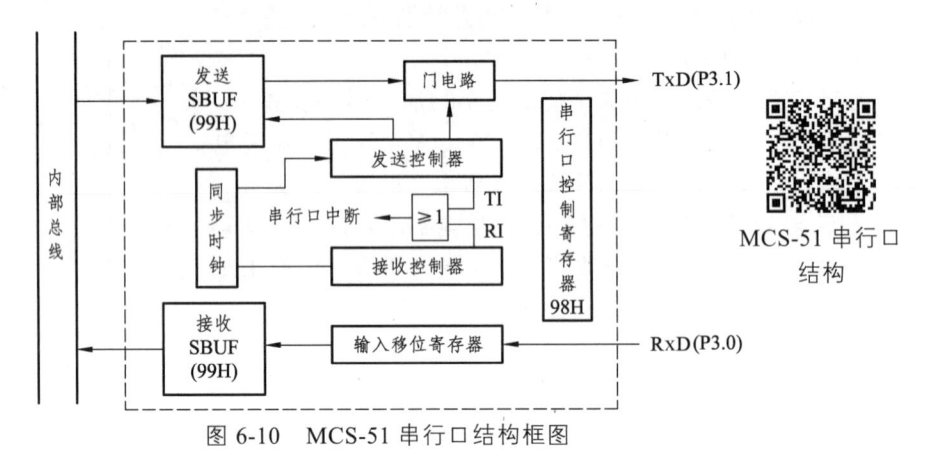

图 6-10 MCS-51 串行口结构框图

MCS-51 单片机的串行接口有两个串行通信引脚 RxD(P3.0)和 TxD(P3.1),可以串行形式与外部逻辑接口。数据的接收和发送就是通过这两个引脚来实现的。

在串行接口内部,存在两个相互独立的接收、发送缓冲器 SBUF,属于 SFR,这样可以同时进行数据的接收和发送,实现全双工传送。

此外,与串行口有关的 SFR 还有 SCON 和 PCON,分别控制串行口的工作方式、工作过程以及比特率。

6.2.2 串行通信控制寄存器

1. 串行口数据缓冲器(SBUF)

两个相互独立的接收、发送缓冲器(SBUF),共用一个地址 99H。也就是说,地址为 99H 的存储单元对应着两个寄存器:发送寄存器和接收寄存器。发送缓冲器用于存放要发送的数据,只能写入,不能读出。接收缓冲器用于存放接收到的数据,只能读出,不能写入。通过辨认对 SBUF 操作的指令是"读"还是"写"来区别是对接收缓冲器还是对发送缓冲器进行操作。

读 SBUF(如"MOV A,SBUF"指令),就是读接收缓冲器的内容。
写 SBUF(如"MOV SBUF,A"指令),就是修改发送缓冲器的内容。

2. 串行控制寄存器(SCON)

SCON 寄存器用于确定串行接口的工作方式和控制串行接口的某些功能,监视和控制串行接口的工作状态,也可用于存放要发送和接收到的第 9 个数据(TB8、RB8),

并设有接收和发送中断标志 RI 和 TI。

SCON 寄存器的格式如图 6-11 所示。

| SM0 | SM1 | SM2 | REN | TB8 | RB8 | TI | RI |

图 6-11 SCON 寄存器的格式

SM0、SM1：串行口工作方式设定位，指定串行接口的工作方式。串行接口有 4 种工作方式，各种方式间的区别在于功能、数据格式和比特率的不同。

表 6-2 列出了串行口的各种工作方式。

表 6-2 串行口的工作方式

SM0	SM1	工作方式	功能	比特率
0	0	0	8 位同步移位寄存器	$f_{osc}/12$
0	1	1	10 位 UART	可变
1	0	2	11 位 UART	$f_{osc}/64$ 或 $f_{osc}/32$
1	1	3	11 位 UART	可变

SM2：多机通信控制位，主要用于方式 2 和方式 3 中（数据为 9 位）。

在方式 2 和方式 3 处于接收状态时，若 SM2 = 1，则只有当接收到的第 9 位数据 RB8 为 1 时，才将接收到的前 8 位数据送入 SBUF，并将 RI 置 1 产生中断请求，否则将接收到的前 8 位数据丢弃。若 SM2 = 0，无论接收到的第 9 位数据 RB8 是 0 还是 1，都会将接收到的前 8 位数据送入 SBUF，并将 RI 置 1，产生中断请求。

在方式 1 中，若 SM2 = 1，则只有当接收到有效停止位时，RI 才会被置 1。实际应用中，当串口工作在方式 1 时，设置 SM2 = 0。

在方式 0 中，SM2 必须为 0。

REN：串行接收允许控制位。REN = 1，允许接收，启动串行口的 RxD，开始接收数据；REN = 0，禁止接收。该位由软件置位或清除。

TB8：在方式 2 和方式 3 时，它是要发送的第 9 个数据位，一般是程控位。按需要由软件进行置 1 或清 0。在双机通信中，一般作为奇偶校验位使用。在多处理通信中，可以用它表示主机发送的是"地址帧"还是"数据帧"，一般约定：TB8 = 1 为地址帧，TB8 = 0 为数据帧。

RB8：接收数据位 8。在方式 2 和方式 3 中，存放接收到的第 9 个数据位，代表接收到数据的特征：可能是奇偶校验位，也可能是地址/数据的标志位。

TI：发送中断标志位。在方式 0 中，当发送完第 8 位数据时，该位由硬件置 1；在其他模式中，在发送停止位前，由硬件置 1。因此 TI = 1 表示帧发送结束，其状态既可由软件查询使用，也可以用于申请中断。

RI：接收中断标志位。在方式 0 中，接收第 8 位结束时，由硬件置 1；在其他模式中，在接收到停止位时，由硬件置 1；因此 RI = 1 表示帧接收结束，其状态既可由软件查询使用，也可以用于申请中断。

在任何方式下，发送或接收中断响应后，TI 或 RI 都不会自动清除，必须由软件清除。

3. 电源控制寄存器（PCON）

PCON 主要是为 CHMOS 型单片机的电源控制而设置的 SFR，在 HMOS 的 MCS-51 单片机中，除了最高位 SMOD 位外，其他位都是虚设的。

PCON 寄存器的格式如图 6-12 所示。

SMOD				GF1	GF0	PD	IDL

图 6-12　PCON 寄存器

其中，SMOD 是串行口比特率选择位，只有这一位和串行通信有关。方式 0 的比特率固定，当使 SMOD = 1 时，则使方式 1、方式 2、方式 3 的比特率加倍。当 SMOD = 0 时，各工作方式的比特率不加倍。当系统复位时，SMOD = 0。

6.2.3　串行工作方式

单片机串行口工作方式

MCS-51 单片机的串行接口有 4 种工作方式，用户可以通过 SCON 中的 SM1、SM0 位来选择。

1. 移位寄存器方式

方式 0 为移位寄存器输入/输出模式，可通过外接移位寄存器，进行 I/O 口扩展（详见项目 7）。方式 0 发送、接收的是 8 位数据，没有起始位和停止位，因此不能用于串行异步通信。

但要注意，方式 0 中无论是发送还是接收，数据总是从 RxD（P3.0）引脚出入（注意不仅仅是接收），这时 TxD（P3.1）引脚总是用于输出移位脉冲，每一个移位脉冲将使 RxD 端输入或输出 1 位二进制码。移位脉冲的频率就是方式 0 的比特率，其值固定为 $f_{osc}/12$，即每个机器周期移动 1 位数据。

1）发送过程

CPU 执行任何一条将数据写入 SBUF 的指令时，就开始发送。即串行口将 8 位数据以 $f_{osc}/12$ 的比特率从 RxD 端输出，同时 TxD 端输出移位脉冲；8 位数据发送完毕，置中断标志 TI 为 1（可用于中断或查询）。

2）接收过程

CPU 在每个机器周期都会采样每个中断标志。在检测到 RI = 0 并满足 REN = 1 时，就会启动一次接收过程。这时 RxD 为数据输入端，TxD 端仍然输出移位脉冲。串行口以 $f_{osc}/12$ 的比特率接收 RxD 引脚上的数据信息。当接收完毕时，置中断标志 RI 为 1。

在方式 0 工作时，必须使 SCON 控制字的 SM2 = 0，不使用 TB8、RB8 位。由于比特率固定，无须用到定时器 1。

2. 通用异类收发传输器（UART）方式

方式 1、2、3 都可以用作异步通信，可以统称为 UART 方式。在这 3 种方式下数据都是由 RxD（P3.0）端接收，从 TxD（P3.1）端发送。

1）方式 1

方式 1 是 8 位异步通信接口。一帧信息共 10 位：1 位是起始位 0，8 位是数据位（低位在前），1 位是停止位 1。

方式 1 的比特率是可变的。在硬件上，定时器 T1 的计数溢出不仅使 TFF 置位，而且会产生一个脉冲送到串行口，该脉冲即数据逐位发送或接收的移位脉冲。方式 1 的比特率这时就取决于 T1（注意：只是 T1，不是 T0）的溢出频率（每秒钟 T1 计数溢出多少次）和 PCON 寄存器中 SMOD 的值。

$$方式1的比特率 = 2^{SMOD}/32 \times T1 的溢出频率$$

（1）发送过程：用软件清除 T1 后，CPU 执行任何一条将数据写入 SBUF 寄存器的指令，即启动发送。串行口自动在 8 位数据的前后分别插入 1 位起始位和 1 位停止位，构成 1 帧信息。在移位脉冲的作用下，依次由 TxD 端输出。在 8 位数据发出完毕以后，在停止位开始发送前，将 T1 置 1。

（2）接收过程：接收时，数据由 RxD 输入。当 CPU 以 16 倍比特率的采样频率采样到 RxD 端电平由 1 到 0 的跳变时（认为数据到），在 RI = 0 且 REN = 1 的情况下，就启动接收。在移位脉冲的作用下，串行口把数据逐位移入接收移位寄存器中，直到 9 位数据全部收齐（包括 1 位停止位）。接收完 1 帧的信息后，在 RI = 0、SM2 = 0 或接收到的停止位为 1 的前提下，将接收到的 8 位数据送入接收 SBUF 中，停止位装入 RB8，并将 RI 置 1。

2）方式 2 和方式 3

方式 2 和方式 3 为 9 位异步通信接口，一帧信息共 11 位：1 位是起始位 0，8 位是数据位，1 位是程控位，1 位是停止位 1。

方式 2 和方式 3 的发送、接收过程是完全一样的，只是比特率不同。

$$方式2的比特率 = f_{osc} \times 2^{SMOD}/64（也就是表 6-2 中的 f_{osc}/64 或 f_{osc}/32）$$

$$方式3的比特率 = 2^{SMOD}/32 \times T1 的溢出频率。$$

（1）发送过程

和方式 1 相似，只不过发送的一帧信息共 11 位，附加的第 9 位数据是 SCON 中的 TB8，将 8 位数据和 TB8 位发送完毕后，将 TI 置 1。

（2）接收过程

与方式 1 基本相同。不同之处是方式 2 和方式 3 存在真正的第 9 位数据 D8，共需要接收 9 位有效数据（方式 1 只是把停止位作为第 9 位处理）。在满足 RT = 0、SM2 = 2 或接收到的第 9 位数据 = 1 的前提下，将接收到的前 8 位数据装入 SBUF，接收到的第 9 位数据装入 RB8，并将 RI 置 1。

从上述内容来看，对于接收不管采用什么工作方式，均应使 REN = 1，允许串行接收。并且在只有同时满足以下两个条件时，内部硬件才会产生将接收到的数据装入 SBUF、RB8 和置位 RI 的动作，否则接收到的数据将被丢弃：

① 对于方式 1，条件 1 是 RI = 0，条件 2 是 SM2 = 0 或接收到的停止位 = 1；

② 对于方式 2、3，条件 1 是 RI = 0，条件 2 是 SM2 = 0 或接收到的第 9 位数据 = 1。

由此可见，在接收前必须先清除中断标志 RI（满足第一个条件），为接收数据做好准备。方式 1 时一般都将 SM2 设置 0（满足第二个条件）。

任务 6-3　串行口的应用与编程

6.3.1　串行口的初始化及计数初值的计算

1. 串行口的初始化

在使用串行口通信之前，必须要对串行口进行初始化，主要是设置产生比特率的定时器、串行口控制和中断控制。具体要点如下：

（1）设置 TMOD，确定定时器 1 的工作方式。

（2）选择合适的比特率，发送方和接收方的比特率要相同。如用比特率可变的方式，须确定定时器 1 的计数初值，并装入 TH1 和 TL1 中。

（3）启动定时器 1，使其产生溢出脉冲，产生需要的比特率。当 T1 作为比特率发生器使用时，为了避免计数溢出而产生不必要的中断，应使 IE 中的 ET1 = 0，不允许 T1 产生中断。

（4）设置 SCON，确定串行口的工作方式及接收允许。

（5）如串行口采用中断控制，还应该设置 IE 寄存器，进行中断控制。

（6）无论是中断方式还是查询方式，程序中都要有清除中断标志的指令。

2. 定时器 1 计数初值的计算

对于串行口的方式 2，只要设置 PCON 寄存器中的 SMOD 位，就可以设置比特率，而且与 T1 没有关系。

对于方式 1 和方式 3，比特率是可变的，主要取决于 T1 的溢出频率。

溢出频率即每秒钟计数溢出的次数。很显然，T1 的计数初值越大，T1 溢出得越快，溢出频率就越高。所以定时器 1 的溢出频率就取决于计数初值 X，即：

$$\text{溢出频率} = f_{osc}/[12 \times (2^n - X)] \quad (6\text{-}1)$$

因此，方式 1、方式 3 的比特率 = $2^{SMOD}/32 \times$ T1 的溢出频率 = $f_{osc} \times 2^{SMOD}/[12 \times 32 \times (2^n - X)]$；计数初值 $X = 2^n - f_{osc}/(12 \times 32 \times \text{比特率})$。

式（6-1）中，n 可以选择 13、16、8，分别对应定时器 1 的工作方式 0、1、2。通常将 T1 设置在方式 2。由于方式 2 有自动重装入功能，不需要重新给 TL1、TH1 赋值，因此精度高（没有软件重新赋值的时间误差），特别适用于用作串行口的比特率发生器。如果需要的比特率比较小，可以使用 T1 的方式 1。

当 T1 工作在方式 2 时：

$$\text{计数初值 } X = 256 - f_{osc}/(12 \times 32 \times \text{比特率}) \quad (6\text{-}2)$$

编写程序时，一般先选择合适的比特率，再根据比特率来计算 T1 的计数初值 X。

需要说明的是，当串行口工作在方式 1 或方式 3，且要求波特率按规范取 1200、2400、4800、9600 b/s 等时，若采用晶振 12 MHz 和 6 MHz，按上述公式算出的 T1 定时初值将不是一个整数，因此会产生波特率误差而影响串行通信的同步性能。解决的方法只有调整单片机的晶振频率 f_{osc}，为此有一种频率为 11.0592 MHz 的晶振，这样可使计算出的 T1 初值为整数。表 6-3 列出了串行方式 1 或方式 3 在不同晶振时的常用波特率和误差。

表 6-3 常用波特率和误差

晶振频率/MHz	波特率/Hz	SMOD	T1 方式 2 定时初值	实际波特率/(b/s)	误差/%
12.00	9600	1	F9H	8923	7
12.00	4800	0	F9H	4460	7
12.00	2400	0	F3H	2404	0.16
12.00	1200	0	E6H	1202	0.16
11.0592	19 200	1	FDH	19 200	0
11.0592	9600	0	FDH	9600	0
11.0592	4800	0	EAH	4800	0
11.0592	2400	0	F4H	2400	0
11.0592	1200	0	E8H	1200	0

3. 中断式和查询式数据传送

串行通信中的异步通信是以帧数据作为基本传送单元，在发送或接收完一帧数据后，将使 SCON 中的 TI 或 RI 置 1，并利用 TI 和 RI 作为中断源申请中断。在系统允许串行口中断的情况下，每当 RI 或 TI 产生一次中断请求，CPU 将响应一次中断申请，执行一次中断服务程序，在中断服务程序中完成帧数据的发送或接收。

在发送数据时，除首次数据发送外，其余各字节数据的发送操作都可安排在发送中断服务程序中进行。在接收数据时，第一帧数据的接收可在中断服务程序中进行。应当注意，每次发送或接收数据操作，都要用指令将 TI 和 RI 清 0，以保证数据的发送和接收有效。MCS-51 串行口中断服务程序的入口地址规定为 0023H。由于划分给中断服务程序入口地址的空间很小，因此，往往在该地址中置入相关的转移指令，通过转移到指定地址单元去执行串行口中断操作。同时，串行口中断服务程序还要符合一般中断服务程序的要求，对现场给予必要的保护和恢复等。

查询式数据传送方式，要将 TI 和 RI 作为查询的状态标志，来判断一帧数据的发送和接收是否结束。

6.3.2 串口的典型应用

1. 串口发送程序

单片机通过串口发送字符串 "My first serial data!n"。

单片机串口发送
应用编程

采用 11.0592 MHz 晶振，波特率 4800 b/s、数据位 8、停止位 1、校验位无。C51 编程如下：

```c
#include <REG52.H>
#include <stdio.h>
void delay(unsigned int i);        //函数声明
char   code   MESSAGE[]="My first serial data!n";
unsigned char a;
void delay(unsigned int i)
{    unsigned char j;
    for(i;i > 0;i--)
        for(j=200;j > 0;j--);
}
void main(void)
{         SCON=0x50;           //REN = 1 允许串行接收状态，串口工作模式 2
          TMOD=0x20;           //定时器工作方式 2
          TH1=0xF4;            //波特率 2400 b/s
          TL1=0xF4;
          TR1 =1;              //开启定时器 1
          ES  =1;              //开串口中断
          EA  =1;              //开总中断
          while(1)
            {  a=0;
               while(MESSAGE[a] !='')
                {    SBUF=MESSAGE[a];      //SUBF 接收/发送缓冲器
                     while(!TI);            //等待数据传送（TI 发送中断标志）
                     I=0;                   //清除数据传送标志
                     a++;                   //下一个字符
                }
                delay(1000);
            }
}
```

在上面的程序中，先进行函数声明，接着在主函数中，初始化串口。

在主循环中，用 a 来计算传送字符的个数。当字符没有发完的时候，用发送缓冲器 SUBF 接收字符。接着等待数据传送（TI 是发送中断标志），当传送完毕之后即 TI = 1 的时候进行下一步。然后就设 TI = 0，即清除数据传送标志，再把 a 加 1，为下一个字符发送做准备。

2. 串口接收程序

单片机采用查询的方式接收来自串口的数据，并将所收到的数据再通过串口回传出去。采用 11.059 2 MHz 晶振，波特率 4 800 b/s、数据位 8、停止位 1、校验位无。
C51 编程如下：

```c
#include <REG52.H>
#include <stdio.h>
sbit BEEP=P1^5;
unsigned char b;
void main(void)
{   SCON=0x50;              //REN = 1 允许串行接收状态，串口工作模式 1
    TMOD=0x20;              //定时器工作方式 2
        TH1=0xF4;           //波特率 2400 b/s、数据位 8、停止位 1、校验位无
        TL1=0xF4;
        TR1 =1;
        while(1)
        {   if(RI)          //RI 接收标志
            {   RI=0;       //清除 RI 接收标志
                b=SBUF;     //SUBF 接收/发送缓冲器
                SBUF=b;
                while(!TI); //等待数据传送（TI 发送中断标志）
                TI=0;
            }
        }
}
```

在上面的程序中，首先进行串口初始化。在主循环中，不断查询串口数据接收标志，根据接收标志将接收到的数据回传到串口发送端。

3. 中断的方式收发程序

单片机采用中断的方式接收来自串口的数据，并将所收到的数据再通过串口回传出去。采用 11.059 2 MHz 晶振，波特率 4 800 b/s、数据位 8、停止位 1、校验位无。
C51 编程如下：

```c
#include<reg52.h>
#define uchar unsigned char
uchar a,flag;
void main()
{   TMOD=0x20;              //设置定时器 1 为模式 2
        TH1=0xf4;           //装初值，设定波特率 2400 b/s
        TL1=0xf4;
        TR1=1;              //启动定时器
        SM0=0;              //串口通信模式设置
        SM1=1;
```

```c
            REN=1;              //串口允许接收数据
            EA=1;               //开总中断
            ES=1;               //开串中断
            while(1)
            {   if(flag==1)     //如果有数据则进入这个语句
                {   ES=0;       //进入发送数据时先关闭串行中断
                    flag=0;
                    SBUF=a;     //将数据原样发回
                    while(!TI); //等待数据发完
                    TI=0;
                    ES=1;       //退出再开串行中断
                }
            }
}
void serial()interrupt 4       //串行中断函数
{   a=SBUF;                    //收取数据
    flag=1;                    //标志置位
    RI=0;
}
```

在上面的程序中,首先进行串口初始化。在主循环中,判断新数据标志 flag,如果 flag = 1,即表示有数据进入这个语句,这时设 ES = 0。进入发送数据时,先关闭串行中断,接着把 flag 置 0,然后将数据原样发回。最后等待数据发完,设 TI = 0,ES = 1。退出再开串行中断,为下一个字符接收做准备。flag 通过中断服务函数置位。

项目实施

任务 6-4　单片机与 PC 机的串行通信模块的设计

6.4.1　元器件准备

按表 6-4 所示的元器件清单采购并准备好元器件。

单片机与 PC 机的串行通信仿真实验

表 6-4　元器件清单

序号	标号	标称	数量	属性
1	$C_1 \sim C_2$	30 pF	2	瓷片电容
2	C_3	10 μF	1	电解电容
3	$C_4 \sim C_7$	0.1 μF	4	直插 3 mm

续表

序号	标号	标称	数量	属性
4	LED1	RED	1	直插 1/4 W
5	R_1	10 kΩ	1	直插 1/4 W
6	S1	RST	1	直插
7	U1	AT89S51/STC89C51	1	DIP40
8	X1	12 MHz	1	直插
9	JP1	IDC10	1	直插 10 芯排针
10	U2	MAX232EEP	1	5 V 直插电源座
11	DB1	DB9 插座	1	串口公头
12	P1	SIP2	1	5 V 直插电源座
13	附件 1	数据线	1	串口交叉线
14	设备 1	计算机	1	带 RS232 口

6.4.2 电路搭建

按图 6-13 所示的电路原理图进行电路设计和电路搭建。

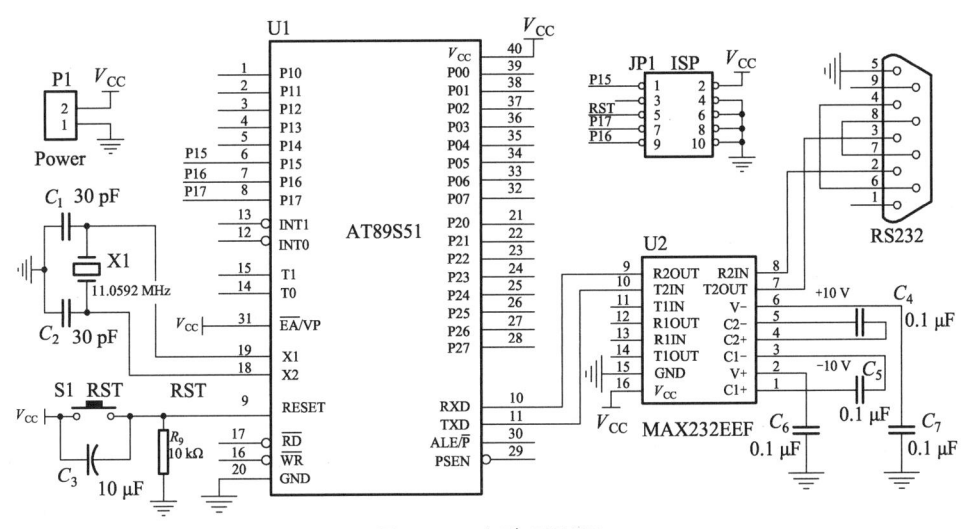

图 6-13 电路原理图

6.4.3 PC 端软件"串口调试助手"应用

在调试单片机串口程序的过程中,由于通信的本质是至少两个个体之间的交互,这给查找存在的问题带来了很多不便,在实际工程应用中,用户一般会借助 PC 端的串口调试工具来协助调试单片机串口。其中,"串口调试助手 V2.2"就是一款经典的软件,它支持各种串口设置,如波特率、校验位、数据位和停止位等,并支持 ASCII/HEX 发送,发送和接收的数据可以在 16 进制和 ASCII 码之间任意转换,同时支持自动定时发送、批处理发送、文件发送等功能。其界面如图 6-14 所示。

图 6-14　串口助手软件界面

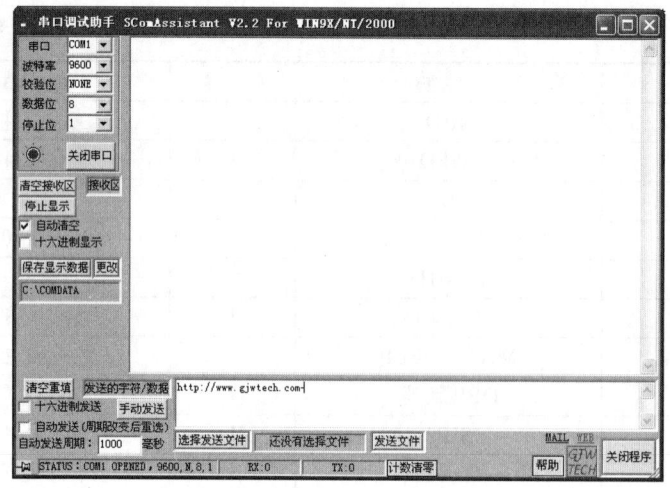

PC 通过 UART
来调试 MCU

该软件主要分为四个工作区：左侧上方为参数设置区，可以设置操作的串口号、波特率等相关参数；左侧下方为发送控制区；右侧上方为数据接收区，任何通过串口接收到的数据都会显示在此区域；右侧下方为发送缓冲区，用户可将需要发送的数据填写在这个区域里。

6.4.4　程序编写

```c
#include <reg51.h>
void main(void)                 //主函数
{
    unsigned char i;
    TMOD=0x20;                  //设置定时器 1 工作方式 2
    TL1=0x0fd;                  //设置计数初值为 0xfd
    TH1=0x0fd;                  //设置计数重装初值为 0xfd
    SCON=0x50;                  //设置串行口工作方式 1，1 起始，8 数据，1 停止
    PCON=0x00;                  //SMOD=0
    TR1=1;                      //打开定时器 0
    TI=0;                       //清除发送中断标志
    while(1)                    //主程序无限循环
    {
        if(RI==1)               //检测串口是否接收到数据
        {
            RI=0;               //接收到数据后清除标志
            i=SBUF;              //从接收缓冲器中读取串口调试助手发来的小写字母
            if((i>='a')&&(i<='z'))  //判断读取的数据是否为小写字母
            {
```

```
            SBUF=i-0x20;              //小写字母的 ASCII 码比大写字母大 0x20
            while(TI==0);             //等待发送结束
            TI=0;                     //清除发送标志位
        }
    }
}
```

6.4.5 功能实现

搭建单片机最小系统，编写汇编程序或 C51 程序，使用串口线连接单片机与计算机，通过计算机端串口助手发送一小写字符，单片机接收到后返回一大写字符。也可以通过 Proteus 仿真软件搭建单片机最小系统实现单片机的串口功能。

任务 6-5 单片机双机串行通信的设计

6.5.1 元器件准备

按表 6-5 所示的元器件清单采购并准备好元器件。

表 6-5 元器件清单

序号	标号	标 称	数量	属性
1	C_1、C_2、C_4、C_5	22 pF	4	瓷片电容
2	C_3、C_6	1 μF	2	电解电容
3	R_1、R_3	100 Ω	2	直插 1/4 W
4	LED1~8	RED	1	直插 1/4 W
5	R_2、R_4	10 kΩ	2	直插 1/4 W
6	$R_5 \sim R_{12}$	470 Ω	2	直插 1/4 W
7	S1	RST	1	直插
8	U1、U2	AT89S51/STC89C51	2	DIP40
9	X1	12 MHz	1	直插
10	JP1	IDC10	1	直插 10 芯排针
11	U2	MAX232EEP	1	5 V 直插电源座
12	DB1	DB9 插座	1	串口公头
13	P1	SIP2	1	5 V 直插电源座
14	附件 1	数据线	1	串口交叉线

6.5.2 电路搭建

按图 6-15 所示的电路原理图进行电路设计和电路搭建。

图 6-15　电路原理图

单片机双机通信效果

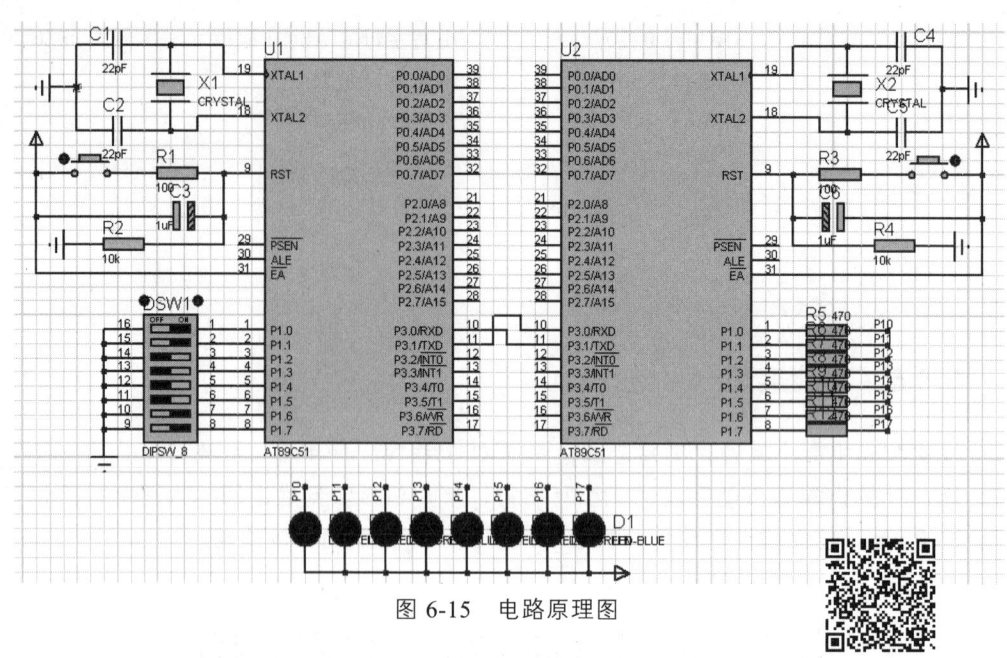

6.5.3　程序设计

程序设计流程如图 6-16 所示。

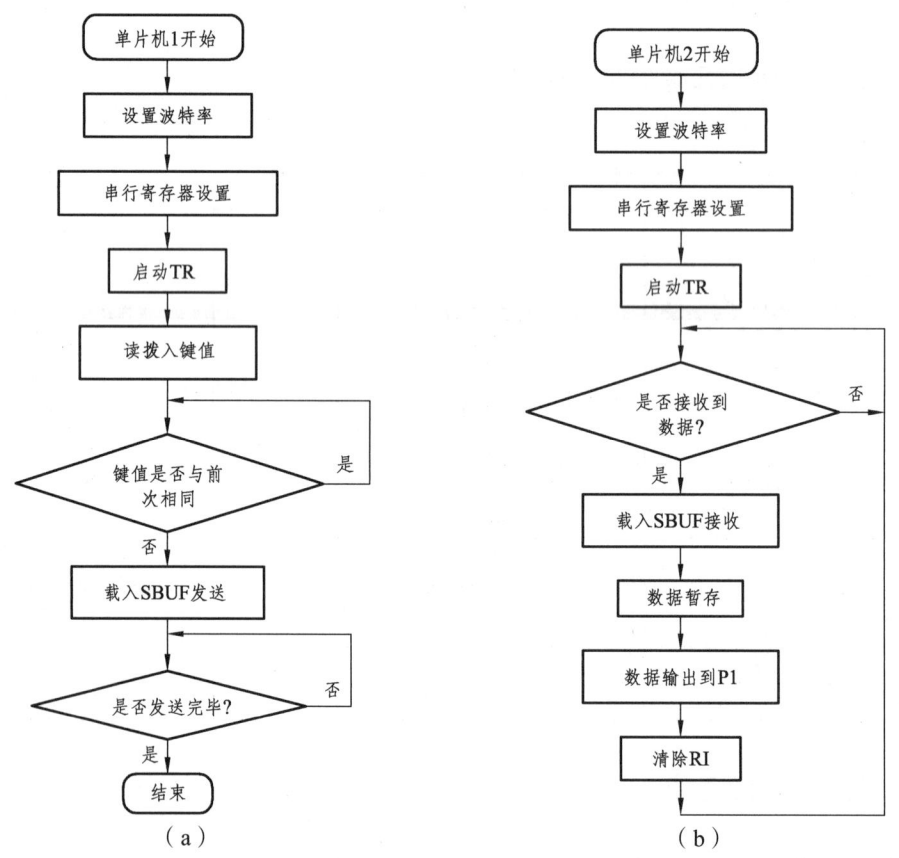

（a）　　　　　　　　　　　　（b）

图 6-16　程序流程

单片机 U1 串口发送程序：
```c
#include "reg51.h"
#define uint unsigned int
#define uchar unsigned char
void send(uchar state)
{
    SBUF=state;
    while(TI==0);
    TI=0;
}
void SCON_init(void)
{
    SCON=0x50;
    TMOD=0x20;
    PCON=0x00;
    TH1=0xfd;
    TL1=0xfd;
    TI=0;
    TR1=1;
    EA=1;
    ES=1;
}
void main()
{
    P1=0xff;
    SCON_init();
    while(1)
    {
    send(P1);
    }
}
```
单片机 U2 串口接收程序：
```c
#include "reg51.h"
#define uint unsigned int
#define uchar unsigned char
uchar   state;
void receive()
{
    while(RI==0);
```

```
        state=SBUF;
        RI=0;
    }
    void SCON_init(void)
    {
        SCON=0x50;
        TMOD=0x20;
        PCON=0x00;
        TH1=0xfd;
        TL1=0xfd;
        RI=0;
        TR1=1;
    }
    void main()
    {
        SCON_init();
        while(1)
        {
            receive();
            P1=state;
        }
    }
```

6.5.4 功能实现

搭建单片机最小系统，启动μVison4新建一个51单片机的工程，输入C51程序代码，调试后编译下载，最终单片机1的开关键值传输到单片机2，控制相应LED灯的显示状态。

思考与练习

1. 选择题

（1）在进行串行通信时，若两机的发送与接收可以同时进行，则称为（　　）。
　　A. 半双工传送　　B. 单工传送　　C. 双工传送　　D. 全双工传送

（2）串行口的工作方式由（　　）寄存器决定。
　　A. SBUF　　B. PCON　　C. SCON　　D. RI

（3）MCS-51系列单片机串行通信口的传输方式是（　　）。
　　A. 单工　　B. 半双工　　C. 全双工　　D. 不可编程

（4）表示串行数据传输速度的指标为（　　）。
　　A. USART　　　　　B. UART　　　　C. 字符帧　　　D. 波特率
（5）串行口的发送数据端为（　　）。
　　A. RI　　　　　　　B. RXD　　　　　C. REN　　　　　D. TXD
（6）单片机输出信号为（　　）电平。
　　A. TTL　　　　　　B. RS-232C　　　C. RS-232　　　D. RS-485
（7）当设置串行口工作为方式 2 时，采用（　　）指令。
　　A. SCON = 0x80　　　　　　　　　B. SCON = 0x10
　　C. PCON = 0x10　　　　　　　　　D. PCON = 0x80
（8）串行口的发送数据和接收数据端为（　　）。
　　A. TXD 和 RXD　　　　　　　　　B. TB8 和 RB8
　　C. REN　　　　　　　　　　　　　D. TI 和 RI

2. 问答题

（1）什么是并行通信和串行通信？它们的主要优缺点和用途是什么？
（2）画出异步通信的帧格式。
（3）串行口有哪几种工作方式？各工作方式的波特率如何确定？
（4）简述串口通信初始化步骤。
（5）使用 AT89S52 的串行口按工作方式 1 进行串行数据通信，假定波特率为 2400 b/s，以中断方式传送数据，请编写全双工通信程序。
（6）自己动手设计并制作一个单片机与 PC 机的串行通信模块。

项目 7　人机交互接口技术应用

> **项目简介**

在单片机应用系统中，为实现人机交互，大多数需要进行配置输入外设和输出外设，其中显示器和键盘是两个不可缺少的功能配置。本项目介绍常用的输入部件及输出设备的接口应用技术，主要内容有：LED 数码管的检测方法以及静态显示、动态显示接口电路分析与编程；键盘按键的消抖处理、独立式和矩阵式键盘应用方法；LED 点阵显示器的设计；常见的液晶模块 1602 显示器接口分析与编程应用。通过本项目的学习，学生应熟悉和掌握这几种接口技术的硬件连线方法和软件编写方法，为以后进行单片机应用系统的开发做好准备。

任务 7-1　LED 数码管显示接口的应用

7.1.1　LED 数码管原理

1. LED 数码管外观与内部原理认知

数码管结构

LED 数码管是由发光二极管显示字段的显示器件。在单片机系统中通常使用的是 7 段 LED。通常的 7 段 LED 显示块中有 8 个发光二极管，故也叫 8 段显示器。其中，7 个发光二极管构成七笔字形"8"，一个发光二极管构成小数点。

图 7-1 为几个数码管的图片，其中图 7-1（a）为单位数码管、图 7-1（b）为双位数码管、图 7-1（c）为四位数码管，另外还有右下角不带点的数码管，还有"米"字数码管等。

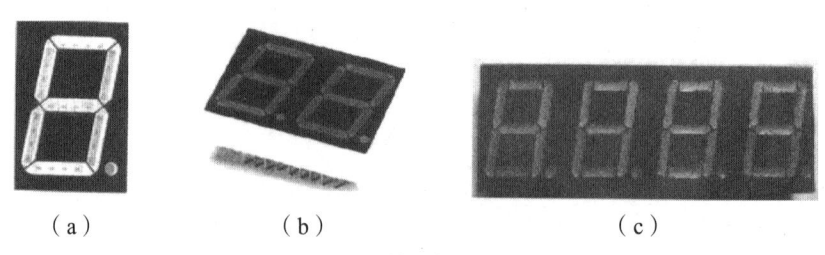

（a）　　　　　（b）　　　　　（c）

图 7-1　数码管外观图

不管将几位数码管连在一起，数码管的显示原理都是一样的，都是靠点亮内部的发光二极管来发光，下面就来讲解一个数码管是如何亮起来的。数码管内部电路如图 7-2 所示，从图 7-2（a）中可以看出，一位数码管的引脚是 10 个，显示一个 8 字需要 7 个小段，另外还有一个小数点，所以其内部一共有 8 个小的发光二极管，最后还有一个公共端,生产商为了封装统一,单位数码管都封装 10 个引脚,其中第 3 和第 8 引脚是连接在一起的。而它们的公共端又可分为共阳极和共阴极,图 7-2(b)为共阴极内部原理图,图 7-2(c)为共阳极内部原理图。

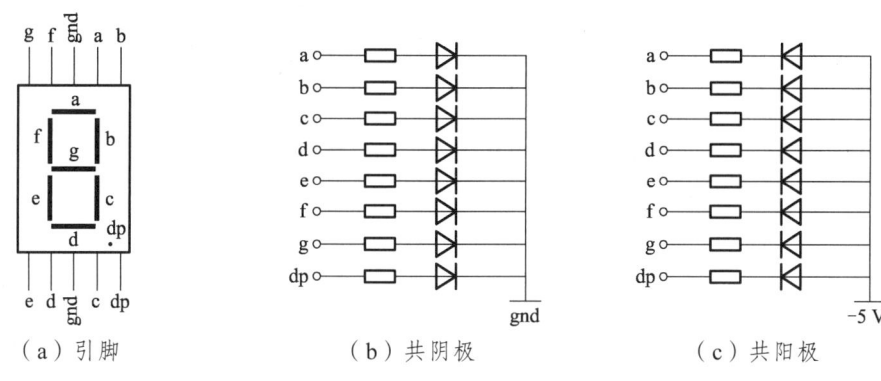

（a）引脚　　　　　　　　（b）共阴极　　　　　　　　（c）共阳极

图 7-2　数码管内部电路原理

2. 共阳极、共阴极数码管的字形码

对共阴极数码管来说,其 8 个发光二极管的阴极在数码管内部全部连接在一起,所以称为"共阴",而它们的阳极是独立的,通常在设计电路时一般把阴极接地。当给数码管的任一个阳极加一个高电平时,对应的发光二极管就点亮了。如果想要显示出一个 8 字,并且把右下角的小数点也点亮的话,可以给 8 个阳极全部送高电平;如果想让它显示出一个 0 字,那么可以除了给"gnd""dp"这两位送低电平外,其余引脚全部都送高电平,这样它就显示出 0 字。想让它显示几,就给相对应的发光二极管送高电平,因此在显示数字的时候首先做的就是给 0~9 十个数字编码,在要它亮什么数字的时候直接把这个编码送到它的阳极即可。

共阳极数码管的内部 8 个发光二极管的所有阳极全部连接在一起,电路连接时,公共端接高电平,因此要点亮的那个发光管二极管就需要给阴极送低电平,此时显示数字的编码与共阳极编码是相反的关系,数码管内部发光二极管点亮时,也需要 5 mA 以上的电流,而且电流不可过大,否则会烧毁发光二极管。由于单片机的 I/O 口送不出如此大的电流,所以数码管与单片机连接时需要加驱动电路,可以用上拉电阻的方法或使用专门的数码管驱动芯片,如利用锁存器 74HC573、驱动器 74HC245 等集成电路,其输出电流较大,电路接口简单,可借鉴使用。

为了显示数字或符号,要为 LED 显示器提供代码(字形码),在两种接法中字形码是不同的。提供给 LED 显示器的字形码正好 1 个字节,共阳极 LED 数码管和共阴极数码管显示十六进制数的字形码如表 7-1 所示。

图 7-1(b)、(c)还显示了二位一体、四位一体的数码管,当多位一体时,它们内部的公共端是独立的,而负责显示什么数字的段线全部是连接在一起的,独立的公共端可以控制多位一体中的哪一位数码管点亮,而连接在一起的段线可以控制这个能点亮数码管亮什么数字,通常把公共端叫作"位选线",连接在一起的段线叫作"段选线",有了这两个线后,通过单片机及外部驱动电路就可以控制任意数码管显示任意的数字了。

表 7-1　LED 数码管的字形码

显示字符	共阳极码	共阴极码	显示字符	共阳极码	共阴极码
0	C0H	3FH	9	90H	6FH
1	F9H	06H	A	88H	77H
2	A4H	5BH	B	83H	7CH
3	B0H	4FH	c	C6H	39H
4	99H	66H	D	A1H	5EH
5	92H	6DH	E	86H	79H
6	82H	7DH	F	84H	71H
7	F8H	07H	"灭"	FFH	00H
8	80H	7FH			

3. 用万用表检测数码管的引脚排列

一般一位数码管有 10 个引脚，二位数码管也有 10 个引脚，四位数码管有 12 个引脚，关于具体的引脚及段、位标号，可以查询相关资料，最简单、最快捷的办法就是用数字万用表测量，若没有数字万用表，也可用 5 V 直流电源串接 1 kΩ 电阻后测量，记录测量结果，通过统计便可绘制出引脚标号。

对于数字万用表来说，红色表笔连接万用表内部电池正极，黑色表笔连接表内电池负极，当把数字万用表置于二极管挡位时，其两表笔间开路电压约为 1.5 V，把两表笔正确加在发光二极管两端时，可以点亮发光二极管。

如图 7-3 所示，将数字万用表置于二极管挡位，红表笔接在①脚，然后用黑表笔去接触其他各引脚，假设只有当接触到⑨脚时，数码管的 a 段发光，而接触其余引脚时则不发光。由此可知，被测数码管为共阴极结构类型，⑦脚是公共阴极，①脚则是数码管的 a 段。接下来再检测各段引脚，仍使用数字万用表二极管挡位，将黑表笔固定接在⑨脚，用红表笔依次接触②、③、④、⑤、⑥、⑦、⑧、⑩引脚时，数码管的其他段先后分别发光，据此便可绘出该数码管的内部结构和引脚排列图。

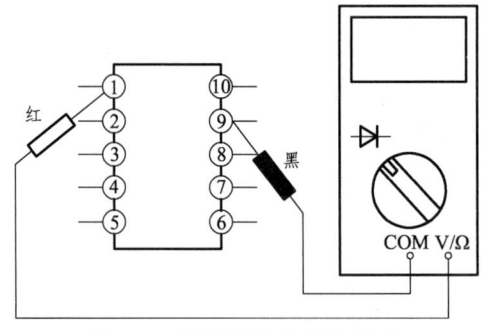

图 7-3　数码管结构类型判别

检测中，若被测数码管为共阳极类型，则需将红、黑表笔对调才能测出上述结果。在判别结构类型时，操作时要灵活掌握，反复试验，直到找出公共端为止。只要懂得了数码管原理，检测出各个引脚将会很容易完成。

7.1.2　LED 数码管静态显示分析与应用

根据位选线与段选线的连接方法不同，LED 显示器分为静态显示和动态显示两种方式。

LED 显示器工作在静态显示方式下，共阴极点或共阳极点连接在一起接地或接 +5 V；每位 LED 显示块的段选线（a~dp）与一个 8 位并行口相连。静态显示有并行输出和串行输出两种方式。

并行输出静态显示每一位 LED 显示器，分别由一个 8 位输出口控制字形码，显示器能稳定且独立显示字符。如图 7-4 为 2 位 LED 显示器与 89C51 单片机的接口电路。这种方式编程简单，但占用的 I/O 口多，适合于显示器位数少的场合。

例如：如图 7-4 所示，编写程序实现两个数码管分别显示数字"51"。

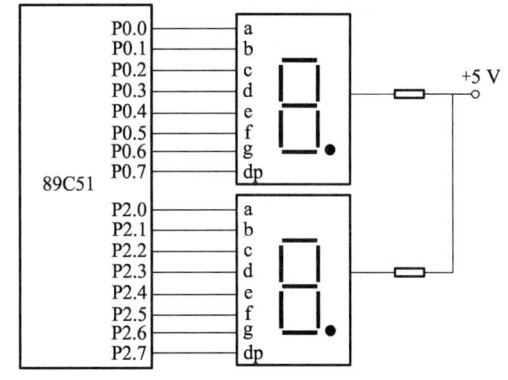

图 7-4　并行输出静态显示输出电路

两个数码管为共阳极数码管，其对应字形码赋值的程序段编写如下：

```
void main()
{
    P0=0x92;      //"5"的字形码
    P2=0xf9;      //"1"的字形码
    while(1);
}
```

【例 7.1】　图 7-5 所示为单片机驱动数码管显示电路，用程序控制接在 P0 口的数码管循环显示 0~9。

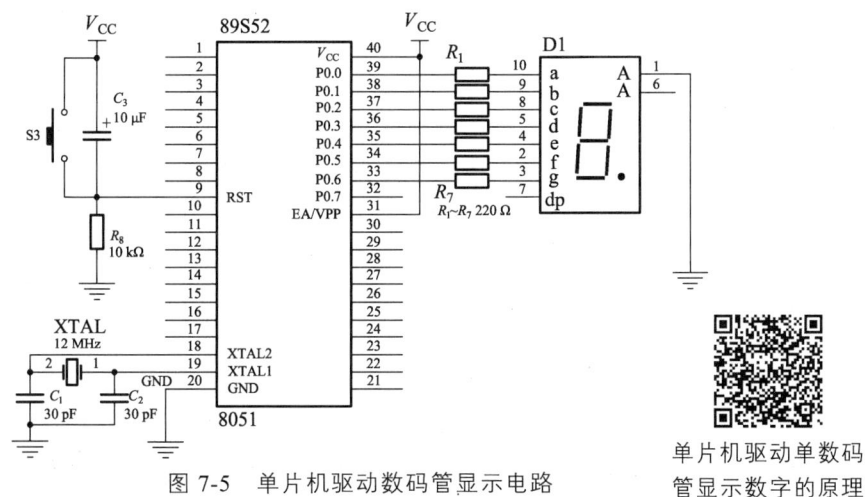

图 7-5　单片机驱动数码管显示电路

参考源程序：

```c
#include<reg51.h>
#include<intrins.h>
#define uchar unsigned char
#define uint unsigned int
uchar code DSY_CODE [ ]={ 0x3f,0x06,0x5b,0x4f,0x66,0x6d,0x7d,0x07,0x7f,0x6f,0x77,
0x7c,0x39,0x5e,0x79,0x71 };            //共阴极"0~F"LED字形码
//延时
void DelayMS(uint x)
{
uchar t;
while(x--)for(t=0;t<120;t++);
}
//主程序
void main()
{
uchar i=0;
P0=0x00;
while(1)
   {
   P0=~DSY_CODE[ i ];
   i=(i+1)%10;
   DelayMS(300);
   }
}
```

7.1.3 LED 数码管动态显示分析与应用

当 LED 显示器位数较多时，为简化电路一般采用动态显示方式。动态显示是一位一位轮流点亮每位显示器，在同一时刻只有一位显示器在工作（点亮），但由于人眼的视觉暂留效应和发光二极管熄灭时的余辉，将出现多个字符"同时"显示的现象。

为了实现 LED 显示器的动态显示，通常将所有位的字形控制线并联在一起，由一个 8 位 I/O 接口控制，将每一位 LED 显示器的字位控制线（即每个显示器的阴极公共端或阳极公共端）分别由相应的 I/O 接口控制，实现各位的分时选通。

使用动态显示时需注意的问题：

（1）点亮时间。在动态显示过程中需调用延时子程序，以保证每一位显示器稳定点亮一段时间，为了显示一连串稳定清晰的字符，在视觉上不出现闪烁、抖动现象，扫描频率应大于 50 Hz。以扫描频率 f = 100 Hz 为例，每位 LED 显示器点亮后全部数码管的时间约为 10 ms，设动态显示电路中共有 6 只数码管，则每位数码管显示的延时时间应约为 1.6 ms。

（2）驱动能力。在动态显示方式下，LED 显示器的工作电流较大，位控制线上的驱动电流约为 50 mA，为了保证显示器具有足够的亮度，通常连接驱动电路以提高驱动能力。常用的驱动器有 74LS06、74LS07、74LS245 等。

【例 7.2】 设计 6 位 LED 数码管动态显示电路，用 C51 语言编程显示字符"123456"。

分析：采用共阳极数码管，设计的电路如图 7-6 所示。AT89S51 单片机 P0 口输出段控码，通过 7407 驱动，P2 口输出位控码，通过 7404 反相驱动后控制每一位数码管。

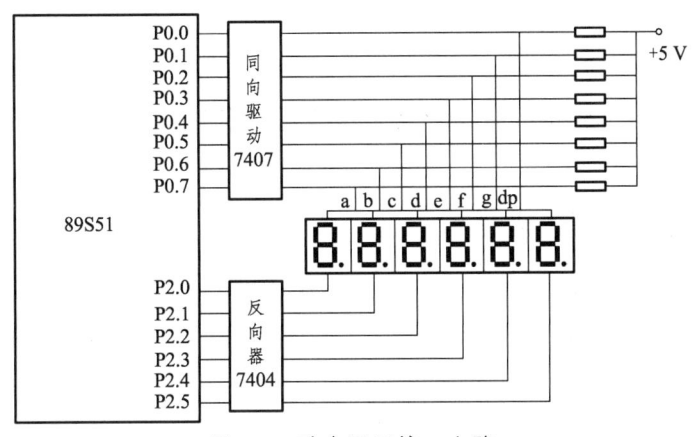

图 7-6 动态显示接口电路

C51 程序代码如下：

```
#define uchar unsigned char     //宏定义
#define uint unsigned int       //宏定义
#define DIGI P0                 //宏定义，将 P0 口定义为数码管段控
#define SELECT P2               //宏定义，将 P2 定义为数码管位控

uchar num[ ]={0xf9,0xa4,0xb0,0x99,0x92,0x82};  //字符 0～6 的共阳极字形码
uchar select[ ]={0xfe,0xfd,0xfb,0xf7,0xef,0xdf};
                                //选择数码管数组的位控码，从左至右依次选择
void delay()                    //延时子函数
{
    uchar ii=250;
    while(ii--);
}
main()                          //主函数
{
uchar i=0;
while(1)
    {
        for(i=0;i<6;i++)        //6 个数码管轮流显示
```

```
    {
        DIGI=0xff;                  //显示消隐
        SELECT=select[i];           //选择第 i 个数码管
        DIGI=num[i];                //显示 i
        delay();                    //延时约 1 ms
    }
  }
}
```

任务 7-2　键盘接口技术应用

7.2.1　按键的消抖处理

键盘在单片机应用系统中能实现向单片机输入数据、传送命令等功能，是人工干预单片机的主要手段。下面介绍键盘的工作原理，键盘按键的识别过程、识别方法和消抖处理方法。

1. 键盘输入的特点

在单片机系统中常用的键盘有两种：机械式按键键盘和薄膜键盘。键盘实质上是独立的按键或一组按键开关的集合。一个电压信号通过键盘开关机械触点的断开、闭合，其行线电压输出波形如图 7-7 所示。

（a）按键开关　　　　　　　（b）键闭合时行线输出电压波形

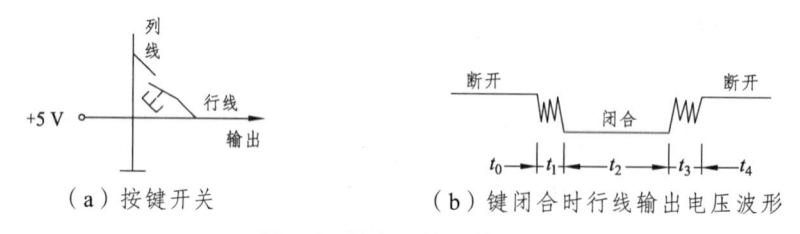

图 7-7　键盘开关及其波形

图 7-7 中 t_1、t_3 分别为键的闭合和断开过程中的抖动期（呈现一串负脉冲），抖动时间的长短和开关的机械特性有关，一般为 5～10 ms，t_2 为稳定的闭合期，其时间由按键动作所决定，一般为十分之几秒到几秒，t_0、t_4 为断开期。

2. 按键的确认

键的闭合与否，反映在行线输出电压上就是呈现高电平或低电平，高电平表示键断开，低电平则表示键闭合。通过对行线电平的高低状态的检测，便可确认按键按下与否。为了确保单片机对一次按键动作只确认一次按键有效，必须消除抖动期 t_1 和 t_3 的影响。

3. 按键抖动的消除

（1）硬件消除抖动：主要使用双稳态电路，如图7-8所示。

（2）软件去抖动：软件方法消除按键抖动的基本思想是，在第一次检测到有键按下时，该键所对应的行线为低电平，执行一段延时 10 ms 的子程序后，确认该行线电平是否仍为低电平，如果仍为低电平，则确认该行确实有键按下。当按键松开时，行线的低电平变为高电平，执行一段延时 10 ms 的子程序后，检测该行线为高电平，说明按键确实已经松开。

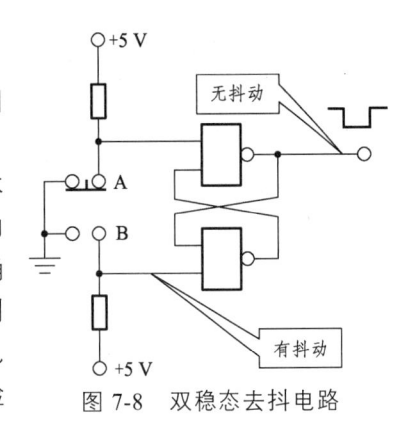

采取以上措施，消除了两个抖动期 t_1 和 t_3 的影响。

图 7-8 双稳态去抖电路

单片机与独立按键接口设计

7.2.2 独立式键盘应用

1. 独立式键盘的硬件结构

独立式键盘的结构如图 7-9 所示，这是最简单的键盘结构形式，每个按键的电路是独立的，都有单独一条 I/O 口线对应一个按键的通断状态。图 7-9（a）所示为芯片内部有上拉电阻的接口，图 7-9（b）所示为芯片内部无上拉电阻的接口。独立式键盘配置灵活，软件结构简单，但每个按键必须占用一根口线，因此，适用于按键数量不多的场合。

独立式键盘的软件可以采用随机扫描、定时扫描和中断扫描 3 种方式。

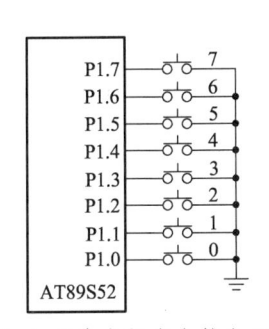

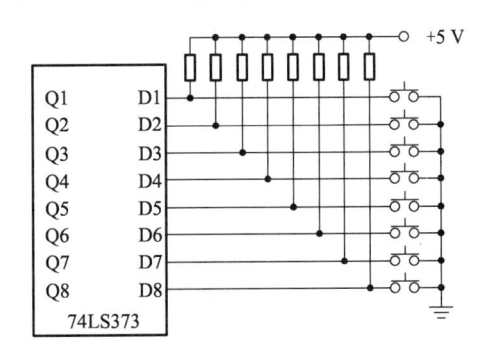

（a）芯片内部有上拉电阻　　　　（b）芯片内部无上拉电阻

图 7-9 独立式键盘的结构

2. 独立式键盘的编程

下面是查询方式的键盘程序。程序中没有软件防抖动措施，只包括按键查询、键功能程序转移。PROG0 ~ PROG7 分别为每个按键的功能程序。随机扫描汇编程序的清单程序（也可以用定时扫描或中断扫描）如下：

```
void KEY()
{
```

```
    if(!P1.0)PROG0();              //逐键判别
    if(!P1.1)PROG1();
    …
    if(!P1.7)PROG7();
}
void PROG0()                       //做 P1.0 要求的"功能 0"
{
…
}
void PROG1()                       //做 P1.1 要求的"功能 1"
{
…
}
…
void PROG7()                       //做 P1.7 要求的"功能 7"
{
…
}
```

7.2.3 矩阵式键盘

1. 矩阵式键盘的硬件结构

矩阵式键盘又叫行列式键盘,用若干 I/O 口线作为行线,若干 I/O 口线作为列线,在每个行列交点设置按键组成,如图 7-10 所示。

(a)芯片内部有上拉电阻　　　　　　(b)芯片内部无上接电阻

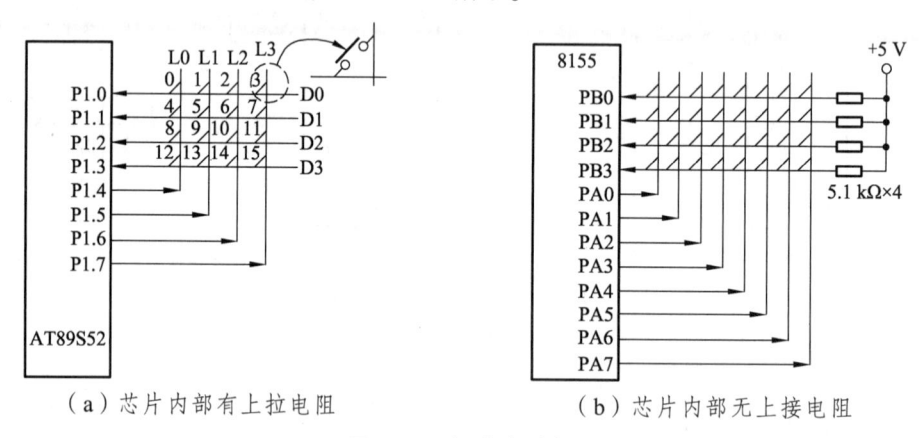

图 7-10 矩阵式键盘

当端口线数量为 8 时,可以将 4 根端口线定义为行线,另 4 根端口线定义为列线,形成 4×4 键盘,可以配置 16 个按键,如图 7-10(a)所示。图 7-10(b)所示为 4×8 键盘。

矩阵式键盘的行线通过电阻接 +5 V[芯片内部集成有上拉电阻时,可不用外接,如

图 7-10（a）所示]，当键盘上没有按键按下时，所有的行线与列线是断开的，行线均为高电平；当键盘上某一按键闭合时，该按键所对应的行线与列线短接。此时，该行线的电平将由被短接的列线电平所决定。

2. 矩阵式键盘识别按键方法

最常用的矩阵式键盘识别按键的方法包括逐列扫描法、行列反转法等。

矩阵式键盘逐列扫描法识别按键过程

（1）逐列扫描法

结合图 7-10（a），矩阵式键盘扫描法识别按键的具体过程如下：

第 1 步，判断键盘是否有键按下。方法是向所有的列线 L0、L1、L2、L3 口输出低电平 0，再读入所有行线 D0、D1、D2、D3 的状态。任一按键按下，如第 10 号键按下，则该键所在第 2 行 D2 与第 2 列 L2 连通，第 2 行 D2 被拉低，读入的行信号 P1.2 为低电平 0，则表示有键按下。

第 2 步，逐列扫描判断具体的按键。方法是往列线上逐列送低电平 0。先送第 0 列 L0 为低电平 0，第 1、2、3 列 L1、L2、L3 为高电平 1，读入行电平的状态 P1.0、P1.1、P1.2、P1.3 就显示了位于第 0 列的 0、4、8、12 号按键的状态，如果读入行值全部为高电平 1，则表示无键按下，如果读入行值有低电平 0，则可以确定按下按键所在行号。

再送第 1 列为低电平 0，第 0、2、3 列 L0、L2、L3 为高电平 1，读入行电平的状态就显示了位于第 1 列的 1、5、9、13 号按键的状态。依次类推，直到 4 列全部扫描完，再重新从第 0 列开始扫描。

第 3 步，确定按键键号。键号是键盘的每个键的编号，可以是十进制或十六进制。键号一般通过键盘扫描程序取得的键值求出。键值是各键所在行号和列号的组合码。根据键值中的行号和列号信息就可以计算出键号，键值 = 列号 + 行号×4，如 2×4+2 = 10。

（2）行列反转法

行列反转法是指先把列线置成低电平，行线置成输入状态，读行线；再把行线置成低电平，列线置成输入状态，读列线。有键按下时，由两次所读状态即可确定所按键的位置。

【例 7.3】 LED 显示矩阵键盘键号：如图 7-11 所示，要求单片机控制 1 个 LED 显示矩阵键盘的按键号 0~F。

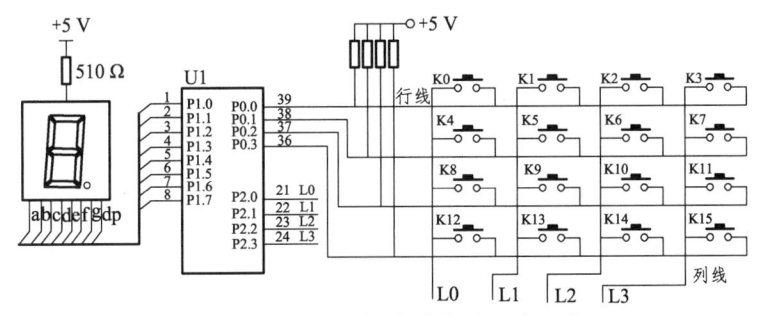

图 7-11 LED 显示矩阵键盘键号的电路图

分析：16个按键采用4×4矩阵键盘连接方式，其按键号分别代表数字0~9和A~F，当按键按下时，显示相应字符。参考程序用逐列扫描法得到键盘的键号，程序如下：

```c
#include<#reg51.H>
void delayms(unsigned int i)
{unsigned char k;
while(i--)
for(k=0;k <120;k++);
}
char scan_key();                    //键盘扫描函数
void main()
{unsigned char led []={0xc0,0xf9,0xa4,0xb0,0x99,0x92,0x82,0xf8,0x80,0x90,0x88,
0x83,0xc6,0xal,0x86,0x8e};          //0~9、A~F的共阳极显示码
unsigned char i;
P1=0xff;
P0=0xff;                            //P0口低4位作输入口，先输出全1
while(1)
    {
    i=scan_key();                   //调用键盘扫描函数
    if(i==1)continue;               //没有按键按下继续循环
    else
    P1=led [i];                     //显示按下键的数字号
    }
}
//函数名：scan_key
//函数功能：判断是否有键按下，如果有键按下，逐列扫描法得到键值
//形式参数：无
//返回值：键值0~15，-1表示无键按下
char scan key()
{
char i,temp,m,n;
bit   find=0;                       //有键按下标志位
P2=0xf0;                            //向所有的列线上输出低电平
i=P0;                               //读入行值
i&=0x0f;                            //屏蔽掉高4位
if(i!=0x0f)                         //行值不为全1，有键按下
{
    delayms(10);                    //延时去抖
    i=P0;                           //再次读入行值
```

```
            i&=0x0f;                    //屏蔽掉高 4 位
            if(i!=0x0f)
            {                           //第 2 次判断有键按下
                for(i=0;i <4;i++)
                {
                    P2=0xfe < <i;       //逐列送出低电平
                    temp=~P0;           //读行值,并取反,全 1 变全 0
                    temp=temp&0x0f;     //屏蔽掉行值高 4 位
                    if(temp!=0x00)      //判断有无键按下,为 0 则无键按下,否则有键按下
                    {m=i;               //保存列号至 m 变量
                    find=1;             //置找到按键标志
                    switch(temp)        //判断哪一行有键按下。记录行号到 n 变量
                    {case 0x01:n=0;break;  //第 0 行有键按下
                    case 0x02:n=1;break;   //第 1 行有键按下
                    case 0x04:n=2;break;   //第 2 行有键按下
                    case 0x08:n=3;break;   //第 3 行有键按下
                    default:break;
                    }
                    break;              //有键按下,退出 for 循环
                    }
                }
            }
        }
        if(find==0)return-1;            //无键按下则返回-1
        else return(n*4+m);             //否则返回键值,键值 = 列号 * 4 + 行号
    }
```

任务 7-3　点阵显示器分析及应用

　　LED 点矩阵显示器将构成显示器的所有 LED 都依矩阵形式排列。点矩阵显示器主要用来制作电子显示屏,广泛用于火车站、体育场、股票交易厅、大型医院等地点做信息发布或广告显示。其优点是能够根据所需的大小、形状、单色或彩色来进行编辑,利用单片机等微处理器控制实现各种动态效果或图形显示。LED 显示屏的发展前景极为广阔,目前正朝着更高亮度、更高气候耐受性、更高发光密度、更高发光均匀性、可靠性、全色化方向发展。

7.3.1 点阵显示器分类和结构

点阵显示器按颜色来分可分为单基色、双基色和全彩色显示屏。单基色点阵屏显示红色或绿色单一颜色；双基色显示屏显示红和绿双基色，最多有 256 级灰度，可以显示 65 536 种颜色；全彩色显示屏有红、绿、蓝三基色，256 级灰度的全彩色显示屏可以显示 1600 多万种颜色。

点阵显示器按使用场合可分为室内显示屏和室外显示屏。室内显示屏发光点较小，一般为 $\phi 3 \sim \phi 8$ mm，显示面积一般为零点几至十几平方米；室外显示屏面积一般为几十平方米至几百平方米，亮度高，可在阳光下工作，具有防风、防雨、防水功能。室外显示屏发光的基本单元为发光筒，发光筒的原理是将一组红、绿、蓝发光二极管封在一个塑料筒内共同发光增强亮度。

点阵显示器按发光点直径分类，常见的规格有 $\phi 3$ mm、$\phi 3.75$ mm、$\phi 5$ mm、$\phi 10$ mm、$\phi 12$ mm、$\phi 16$ mm、$\phi 19$ mm、$\phi 21$ mm、$\phi 26$ mm 等。

点阵显示器依据 LED 点阵单元模块的极性排列方式，可分为共阴极、共阳极两种类型。

如果根据矩阵每行或每列所含 LED 个数的不同，分单元的点矩阵显示器还可分为 5×7、8×8、16×16、32×32 等类型。

以单色共阳极 8×8 点阵显示器为例，其外观和引脚排列如图 7-12 所示，内部等效电路如图 7-13 所示。

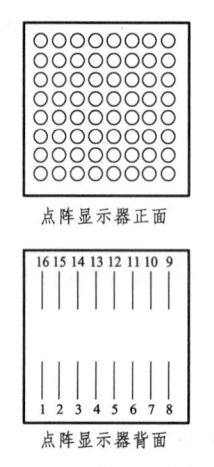

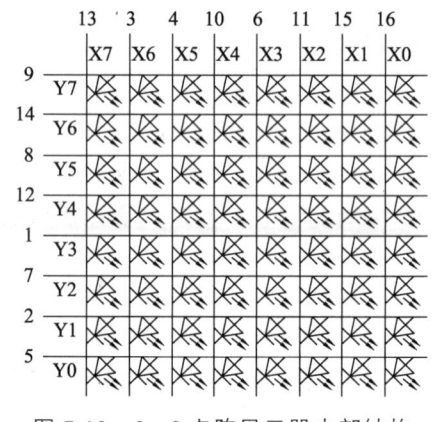

图 7-12 LED 点阵显示器外形示意图　　图 7-13 8×8 点阵显示器内部结构

7.3.2 点阵显示器显示原理

由图 7-13 可知，只要让某些 LED 亮，就可以显示出数字、英文字母、图形和汉字。从内部结构不难看出，点亮 LED 的方法就是要让该 LED 所对应的 Y 线、X 线加上高、低电平，使 LED 处于正向偏置状态。

数字、字母和简单的汉字只需一片 8×8 点阵显示器就可以显示，但如果要显示较复杂的汉字，则必须要由几个 8×8 点阵显示器共同组合才能完成。图 7-14 给出了几个数字、字母和简单汉字的字形码生成原理。

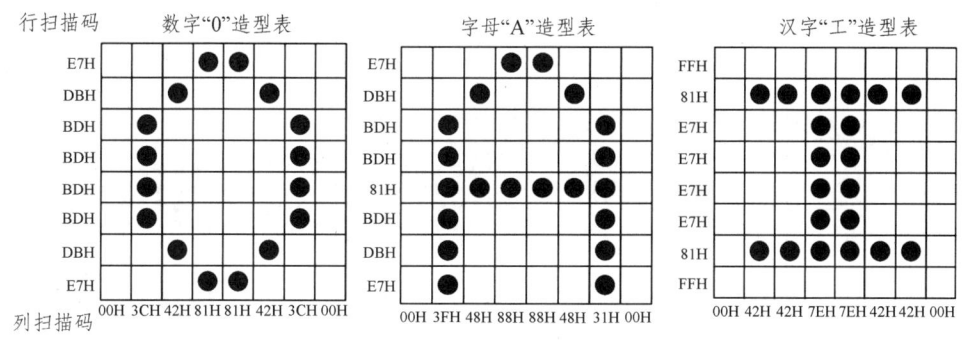

图 7-14 字符"0""A"和汉字"工"的字形码

点阵显示器的字形表通常以数据码表的形式存放在程序中，工程应用实际中可以使用专门的计算机软件按显示要求自动生成，单片机软件编程时通常采用查表的方法对其进行读取。

点阵显示器常采用扫描法显示数字或字符造型，有两种扫描方式：行扫描和列扫描。

行扫描就是控制点阵显示器的行线依次输出有效驱动电平，当每行行线状态有效时，分别输出对应的行扫描码至列线，驱动该行 LED 点亮。如图 7-14，若要显示数字"0"，可先将 Y0 行置"1"，X7~X0 输出"11100111（E7H）"；再将 Y1 行置"1"，X7~X0 输出"11011011（DBH）"；按照这种方式，将行线 Y0~Y7 依次置"1"，X7~X0 依次输出相应行扫描码值。

列扫描与行扫描类似，只不过是控制列线依次输出有效驱动电平，当第 n 列有效时，输出列扫描码至行线，驱动该列 LED 点亮。如图 7-14，若要显示数字"0"，可先将 X0 列置"0"，Y7~Y0 输出"00000000（00H）"；再将 X1 行置"0"，Y7~Y0 输出"00111100（3CH）"；按照这种方式，将行线 X0~X7 依次置"0"，Y7~Y0 依次输出相应行扫描码值。

行扫描和列扫描都要求点阵显示器一次驱动一行或一列（8 个 LED），如果不外加驱动电路，LED 会因电流较小而亮度不足。点阵显示器的常用驱动电路可采用 74LS244、ULN2003 等芯片驱动。

7.3.3 点阵显示器应用实例

【例 7.4】 设计一个 16×16 点阵接口电路，用 C51 编程循环显示"欢迎使用单片机"7 个汉字。

分析：可以使用 4 组 8×8 点阵组成一个 16×16 点阵单元，16×16 点阵接口电路如图 7-15 所示。

电路中的 J16、J17 作为 LED 点阵的列线，可与单片机最小系统的 P0、P2 相连接；J14、J15 作为 LED 点阵的行线，可与单片机最小系统的 P1、P3 相连接，两片 74HC244 用于行线驱动。接线时单片机 I/O 口高低位与 J14~J17 高低位对应，软件编程按阵列自上而下扫描。

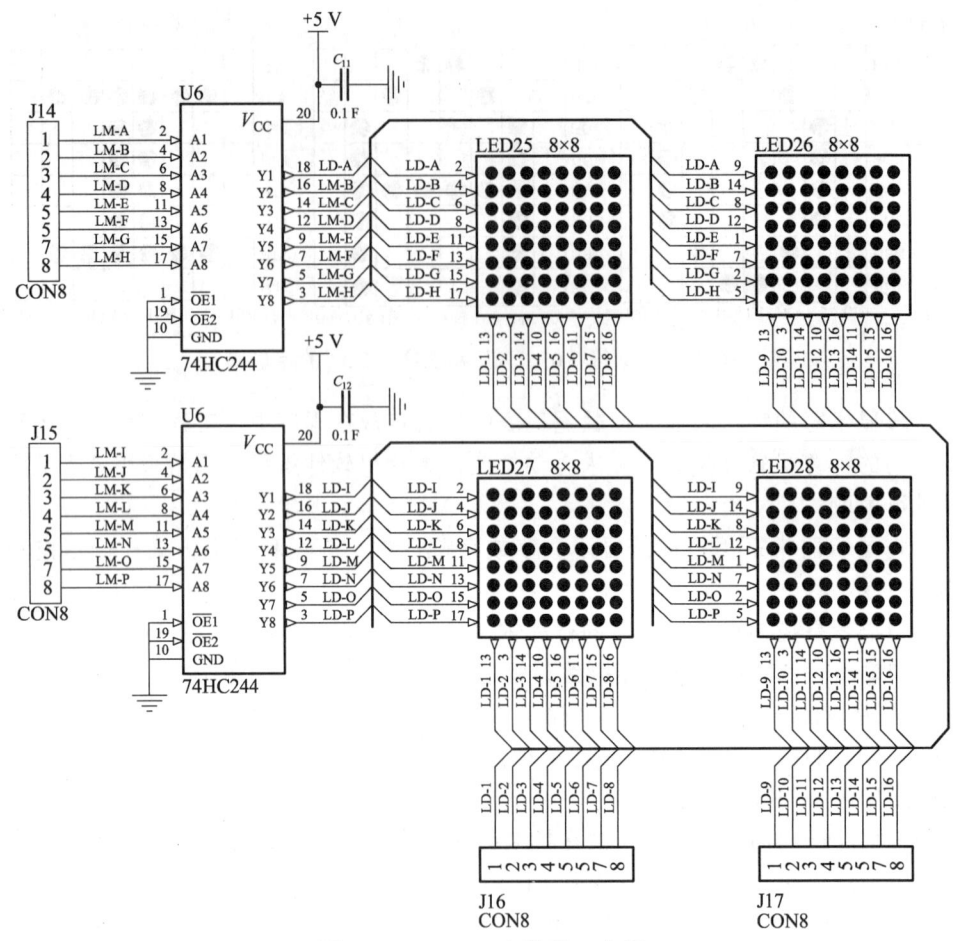

图 7-15 16×16 点阵接口电路

C51 程序代码如下：
```c
#include<reg52.h>
#define uint unsigned int
#define uchar unsigned char
uint code Tab[ ] [32]={
    {0xFF,0xFC,0xFF,0xFC,0x80,0xFC,0x9F,0x80,0x1F,0x9E,0x49,0xCE,0x03,0xF9,
0x87,0xF9,0xE7,0xF9,0xC3,0xF0,0x93,0xF0,0x19,0xE6,0x7C,0xE6,0x3F,0xCF,0x9
F,0x9F,0xCF,0x3F},           //"欢"
    {0xFF,0xFF,0xF3,0xFC,0x27,0x82,0x27,0x93,0x3F,0x93,0x3F,0x93,0x20,0x93,0
x27,0x93,0x27,0x93,0x27,0x80,0x27,0xC2,0x27,0xF3,0xE7,0xF3,0xC3,0xF3,0x1
9,0x00,0xFF,0xFF},           //"迎"
    {0xE7,0xF9,0xE7,0xF9,0x07,0x00,0xF3,0xF9,0xF3,0xF9,0x11,0x80,0x91,0x99,0
x90,0x99,0x13,0x80,0xF3,0xF9,0x33,0xF9,0x73,0xF8,0xF3,0xFC,0x73,0xF8,0x3
3,0xE3,0x83,0x0F},           // "使"
    {0xFF,0xFF,0x03,0xC0,0x73,0xCE,0x73,0xCE,0x73,0xCE,0x03,0xC0,0x73,0xCE,
```

0x73,0xCE,0x73,0xCE,0x03,0xC0,0x73,0xCE,0x73,0xCE,0x73,0xCE,0x79,0xCE,0x79,0xC2,0xFC,0xE7},   // "用"
{0xE7,0xE7,0xCF,0xF3,0x9F,0xF9,0x03,0xC0,0x73,0xCE,0x73,0xCE,0x03,0xC0,0x73,0xCE,0x73,0xCE,0x03,0xC0,0x7F,0xFE,0x7F,0xFE,0x00,0x00,0x7F,0xFE,0x7F,0xFE,0x7F,0xFE},   // "单"
{0xFF,0xF9,0xE7,0xF9,0xE7,0xF9,0xE7,0xF9,0xE7,0xF9,0x07,0x80,0xE7,0xFF,0xE7,0xFF,0xE7,0xFF,0x07,0xF0,0xE7,0xF3,0xE7,0xF3,0xE7,0xF3,0xF3,0xF3,0xF3,0xF9,0xF3},   //"片"
{0xE7,0xFF,0x67,0xE0,0x67,0xE6,0x67,0xE6,0x00,0xE6,0x67,0xE6,0x63,0xE6,0x43,0xE6,0x01,0xE6,0x01,0xE6,0x64,0xE6,0x67,0x26,0x67,0x26,0x27,0x27,0x27,0x0F,0x87,0xFF}   //"机"
};
void mDelay(uint Delay)   //延时子函数
{ uchar i;
    for(;Delay > 0;Delay--)
        for(i=0;i < 110;i++);
}

void main()   //主函数
{
uchar i,j,a,b;
    uint k;
    while(1)
    {
        for(i=0;i <7;i++)   //显示 7 个字（欢迎使用单片机）
        {
            for(k=0;k < 100;k++)   //每一个字扫描显示 100 次
            {
                P1=0;   //设置初始值
                P3=0;
                a=1;
                b=1;
                for(j=0;j < 16;j++)   //扫描 16 行点阵
                {
                    P0=Tab[i][j*2];   //扫描每一行的前八位
                    P2=Tab[i][j*2+1];   //扫描每一行的后八位
                    If(j < 8)   //前八行设置哪一行显示
                    {
                        P1=P1|a;   //当前显示的那一行置高

```
                    mDelay(1);
                    P1=P1&0;
                    a *=2;
                }
            else                            //后八行设置哪一行显示
                {
                    P3=P1|b;                //当前显示的那一行置高
                    mDelay(1);
                    P3=P3&0;
                    b *=2;
                }
            }
          }
        }
      }
    }
```

字符型 LCD 液晶
显示器应用

任务 7-4　LCD1602 液晶显示器分析与应用

7.4.1　液晶基本知识认知

液晶（Liquid Crystal）是一种高分子材料，因为其特殊的物理、化学、光学特性，20 世纪中叶开始广泛应用在轻薄型显示器上。

液晶显示器（Liquid Crystal Display，LCD）的主要原理是以电流刺激液晶分子产生点、线、面并配合背部灯管构成画面。为叙述简便，通常把各种液晶显示器都直接叫作液晶。

各种型号的液晶通常是按照显示字符的行数或液晶点阵的行、列数来命名的。比如，1602 的意思是每行显示 16 个字符，一共可以显示两行；类似的命名还有 0801、0802、1601 等。这类液晶通常都是字符型液晶，即只能显示 ASCII 码字符，如数字、大小写字母、各种符号等。12232 液晶属于图形型液晶，由 122 列、32 行组成，即共有 122×32 点来显示各种图形，我们可以通过程序控制这 122×32 个点中的任一个点显示或不显示。类似的命名还有 12864、19264、192128、320240 等。根据客户需要，厂家可以设计出任意组合的点阵液晶。这里重点介绍 1602 点阵字符型 LCD。

液晶体积小、功耗低、显示操作简单，但是它有一个致命的弱点，其使用的温度范围很窄，通用型液晶正常工作温度范围为 $0\sim+55\ ℃$，存储温度范围为 $-20\sim+60\ ℃$，即使是宽温级液晶，其正常工作温度范围也仅为 $-20\sim+70\ ℃$，存储温度范围为 $-30\sim+80\ ℃$，因此在设计相应产品时，务必要考虑周全，选取合适的液晶。

7.4.2　1602 液晶模块应用与编程

1602 液晶模块为 5 V 电压驱动，带背光，可显示两行，每行 16 个字符，不能显示汉字，内置含 128 个字符的 ASCII 字符集字库，只有并行接口，无串行接口。图 7-16 为 1602 液晶模块外观图。

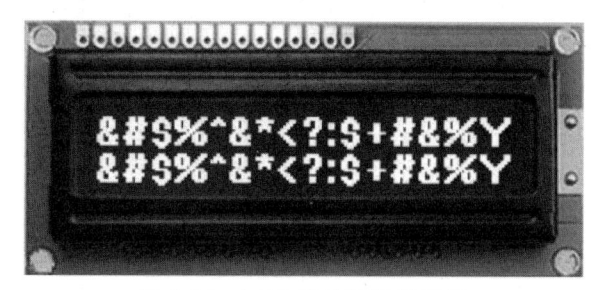

图 7-16　1602 液晶模块外观图

1. 1602 液晶模块特性

（1）+5 V 电压，反视度（明暗对比度）可调整。

（2）内含振荡电路，系统内含重置电路。

（3）提供各种控制命令，如清除显示器、字符闪烁、光标闪烁、显示移位等。

（4）显示用数据 DDRAM 共有 80 字节。

（5）字符发生器 CGROM 有 160 个 5×7 的点阵字形。

（6）字符发生器 CGRAM 可由使用者自行定义 8 个 5×7 的点阵字形。

2. 1602 液晶模块引脚及功能

1602 液晶模块共有 16 个引脚，各引脚位置如图 7-17 所示，各引脚符号及功能说明如表 7-2 所示。

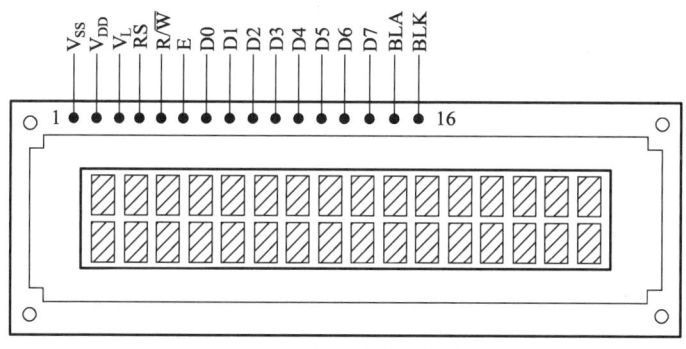

图 7-17　1602 液晶模块引脚位置图

3. 1602 液晶模块内部结构及原理

1602 的内部结构可分为 3 个部分：LCD 控制器、LCD 驱动器和 LCD 显示装置，如图 7-18 所示。

表 7-2 1602 液晶引脚符号及功能说明

编号	符号	引脚说明	编号	符号	引脚说明
1	V_{SS}	电源地	9	D2	数据口
2	V_{DD}	电源正极	10	D3	数据口
3	V_L	液晶显示对比度调节端	11	D4	数据口
4	RS	数据/命令选择端（H/L）	12	D5	数据口
5	R/$\overline{W}$	读写选择端（H/L）	13	D6	数据口
6	E	使能信号	14	D7	数据口
7	D0	数据口	15	BLA	背光电源正极
8	D1	数据口	16	BLK	背光电源负极

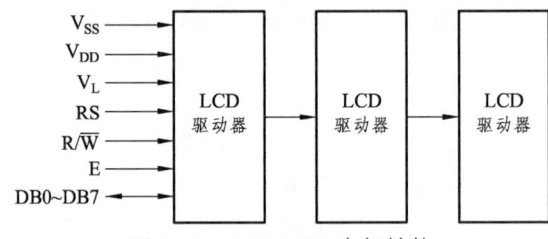

图 7-18 LCD1602 内部结构

LCD 模块与单片机之间是利用 LCD 控制器进行通信的。在 1602 内部，专用于字符显示的液晶显示控制驱动集成电是 HD44780，它集驱动器与控制器于一体。HD44780 集成电路的特点如下：

（1）HD44780 不仅可以作为控制器，而且还具有驱动 4016 点阵液晶像素的能力，同时 HD44780 的驱动能力可通过外接驱动器扩展 360 列驱动。

（2）HD44780 的显示缓冲区及用户自定义的字符发生器 CGRAM 全部内藏于芯片。

（3）HD44780 具有适用于 M6800 系列 MCU 的接口，并且接口数据传输可为 8 位数据传输和 4 位数据传输两种方式。

（4）HD44780 具有简单但功能较强的指令集，可实现字符移动、闪烁等显示功能。

因 HD44780 的 DDRAM 容量所限，HD44780 可控制的字符为每行 80 个字，也就是 $5 \times 80 = 400$ 点。HD44780 内藏有 16 路行驱动器和 40 路列驱动器，所以 HD44780 本身就具有驱动 16×40 点阵 LCD 的能力，即单行 16 个字符或 2 行 8 个字符。如果在外部另一个 HD44100 外扩展多 40 路/列驱动，则可驱动 16×2 点阵 LCD。

当单片机写入指令设置了显示字符体的形式和字符行数后，驱动器液晶显示驱动占空比系数即确定下来。驱动器在时序发生器的作用下，产生帧扫描信号和扫描时序，同时把由字符代码确定的字符数据通过并/串转换电路串行输出给外部列驱动器和内部列驱动。数据的传输顺序总是起始于显示缓冲区所对应一行显示字符的最高地址的数据。

4. 1602 液晶模块控制命令

LCD1602 内部采用一片型号为 HD44780 的集成电路作为控制器，内部包含了 80

字节显示缓冲区 DDRAM 及用户自定义的字符发生存储器 CGROM，可以用于显示数字、英文字母、常用符号和日文假名等，每个字符都有一个固定的代码。CGROM 储存了 192 个 5×7 的点矩阵字形，字形或字符的排列方式与标准的 ASCII 代码相同，只要将标准的 ASCII 送入 DDRAM，内部控制电路会自动将数据传送到显示器上，如数字的代码为 30H～39H，大写字母 A 的代码为 41H 等。字符代码与字符图形对照表如表 7-3 所列。将这些字符代码输入 DDRAM 中，就可以实现显示。还可以通过对 HD44780 的编程实现字符的移动、闪烁等功能。显示缓冲区的地址分配按 16×2 格式一一对应。格式如图 7-19 所示。

00	01	02	03	04	05	06	07	08	09	0A	0B	0C	0D	0E	0F	…
40	41	42	43	44	45	46	47	48	49	4A	4B	4C	4D	4E	4F	…

图 7-19　显示缓冲区的地址分配格式

表 7-3　字符代码与字符图形对照表

Lower 4 Bit	Upper 4 Bit															
	0000	0001	0010	0011	0100	0101	0110	0111	1000	1001	1010	1011	1100	1101	1110	1111
xxxx0000	CG RAM (1)			0	@	P	`	p				ー	タ	ミ	α	p
xxxx0001	(2)		!	1	A	Q	a	q			。	ア	チ	ム	ä	q
xxx0010	(3)		"	2	B	R	b	r			「	イ	ツ	メ	β	θ
xxxx0011	(4)		#	3	C	S	c	s			」	ウ	テ	モ	ε	∞
xxxx0100	(5)		$	4	D	T	d	t			、	エ	ト	ヤ	μ	Ω
xxxx0101	(6)		%	5	E	U	e	u			・	オ	ナ	ユ	σ	ü
xxxx0110	(7)		&	6	F	V	f	v			ヲ	カ	ニ	ヨ	ρ	Σ
xxxx0111	(8)		'	7	G	W	g	w			ァ	キ	ヌ	ラ	g	π
xxxx1000	(1)		(	8	H	X	h	x			ィ	ク	ネ	リ	√	x̄
xxxx1001	(2)		)	9	I	Y	i	y			ゥ	ケ	ノ	ル	⁻¹	y
xxxx1010	(3)		*	:	J	Z	j	z			ェ	コ	ハ	レ	j	千
xxxx1011	(4)		+	;	K	[	k	{			ォ	サ	ヒ	ロ	ˣ	万
xxxx1100	(5)		,	<	L	¥	l	|			ャ	シ	フ	ワ	¢	円
xxxx1101	(6)		-	=	M	]	m	}			ュ	ス	ヘ	ン	£	÷
xxxx1110	(7)		.	>	N	^	n	→			ョ	セ	ホ	゛	ñ	
xxxx1111	(8)		/	?	O	_	o	←			ッ	ソ	マ	゜	ö	█

如果是第一行第一列，则地址为 00H；若为第二行第三列，则地址为 42H。

控制器内部设有一个数据地址指针，可用它访问内部显示缓冲区的所有地址，数据指针的设置必须在缓冲区地址基础上加 80H。例如：要访问左上方第一行第一列的数据，则指针为 00H + 80H = 80H；要访问第二行第三列，则地址为 42H + 80H = C2H。

LCD1602内部控制器有四种工作状态：
① 当 RS = 0、RW = 1、E = 1 时，可从控制器中读出当前的工作状态；
② 当 RS = 0、RW = 0、E = 上升沿时，可向控制器写入控制命令；
③ 当 RS = 1、RW = 1、E = 1 时，可从控制器读数据；
④ 当 RS = 1、RW = 0、E = 上升沿时，可向控制器写数据。
LCD1602内部的控制命令共有11条，介绍如下。
（1）清除显示器，如图 7-20 所示。

RS	R/$\overline{W}$	E	DB7	DB6	DB5	DB4	DB3	DB2	DB1	DB0
0	0	1	0	0	0	0	0	0	0	1

图 7-20 清除显示器控制命令

当 RS = R/$\overline{W}$ = 0 且 E = 1 时，指令代码为 01H，将 DDRAM 数据全部填入"空白"的 ASCII 代码 20H。执行此指令将清除显示器的内容，同时光标移到左上角。

（2）光标归位设定，如图 7-21 所示。

RS	R/$\overline{W}$	E	DB7	DB6	DB5	DB4	DB3	DB2	DB1	DB0
0	0	1	0	0	0	0	0	0	1	*

图 7-21 光标归位设定控制命令

当 RS = R/$\overline{W}$ = 0 且 E = 1 时，指令代码为 02H，地址计数器被清 0，DDRAM 数据不变，光标移到左上角。"*"表示可以为 0 或 1。

（3）设定字符进入模式，如图 7-22 所示。

RS	R/$\overline{W}$	E	DB7	DB6	DB5	DB4	DB3	DB2	DB1	DB0
0	0	1	0	0	0	0	0	1	I/D	S

图 7-22 设定字符进入模式控制命令

当 RS = R/$\overline{W}$ = 0 且 E = 1 时，可以设定字符进入模式操作。相关工作情形如表 7-4 所示。

表 7-4 工作情形

I/D	S	工作情形
0	0	光标左移 1 格，AC 值减 1，字符全部不动
0	1	光标不动，AC 值减 1，字符全部右移 1 格
1	0	光标右移 1 格，AC 值加 1，字符全部不动
1	1	光标不动，AC 值加 1，字符全部左移 1 格

（4）显示器开关，如图 7-23 所示。

RS	R/$\overline{W}$	E	DB7	DB6	DB5	DB4	DB3	DB2	DB1	DB0
0	0	1	0	0	0	0	1	D	C	B

图 7-23 显示器开关控制命令

当 RS = R/$\overline{W}$ = 0 且 E = 1 时,可以对 LCD 显示器开关进行控制。

D:显示屏开启或关闭控制位。D = 1 时,显示屏开启;D = 0 时,显示屏关闭,但显示数据仍保存于 DDRAM 中。

C:光标出现控制位。C = 1 时,光标会出现在地址计数器所指的位置;C = 0 时,光标不出现。

B:光标闪烁控制位。B = 1 时,光标出现后会闪烁;B = 0 时,光标不闪烁。

(5)显示光标移位,如图 7-24 所示。

RS	R/$\overline{W}$	E	DB7	DB6	DB5	DB4	DB3	DB2	DB1	DB0
0	0	1	0	0	0	1	S/C	R/L	*	*

图 7-24 显示光标移位控制命令

当 RS = R/$\overline{W}$ = 0 且 E = 1 时,可以对 LCD 进行显示光标移位操作。"*"表示可以为 0 或 1。相关工作情形如表 7-5 所示。

表 7-5 工作情形

S/C	R/L	工作情形
0	0	光标左移 1 格,AC 值减 1
0	1	光标右移一格,AC 值加 1
1	0	字符和光标同时左移 1 格
1	1	字符和光标同时右移 1 格

(6)功能设定,如图 7-25 所示。

RS	R/$\overline{W}$	E	DB7	DB6	DB5	DB4	DB3	DB2	DB1	DB0
0	0	1	0	0	1	DL	N	F	*	*

图 7-25 功能设定控制命令

当 RS = R/$\overline{W}$ = 0 且 E = 1 时,可以对 LCM 进行功能设定。"*"表示可以为 0 或 1。

DL:数据长度选择位。DL = 1 时,为 8 位(DB7 ~ DB0)数据转移;DL = 0 时,为 4 位数据转移。使用 DB7 ~ DB4 位,分两次送入一个完整的字符数据。

N:显示屏为单行或双行选择。N = 1 为双行显示;N = 0 为单行显示。

F:大小字符显示选择。当 F = 1 时,为 5×10 字形(有的产品无此功能);当 F = 0 时,则为 5×7 字形。

(7)CGRAM 地址设定,如图 7-26 所示。

RS	R/$\overline{W}$	E	DB7	DB6	DB5	DB4	DB3	DB2	DB1	DB0
0	0	1	0	1	A5	A4	A3	A1	A1	A0

图 7-26 CGRAM 地址设定控制命令

当 RS = R/$\overline{W}$ = 0 且 E = 1 时,可以设定下一个要读/写数据的 CGRAM 地址(A5 ~ A0),地址的高两位 DB7 和 DB6 恒为 01。

(8) DDRAM 地址设定，如图 7-27 所示。

RS	R/$\overline{\text{W}}$	E	DB7	DB6	DB5	DB4	DB3	DB2	DB1	DB0
0	0	1	1	A6	A5	A4	A3	A2	A1	A0

图 7-27　DDRAM 地址设定控制命令

当 RS = R/$\overline{\text{W}}$ = 0 且 E = 1 时，可以设定下一个要读/写数据的 DDRAM 地址（A6 ~ A0），DB7 恒为 1。

(9) 忙碌标志 DF 或 AC 地址读取，如图 7-28 所示。

RS	R/$\overline{\text{W}}$	E	DB7	DB6	DB5	DB4	DB3	DB2	DB1	DB0
0	1	1	BF	A6	A5	A4	A3	A2	A1	A0

图 7-28　忙碌标志 DF 和 AC 地址读取控制命令

当 RS = 0 且 R/$\overline{\text{W}}$ = E = 1 时，可以读取 LCD 忙碌标志。

LCD 忙碌标志 BF 用以标识 LCD 目前的工作情况：当 BF = 1 时，表示正在做内部数据的处理，不接收 MCU 送来的指令或数据；当 BF = 0 时，则表示已准备接收命令或数据。当程序读取此数据的内容时，DB7 表示忙碌标志，而另外 DB6 ~ DB0 的值表示 CGRAM 或 DDRAM 中的地址。至于是指向哪一地址，则根据最后写入的地址设定指令而定。

(10) 写数据到 CGRAM 或 DDRAM 中，如图 7-29 所示。

RS	R/$\overline{\text{W}}$	E	DB7	DB6	DB5	DB4	DB3	DB2	DB1	DB0
0	0	1								

图 7-29　定数据到 CGRAM 或 DDRAM 中控制命令

当 RS = 1，R/$\overline{\text{W}}$ = 0 且 E = 1 时，可以写数据到 CGRAM 或 DDRAM 中。

先设定 CGRAM 或 DDRAM 地址，再将数据写入 DB7 ~ DB0 中，以使 LCD 显示出字形。也可将使用者自创的图形存入 CGRAM。

(11) 从 CGRAM 或 DDRAM 中读取数据，如图 7-30 所示。

RS	R/$\overline{\text{W}}$	E	DB7	DB6	DB5	DB4	DB3	DB2	DB1	DB0
1	1	1								

图 7-30　从 CGRAM 或 DDRAM 中读取数据

当 RS = R/$\overline{\text{W}}$ = E = 1 时，可以从 CGRAM 或 DDRAM 中读取数据。

先设定 CGRAM 或 DDRAM 地址，再读取其中的数据。

5. 单片机与 1602 的接口电路及编程

对 LCD1602 的编程分 2 步完成。首先进行初始化，即设置液晶控制模块的工作方式，如显示模式控制、光标位置控制、起始字符地址等；然后再将待输出显示的数据传送出去。

89S51 单片机与 LCD1602 的接口电路如图 7-31 所示。其中，VL 用于调整液晶显示器的对比度，接地时，对比度最高；当电位器阻值变大时，对比度降低。

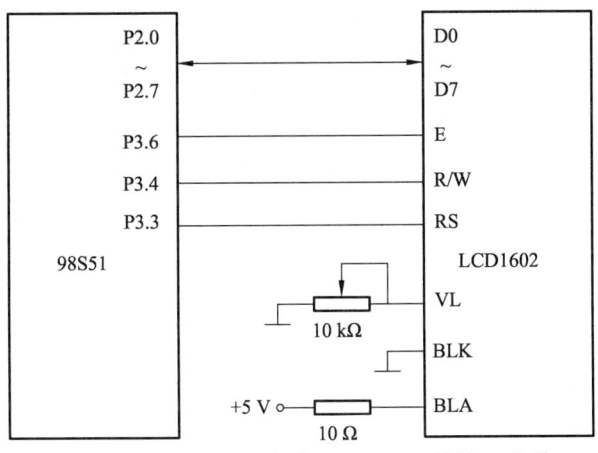

图 7-31　89S51 单片机与 LCD1602 的接口电路

【例 7.5】　89S51 单片机与 1602 型液晶模块接口电路如图 7-31 所示，用 C51 编程实现 1602 液晶的显示，要求第一行显示字符为"Hello AT89S51"，第二行显示字符为"LCD 1602"。

C51 参考程序如下：

```
#include <reg51.h>
#define uchar unsigned char
#define uint unsigned int
sbit lcd_rs_port=P3^3;/*定义 LCD 控制端口*/
sbit lcd_rw_port=P3^4;
sbit lcd_en_port=P3^5;
#define lcd_data_port P2
unsigned char temp_1[ ]={"   Hello AT89S51 "};
unsigned char temp_2[ ]={"    LCD   1602      "};
                                             //以下为子函数声名
void delay(uchar ms);
void lcd_delay(uchar ms);             /*LCD1602 延时*/
void lcd_busy_wait();                 /*LCD1602 忙等待*/
void lcd_command_write(uchar command); /*LCD1602 命令字写入*/
void lcd_system_reset();              /*LCD1602 初始化*/
void lcd_char_write(uchar x_pos,y_pos,lcd_dat); /*LCD1602 字符写入*/
void lcd_bad_check();                 /*LCD1602 坏点检查*/
void   dingshi_50ms();

main()
{
```

```c
    unsigned int i=0;
    lcd_system_reset();                              /*LCD1602 初始化*/
    lcd_bad_check();                                 /*LCD1602 坏点检查*/
    for(i=0;i<16;i++)lcd_char_write(i,0,temp_1[i]);
                                                     /*写LCD1602 上面一行字符*/
    for(i=0;i<16;i++)lcd_char_write(i,1,temp_2[i]);
                                                     /*写LCD1602 下面一行字符*/
while(1);
}
void delay(uchar ms)
{
    uint i;
    while(ms--)
    {
    for(i=0;i < 120;i++);
    }
}

void lcd_delay(uchar ms)                             /*LCD1602 延时*/
{
    uchar j;
    while(ms--){
        for(j=0;j<250;j++)
            {;}
    }
}

void lcd_busy_wait()                                 /*LCD1602 忙等待*/
{
    lcd_rs_port=0;
    lcd_rw_port=1;
    lcd_en_port=1;
    lcd_data_port=0xff;
    while(lcd_data_port&0x80);
    lcd_en_port=0;
}

void lcd_command_write(uchar command)                /*LCD1602 命令字写入*/
{
```

```c
    lcd_busy_wait();
    lcd_rs_port=0;
    lcd_rw_port=0;
    lcd_en_port=0;
    lcd_data_port=command;
    lcd_en_port=1;
    lcd_en_port=0;
}

void lcd_system_reset()                    /*LCD1602 初始化*/
{
    lcd_delay(20);
    lcd_command_write(0x38);
    lcd_delay(100);
    lcd_command_write(0x38);
    lcd_delay(50);
    lcd_command_write(0x38);
    lcd_delay(10);
    lcd_command_write(0x08);
    lcd_command_write(0x01);
    lcd_command_write(0x06);
    lcd_command_write(0x0c);
}

void lcd_char_write(uchar x_pos,y_pos,lcd_dat)   /*LCD1602 字符写入*/
{
    x_pos &=0x0f;                          /* X 位置范围 0~15 */
    y_pos &=0x01;                          /* Y 位置范围 0~1 */
    if(y_pos==1)x_pos+=0x40;
    x_pos+=0x80;
    lcd_command_write(x_pos);
    lcd_busy_wait();
    lcd_rs_port=1;
    lcd_rw_port=0;
    lcd_en_port=0;
    lcd_data_port=lcd_dat;
    lcd_en_port=1;
    lcd_en_port=0;
}
```

```
void lcd_bad_check()                    /*LCD1602 坏点检查*/
{
    char i,j;
    for(i=0;i<2;i++){
        for(j=0;j<16;j++){
            lcd_char_write(j,i,0xff);
        }
    }
    lcd_delay(200);
    lcd_delay(200);
    lcd_delay(200);
    lcd_delay(100);
    lcd_delay(200);
    lcd_command_write(0x01);
}
```

7.4.3　12864 液晶模块应用与编程

1. 12864 液晶外观及引脚功能认知

12864 是 128×64 点阵液晶模块的点阵数简称。12864 液晶模块性价比高，编程较简单，适用于各类仪器、小型设备的显示领域。

图 7-32 为 12864 液晶模块外观图。

图 7-32　12864 液晶模块外观图

表 7-6 为 12864 液晶模块引脚符号及说明。

表 7-6 12864 液晶模块引脚符号及功能说明

编号	符号	引脚说明	编号	符号	引脚说明
1	V_{SS}	电源地	11	D4	数据口
2	V_{DD}	电源正极	12	D5	数据口
3	VO	液晶显示对比度调节端	13	D6	数据口
4	RS（CS）	数据/命令选择端（H/L）（串片选）	14	D7	数据口
5	R/$\overline{W}$（SID）	读/写选择端（H/L）（串数据口）	15	PSB	并/串选择：H 并行，L 串行
6	E（SCLK）	使能信号（串同步时钟信号）	16	NC	空脚
7	D0	数据口	17	RST	复位，低电平有效
8	D1	数据口	18	NC	空脚
9	D2	数据口	19	BLA	背光电源正极
10	D3	数据口	20	BLK	背光电源负极

2. 12864 液晶控制指令

12864 液晶模块控制芯片提供两套控制命令，基本指令如表 7-7 所示，扩充指令如表 7-8 所示。

表 7-7 12864 基本指令

指令	指令码									功能
	RS	R/W	D7	D6	D5	D4	D3	D2	D1	D0	
清除显示	0	0	0	0	0	0	0	0	0	1	将 DDRAM 填满"20H"，即空格，并且设定 DDRAM 的地址计数器（AC）到"00H"
地址归位	0	0	0	0	0	0	0	0	1	X	设定 DDRAM 的地址计数器（AC）到"00H"，并且将游标移到开头原点位置，这个指令不改变 DDRAM 的内容
显示状态开/关	0	0	0	0	0	0	1	D	C	B	D=1，整体显示开；C=1，游标开；B=1，游标位置反白允许
进入点设定	0	0	0	0	0	0	0	1	1/D	S	指定在数据的读取与写入时，设定游标的移动方向及指定显示的移位
游标或显示移位控制	0	0	0	0	0	1	S/C	R/L	X	X	设定游标的移动与显示的移位控制位，这个指令不改变 DDRAM 的内容
功能设定	0	0	0	0	1	DL	X	RE	X	X	DL=0/1，4/8 位数据；RE=1，扩充指令操作；RE=0，基本指令操作
设定 CGRAM 地址	0	0	0	1	AC5	AC4	AC3	AC2	AC1	AC0	设定 CGRAM 地址

续表

指令	指令码									功　能
	RS	R/W	D7	D6	D5	D4	D3	D2	D1	D0	
设定 DDRAM 地址	0	0	1	0	AC5	AC4	AC3	AC2	AC1	AC0	设定 DDRAM 地址（显示位址）第一行：80H～87H；第二行：90H～97H
读取忙标志和地址	0	1	BF	AC6	AC5	AC4	AC3	AC2	AC1	AC0	读取忙标志（BF）可以确认内部动作是否完成，同时可以读出地址计数器（AC）的值
写数据到 RAM	1	0	数据								将数据 D7～D0 写入内部的 RAM
读 RAM 值	1	1	数据								从内部 RAM 读取数据 D7～D0

表 7-8　12864 扩充指令

指令	指令码									功　能
	RS	R/W	D7	D6	D5	D4	D3	D2	D1	D0	
待命模式	0	0	0	0	0	0	0	0	0	1	进入待命模式，执行；其他指令都可终止待命模式
卷动地址开关开启	0	0	0	0	0	0	0	0	1	SR	SR=1，允许输入垂直卷动地址；SR=0，允许输入 IRAM 和 CGRAM 地址
反白选择	0	0	0	0	0	0	0	1	R1	R0	选择两行中的任一行作反白显示，并可决定反白与否。初始值 R1R0=00，第一次设定为反白显示，再次设定变回正常
睡眠模式	0	0	0	0	0	0	1	SL	X	X	SL=0，进入睡眠模式；SL=1，脱离睡眠模式
扩充功能设定	0	0	0	0	1	CL	X	RE	G	0	CL=0/1，4/8 位数据；RE=1，扩充指令操作；RE=0，基本指令操作；G=1/0，绘图开关
设定绘图 RAM 地址	0	0	1	AC6	AC5	AC4	AC3	AC2	AC1	AC0	设定绘图 RAM，先设定垂直（列）地址 AC6～AC0，再设定水平（行）地址 AC3～AC0，将以上两个字节连续写入即可
							AC3	AC2	AC1	AC0	

3. 字符显示

带中文字库的 128×64-0402B 每屏可显示 4 行 8 列共 32 个 16×16 点阵的汉字，每个显示 RAM 可显示 1 个中文字符或 2 个 16×8 点阵全高 ASCII 码字符，即每屏最多可实现 32 个中文字符或 64 个 ASCII 码字符的显示。带中文字库的 128×64-0402B 内部提供 128×2 字节的字符显示 RAM 缓冲区（DDRAM）。字符显示是通过将字符显示编码写入该字符显示 RAM 实现的。根据写入内容的不同，可分别在液晶屏上显示 CGROM（中文字库）、HCGROM（ASCII 码字库）及 CGRAM（自定义字形）的内容。三种不同字符/字形的选择编码范围为 0000～0006H（其代码分别是 0000、0002、0004、0006 共 4 个）。显示自定义字形，02H～7FH 显示半宽 ASCII 码字符，A1A0H～F7FFH 显示 8 192 种 GB2312 中文字库字形。字符显示 RAM 在液晶模块中的地址为 80H～9FH。字符显示的 RAM 的地址与 32 个字符显示区域有着一一对应的关系，其对应关系如表 7-9 所示。

表 7-9 对应 32 个字符的 RAM 地址

80H	90H	88H	98H
81H	91H	89H	99H
82H	92H	8AH	9AH
83H	93H	8BH	9BH
84H	94H	8CH	9CH
85H	95H	8DH	9DH
86H	96H	8EH	9EH
87H	97H	8FH	9FH

4. 图形显示

先设垂直地址，再设水平地址（连续写入两个字节的资料来完成垂直与水平的坐标地址）。垂直地址范围：AC5～AC0；水平地址范围：AC3～AC0。

绘图 RAM 的地址计数器（AC）只会对水平地址（X 轴）自动加一，当水平地址 = 0FH 时会重新设为 00H，但并不会对垂直地址做进位自动加一，故当连续写入多笔资料时，程序需自行判断垂直地址是否需重新设定。

5. 应用实例及编程

【例 7.6】 设计 89S51 单片机与 12864 液晶模块的接口电路，用 C51 编程实现 12864 液晶的显示两行字符或汉字，显示内容分别为"HELLO 单片机"和"LCD 12864"。

分析：89S51 单片机与 12864 液晶模块的接口电路采用并行连线，电路连线如图 7-33 所示，单片机 P0 口作为数据线，P3.7、P3.6、P3.5、P2.7、P2.6 作为液晶控制线。

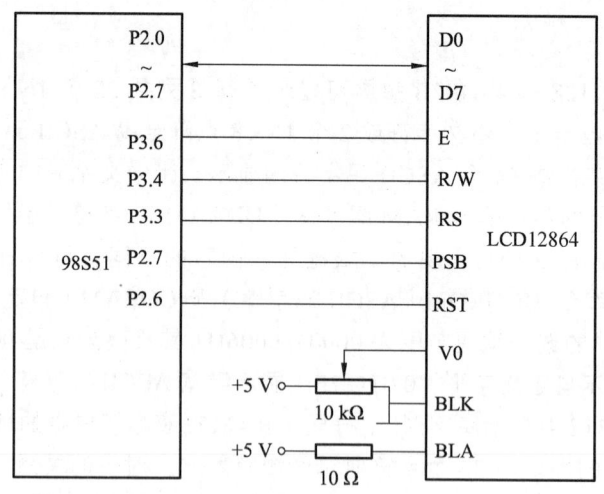

图 7-33 89S51 单片机与 LCD 12864 液晶接口电路

C51 程序清单如下:
```c
#include <reg51.h>
#include <intrins.h>
#define uchar unsigned char
#define uint  unsigned int
#define LCD_data   P0              //数据口
sbit LCD_RS = P3^7;                //数据命令选择
sbit LCD_RW = P3^6;                //液晶读/写控制
sbit LCD_EN = P3^5;                //液晶使能控制
sbit LCD_PSB= P2^7;                //串/并方式控制
sbit LCD_RST= P2^6;                //液晶复位端口

uchar code DIS1[ ]={"              "};
uchar code DIS2[ ]={" HELLO   单片机 "};
uchar code DIS3[ ]={"    LCD   12864   "};
uchar code DIS4[ ]={"              "};

void   delayms(int ms);            //延时函数
void   delay(int ms);              //延时函数
lcd_busy();                        //忙等待
void   lcd_wcmd(uchar cmd);        //写命令
void   lcd_wdat(uchar dat);        //写数据
void   lcdflag();                  //闪烁函数
void   lcd_init();                 //初始化
void   lcd_pos(uchar X,uchar Y);   //设定位置显示
void   clr_screen();               //清屏指令
```

```c
void main()                                    //主函数
{
    uchar i;
    delayms(100);                              //上电等待稳定
    lcd_init();                                //初始化
    while(1)
    {
        lcd_pos(1,0);                          //显示第一行
        for(i=0;i<16;i++)
        {
            lcd_wdat(DIS1[i]);
            delayms(100);
        }
        lcd_pos(2,0);                          //显示第二行
        for(i=0;i<16;i++)
        {
            lcd_wdat(DIS2[i]);
            delayms(100);
        }
        lcd_pos(3,0);                          //显示第三行
        for(i=0;i<16;i++)
        {
            lcd_wdat(DIS3[i]);
            delayms(100);
        }
        lcd_pos(4,0);                          //显示第四行
        for(i=0;i<16;i++)
        {
            lcd_wdat(DIS4[i]);
            delayms(100);
        }
        delayms(1000);
        lcdflag();
        clr_screen();                          //清屏
        delayms(100);
    }
}

void delayms(int ms)                           //延时函数
{
```

```c
        while(ms--)
        {
            uchar i;
            for(i=0;i<250;i++)
            {;}
        }
    }
    void delay(int ms)
    {
        while(ms--)
        {
            uchar i;
            for(i=150;i>0;i--)
            {
                _nop_();
                _nop_();
                _nop_();
                _nop_();
            }
        }
    }
    lcd_busy()                              //忙等待
    {
     uchar   result;
        LCD_RS=0;
        LCD_RW=1;
        LCD_EN=1;
        _nop_();
        _nop_();
        _nop_();
        _nop_();
        P0= 0xff;
        result=(bit)(P0&0x80);              //检测 P0 口的最高位是 1 还是 0,最高位不变,
                                            //其他位变成零
        LCD_EN=0;                           //强制转换成 uchar 型
        return result;
    }
    void   lcd_wcmd(uchar cmd)              //写命令
    {
        while(lcd_busy());
```

```
    LCD_RS=0;
    LCD_RW=0;
    LCD_EN=0;
    _nop_();
    _nop_();
    P0=cmd;
    _nop_();
    _nop_();
    _nop_();
    _nop_();
    LCD_EN=1;
    _nop_();
    _nop_();
    _nop_();
    _nop_();
    LCD_EN=0;
}
void   lcd_wdat(uchar dat)              //写数据
{
    while(lcd_busy());
    LCD_RS=1;
    LCD_RW=0;
    LCD_EN=0;
    _nop_();
    _nop_();
    P0=dat;
    _nop_();
    _nop_();
    _nop_();
    _nop_();
    LCD_EN=1;
    _nop_();
    _nop_();
    _nop_();
    _nop_();
    LCD_EN=0;
}
void   lcdflag()                        //闪烁函数
{
```

```c
        lcd_wcmd(0x08);
        delay(300);
        lcd_wcmd(0x0c);
        delay(300);
        lcd_wcmd(0x08);
        delay(300);
        lcd_wcmd(0x0c);
        delay(300);
        lcd_wcmd(0x08);
        delay(300);
        lcd_wcmd(0x0c);
        delay(5);
        lcd_wcmd(0x01);
        delay(5);
}
void lcd_init()                              //初始化
{
        LCD_PSB=1;                           //使用并行口方式
        LCD_RST=0;                           //液晶复位
        delayms(10);
        LCD_RST=1;
        delayms(10);
        lcd_wcmd(0x34);                      //扩充指令操作
        delayms(10);
        lcd_wcmd(0x30);                      //基本指令操作
        delayms(10);
        lcd_wcmd(0x0c);                      //显示开,光标关
        delayms(10);
        lcd_wcmd(0x01);                      //清除LCD的显示内容
        delayms(10);
}

void  lcd_pos(uchar X,uchar Y)               //设定位置显示
{
        uchar pos;
        if(X==1)
            {X=0x80;}                        //第一行
        else if(X==2)
            {X=0X90;}                        //第二行
        else if(X==3)
```

```
            {X=0X88;}                    //第三行
        else if(X==4)
            {X=0X98;}                    //第四行
        pos=X+Y;
        lcd_wcmd(pos);                   //显示位置
}
void clr_screen()                        //清屏指令
{
        lcd_wcmd(0x34);                  //扩充指数操作
        delayms(10);
        lcd_wcmd(0x30);                  //基本指数操作
        delayms(10);
        lcd_wcmd(0x01);                  //清屏
        delayms(10);
}
```

项目实施

任务 7-5 按键控制数码管显示系统的设计与制作

7.5.1 元器件准备

按表 7-10 所示的元器件清单采购并准备好元器件。

数码管显示系统
设计与制作

表 7-10 元器件清单

序号	标号	标称	数量	属性
1	R_1	10 kΩ	1	直插 1/4 W
2	C_3	10 μF	1	直插电解
3	X1	12 MHz	1	直插
4	C_1、C_2	30 pF	2	瓷片电容
5	U_2、U_3	74LS245	2	DIP20（含管座 2 个）
6	U1	AT89S51	1	DIP40（含管座 1 个）
7	JP1	IDC10	1	直插 ISP 排针
8	L1、L2	LED0	2	4 位一体共阴
9	S1～S3	按键	3	直插
10	P1	SIP2	1	5 V 直插电源座

7.5.2 电路搭建

按图 7-34 所示的电路原理图进行电路设计和电路搭建。

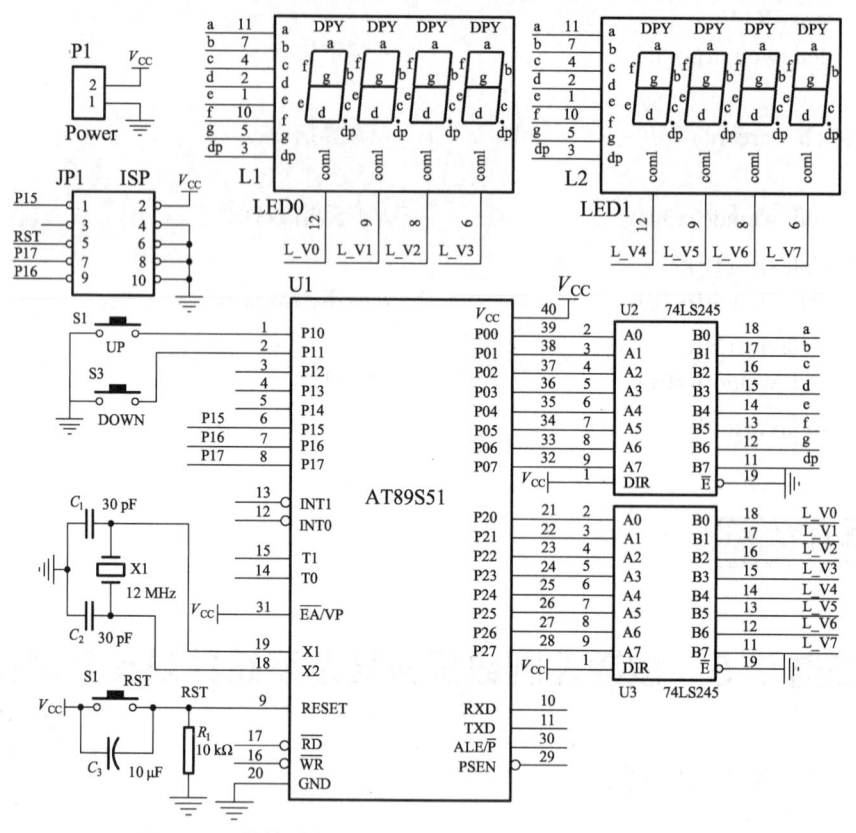

图 7-34 带按键控制的 8 只数码管显示系统电路原理

7.5.3 单片机 C51 编程

```
#include <reg51.h>
sbit UP=P1^0;                                //定义 UP 按键连接端
sbit DOWN=P1^1;                              //定义 DOWN 按键连接端
#define duan P0                              //定义段控端
#define wei P2                               //定义位控端
unsigned long num=12345678;                  //定义全局变量 num 做计数器结果
unsigned char sn=0;                          //定义动态扫描 LED 的当前位
unsigned char TAB[]={0xC0,0xF9,0xA4,0xB0,0x99,0x92,0x82,0x0f8,0x80,0x90};
                                             //共阳极 LED 字形码
unsigned char disp[8];                       //显示缓冲区
void timer0(void)interrupt 1                 //定时中断 0 中断函数
{
```

```c
        wei=0x00;                          //消隐
        duan=~TAB[disp[sn]];               //送段控数据
        wei=0x01<<sn;                      //选择位控选通
        if(sn==8) sn=0;                    //显示位在 0~7 之间循环
        else sn++;
    }

    void main(void)                        //主函数
    {
        TMOD=0x02;                         //设置定时器 0 工作方式 2
        TH0=0;                             //设置重装计数初值
        TL0=0;                             //设置计数初值
        TR0=1;                             //打开定时器 0
        EA=1;                              //中断总允许
        ET0=1;                             //定时中断允许
        while(1)                           //主程序无限循环
        {
            if(UP==0)                      //检测 UP 按键是否按下
            {
                num++;                     //计数器结果加 1
                while(UP==0);              //等待 UP 按键是否抬起
            }
            if(DOWN==0)                    //检测 DOWN 按键是否按下
            {
                num--;                     //计数器结果减 1
                while(DOWN==0);            //等待 DOWN 按键是否抬起
            }
            disp[7]=(num/10000000)%10;     //从 num 的值中获得第 8 位
            disp[6]=(num/1000000)%10;      //从 num 的值中获得第 7 位
            disp[5]=(num/100000)%10;       //从 num 的值中获得第 6 位
            disp[4]=(num/10000)%10;        //从 num 的值中获得第 5 位
            disp[3]=(num/1000)%10;         //从 num 的值中获得第 4 位
            disp[2]=(num/100)%10;          //从 num 的值中获得第 3 位
            disp[1]=(num/10)%10;           //从 num 的值中获得第 2 位
            disp[0]=num%10;                //从 num 的值中获得第 1 位
        }
    }
```

7.5.4 功能实现

实现一个 8 位的可逆计数器，按动"UP"按键，计数器加 1；按动"DOWN"按键，计数器减 1。

思考与练习

1．选择题

（1）"8"字形的 LED 数码管，每一段对应一个发光二极管，如果不包括小数点段，共计（　　）段。

  A. 7　　　　　　B. 8　　　　　　C. 0　　　　　　D. 10

（2）当显示的 LED 数码管位数较多时，一般采用（　　）显示方式，这样可以减少（　　）的数目。

  A. 动态，I/O 口　　　　　　　　B. 动态，数码管
  C. 静态，I/O 口　　　　　　　　D. 静态，数码管

（3）当按键数目少于 8 个时，应采用（　　）式键盘。当按键数目为 64 个时，应采用（　　）式键盘。

  A. 矩阵，独立　　　　　　　　B. 独立，独立
  C. 独立，矩阵　　　　　　　　D. 矩阵，矩阵

（4）软件延时是常用的消除按键抖动的方法，一般延时（　　）。

  A. 20 ms　　　　B. 100 ms　　　　C. 10 ms　　　　D. 5 ms

2．问答题

（1）LED 的静态显示方式与动态显示方式有何区别？各有什么优缺点？

（2）非编码键盘分为独立式键盘和矩阵式键盘，它们使用在什么场合？

（3）7 段 LED 显示器有动态和静态两种显示方式，这两种显示方式的本质区别是什么？

（4）独立式按键和矩阵式键盘应用上有什么特点？怎样进行键盘消抖的处理？

（5）试述用万用表检测数码管的引脚排列的方法，并分别进行 4 位一体、2 位一体共阳和共阴数码管的引脚判别练习。

（6）设计并制作一个单片机控制的 2 位 LED 数码管静态并行显示接口电路，用 C51 编程实现数码管轮流显示"12""78"。

（7）画出 16×16 点阵接口电路，编程循环显示"郑州铁院"四个汉字。

（8）设计并制作一个单片机控制的 1602 液晶系统，要求系统开机时先闪烁显示"Hello"字符 2 次，然后将自己的身份证号后 12 位在液晶上显示。

（9）利用单片机与矩阵式键盘接口设计制作一简易电子密码锁。

项目 8　单片机应用系统仿真开发

项目简介

Proteus 软件使用演示

很多人在学习单片机时，都会感觉到单片机很抽象，抽象不只体现在内部结构和外围接口电路，也体现在编程方面。要想知道硬件电路和程序正确与否，就需要在仿真器或实物上测试。不论是用仿真器还是做出实物，都是需要不少成本的。而使用 Proteus 软件和 Keil 软件，将会从根本上改变单片机学习的过程。通过本项目的学习，学生应掌握 Proteus 仿真软件的安装、基本功能、原理图画法，结合项目仿真实例进行技能训练，并学会使用 Proteus 软件和 Keil 软件进行联合调试。

任务 8-1　Proteus 软件安装与功能简介

8.1.1　Proteus 7.8 软件简介

Proteus 软件是英国 Lab Center Electronics 公司出版的 EDA 工具软件（仿真软件）。它不仅具有其他 EDA 工具软件的仿真功能，还能仿真单片机及外围器件。Proteus 软件从原理图布图、代码调试到单片机与外围电路协同仿真，一键切换到 PCB（印制电路板）设计，真正实现了从概念到产品的完整设计，是目前世界上唯一将电路仿真软件、PCB 设计软件和虚拟模型仿真软件三合一的设计平台。

Proteus 软件的功能：
① 原理布图；
② PCB 自动或人工布线；
③ SPICE 电路仿真。

其革命性的特点如下：

1. 互动的电路仿真

用户可以实时采用诸如 RAM、ROM、键盘、电机、LED、LCD、AD/DA、部分 SPI 器件和 IIC 器件进行仿真。

2. 仿真处理器及其外围电路

可以仿真 51 系列、AVR、PIC、ARM 等常用主流单片机，还可以直接在基于原理图的虚拟原型上编程，再配合显示及输出，能看到运行后输入/输出的效果。配合系统配置的虚拟逻辑分析仪、示波器等，Proteus 软件建立了完备的电子设计开发环境。

单片机作为嵌入式系统的核心器件，其系统设计包括硬件设计和软件设计两个方面，调试过程一般包括软件测试、硬件测试、软硬件综合调试。软件的语法调试比较简单，可以在计算机上完成，但软件的逻辑功能测试、硬件调试以及软硬件综合调试则需要在焊接好器件的电路板上完成，而且电路板的制作、元器件的安装、焊接不但有成本，还费时费力，并有一定的风险。但 Proteus 软件和 Keil 软件配合使用，将彻底改变这种情况，可以在不必制作电路板、不需要硬件投入的情况下，完成单片机的软件开发和硬件开发以及联合调试，成功了之后再做实际的电路板。经验表明，这种方法大大降低了开发成本，而提高了开发效率。

8.1.2 Proteus 7.8 的安装与功能介绍

安装完 proteus 7.8 sp2 后，在桌面上会生成快捷方式，如图 8-1 所示。ISIS 为原理图设计软件，ARES 为 PCB 设计软件。

单击运行原理图软件 ISIS，将启动 ISIS，启动画面如图 8-2 所示。启动完成后，进入 ISIS 编辑环境，如图 8-3 所示。

图 8-1　Proteus 图标

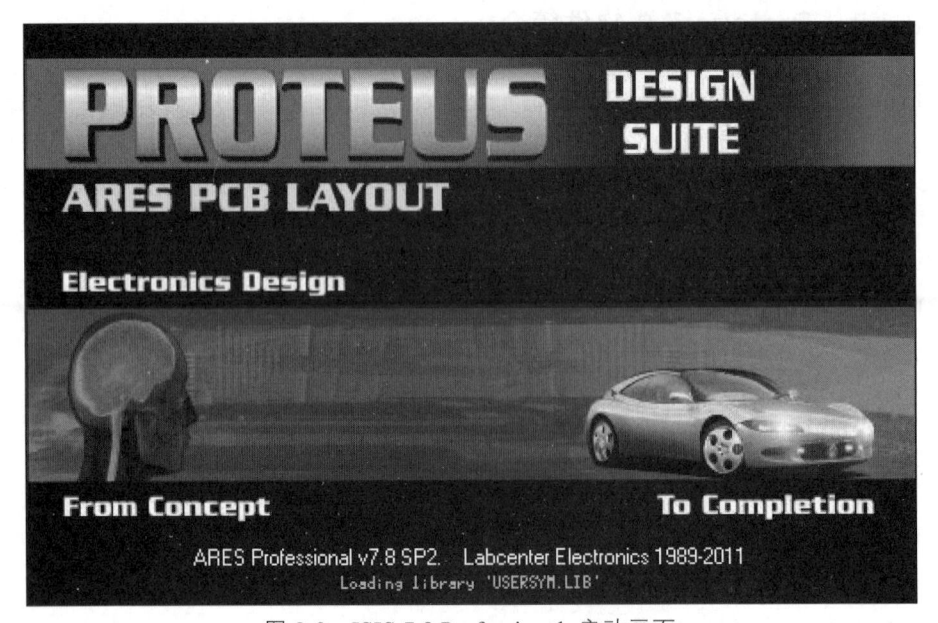

图 8-2　ISIS 7.8 Professional 启动画面

进入 ISIS 用户界面后即可进行原理图设计，设计前还可以进行编辑环境设置和系统环境设置。在 system 菜单中，可进行模板的选择、图纸的选择、图纸的设置和格点的设置；还可进行 BOM 格式的选择、仿真运行环境的选择、各种文件路径的选择、键盘快捷方式的设置等，如图 8-4 所示。也可以不理会这些设置使用默认值。

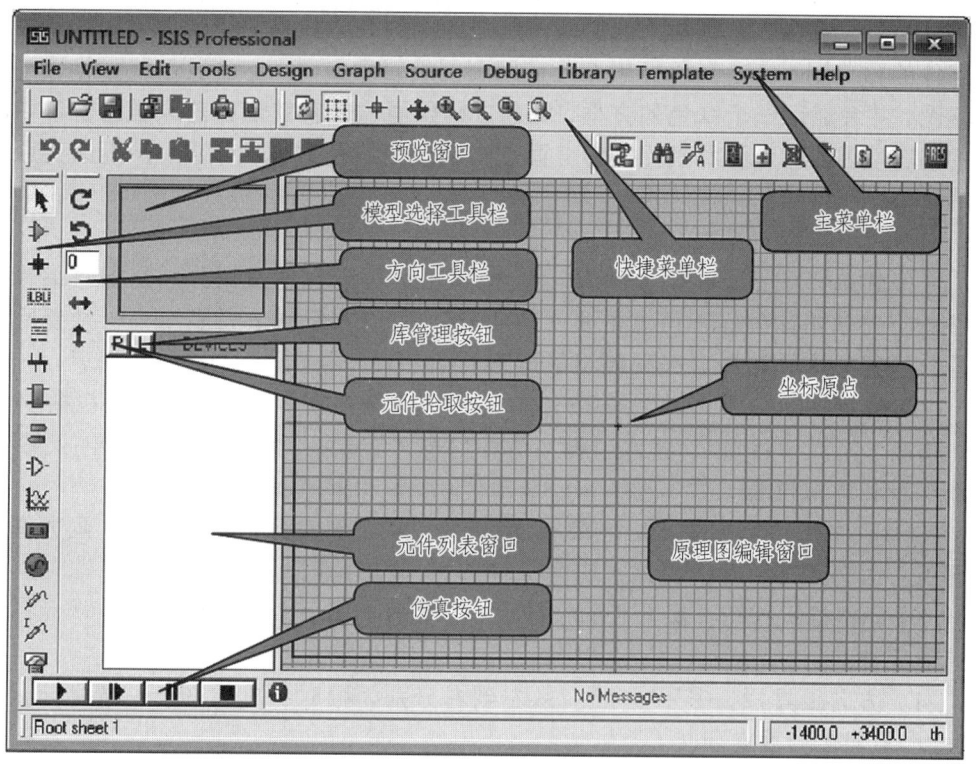

图 8-3　Proteus ISIS 用户界面图

下面简单介绍用户界面各部分的功能。用户界面是标准的 Windows 界面风格，包括主菜单、快捷菜单栏、预览窗口、模型选择工具栏、元件拾取按钮、库管理按钮、器件列表窗口、方向工具栏、仿真按钮、原理图编辑窗口等。

Proteus 用户界面

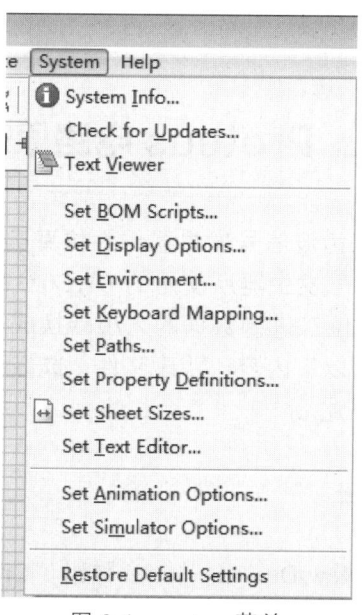

图 8-4　system 菜单

（1）预览窗口：它有两个功能，一是在元件列表中选择一个元件时，它会显示该元件的预览图；二是当鼠标焦点落在原理图编辑窗口时，它会显示整张原理图的缩略图，并会显示一个绿色的方框，绿色方框里面的内容就是当前原理图窗口中显示的内容。因此，可利用鼠标在它上面点击来改变绿色方框的位置，从而改变原理图的可视范围。

（2）模型选择工具栏。

主模式选择按钮：。从左到右各按钮分别是即时编辑元件参数（先单击该图标，再单击要修改的元件）、选择元件、放置节点、放置网络标号、放置文本、绘制总线和绘制子电路。

小工具箱按钮：。从左到右分别为终端接口（包括 V_{CC}、地、输出、出入等接口）、器件引脚、仿真图表、录音机、信号发生器、电压探针、电流探针和虚拟仪表。

2D 图形按钮：。从左到右分别为画直线、画方框、画圆弧、画多边形、输入文本、符号元件选择、符号标记。

（3）元件拾取按钮：最常用的按钮之一，用于打开元件拾取对话框，从元件库里选取元件。

（4）方向工具栏：。从左到右分别为顺时针旋转 90°、逆时针旋转 90°、水平翻转和垂直翻转。

（5）元件列表：选择了元件、终端接口、信号发生器、仿真图表等器件后，会在元件列表中显示，以后要再用到该元件时，只需从元件列表中选择即可。

（6）仿真按钮：，用于进行仿真控制，分别为全速运行、单步运行、暂停和停止。

（7）原理图编辑窗口：这个区域是用来绘制原理图的，元件和其他对象要放到蓝色的方框内才可以编辑。

任务 8-2　Proteus 电路原理图绘制

下面以项目 5 学习的锯齿波信号发生器作为仿真实例介绍 Proteus 电路原理图绘制与仿真过程。锯齿波信号发生器所使用的 DAC0832 是一种常见的 8 位 D/A 转换器，它可以根据输入的 8 位二进制数据的大小转换成一定的电压量，从而输出锯齿波。其原理图的绘制包括以下内容：新建文件、选择元件并放置、编辑对象、电路连线、添加或编辑文字描述。

8.2.1　新建设计文件

打开菜单"File"→"New Design…"，会弹出"Create New Design"对话框，选择其中的"DEFAULT 模板"，单击"OK"按钮，即可进入 ISIS 用户界面。可以先保存这个文件，单击快捷工具栏中的"保存"按钮，在打开的"Save ISIS Design

File"对话框中,选择一个保存路径,输入文件名,如 51_DAC0832_JCB,单击"保存"按钮,文件类型用默认类型即可,这样就完成了保存。在后面绘制原理图的过程中,可以绘制一部分就保存一下。

8.2.2 元件的选择和放置

绘制原理图一般先选取单片机,单击图 8-3 中的元件拾取按钮,会打开"Pick Device"(拾取元件)对话框,如图 8-5 所示。可以采用按类别或直接查找并选取两种方法。

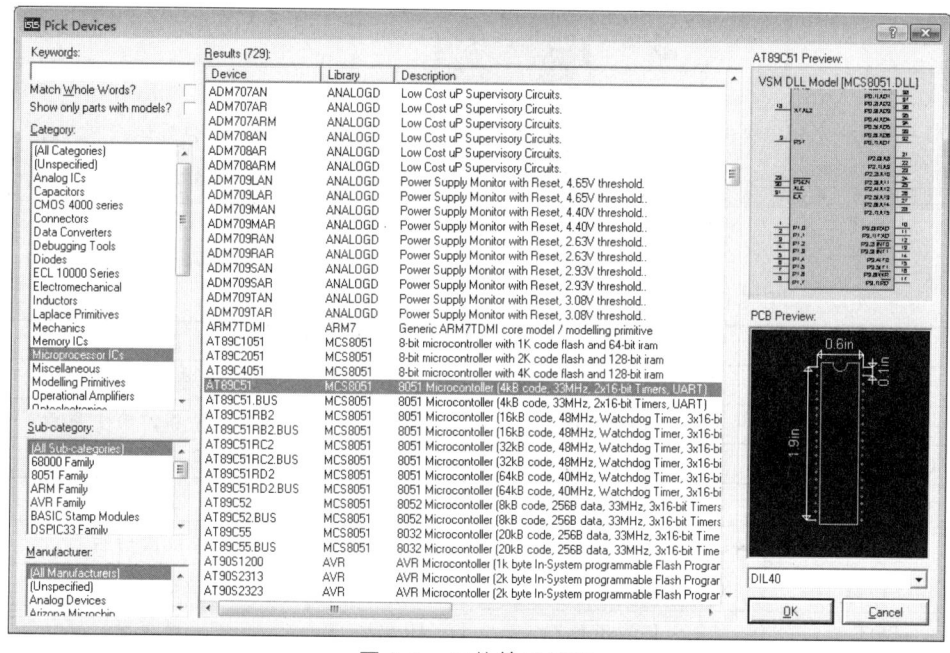

图 8-5 元件拾取界面

(1)按类别查找和拾取元件。在图 8-5 中,在类别"Category"中选择"Microprocessor ICs",在子类"Sub-category"中选择"8051 Family",在"Results"中找 AT89S51,这个库里没有,我们选取 AT89C51,右侧出现该器件的预览和 PCB 封装图。单击"OK"按钮,元件就会随鼠标一起移动,放在编辑窗口的合适位置即可。

(2)直接查找并拾取元件。如果知道元件的名称,可以在"Pick Devices"对话框的"Keywords"栏中,输入元件的全部或部分名称。接下来要放置 DAC0832,输入"DAC 等关键字符",查询结果在"Results"列表中选择该元件,并且放入原理图编辑窗口的合适位置即可。锯齿波信号发生器电路仿真还需要添加电压表、示波器等虚拟仪器。如图 8-6 所示,在 INSTRUSMENTS 列表中找到这两个虚拟仪器。同理,锯齿波信号发生器所需其他所有元件及工具操作方法相同,具体电路元件清单如表 8-1 所示。

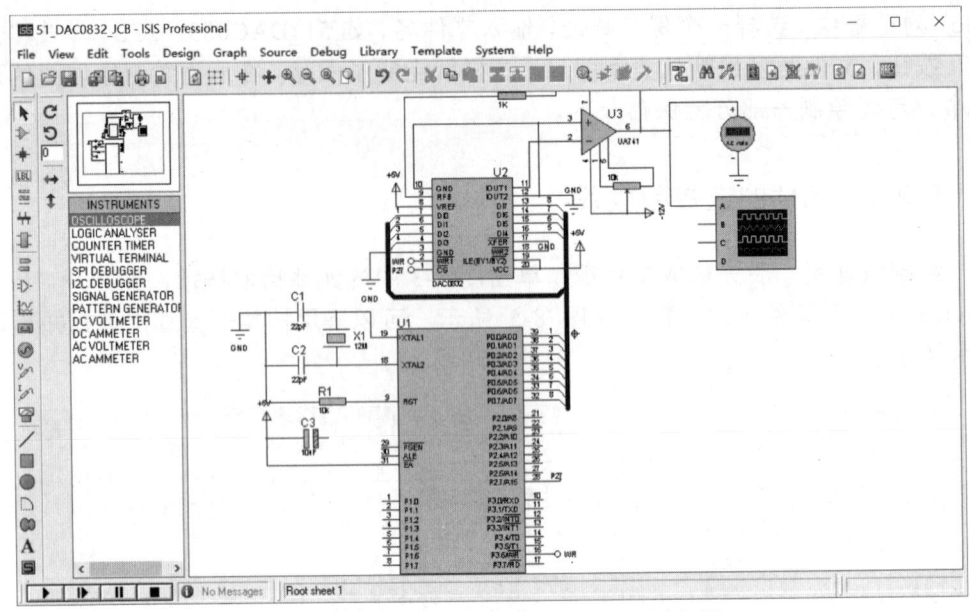

图 8-6　虚拟工具 INSTRUSMENTS 列表栏

表 8-1　锯齿波信号发生器电路仿真元件与仪器清单

元件名	类 别	参 数	备 注
AT89C51	Microprocessor ICs	U1	代替 AT89S51
CAP	Capacitors	22 pF	陶瓷电容，用于启振
CAP-ELEC	Capacitors	10 μF	电解电容，用于复位
CRYSTAL	Miscellaneous	12 MHz	晶振
DAC0832	Optoelectronics	U2	8 位 D/A 转换器
UA741	Operational Amplifier	U3	运算放大器
POT	Resistors	10 kΩ	电位器
RES	Resistors	10 kΩ/1 kΩ	电阻
OSCILLOSCOPE	Instruments	4 路	虚拟数字示波器
DC VOLTMETER	Instruments	直流	虚拟电压表

8.2.3　对象的编辑

放置好原理图中所需的器件后，经常需要对器件进行位置、角度的调整，也需要进行属性的编辑。可以通过鼠标单击选中元件后直接拖移，也可以通过鼠标右键单击某个元件，打开如图 8-7 所示的对话框进行编辑。可以进行的编辑如下：

（1）Drag Object：拖动对象。选择该动作后，对象会随着鼠标一起移动，到目的地后，单击鼠标左键即可停止移动。

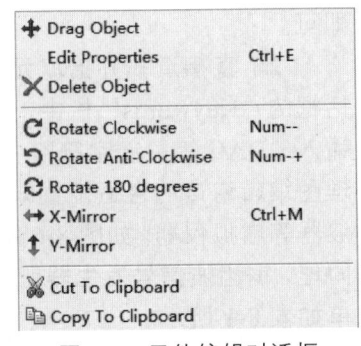

图 8-7　元件编辑对话框

（2）Edit Properties：编辑属性。选择该选项后，出现"Edit Component"对话框，如图8-8所示。以DAC0832为例，可编辑元件的显示名称等信息。

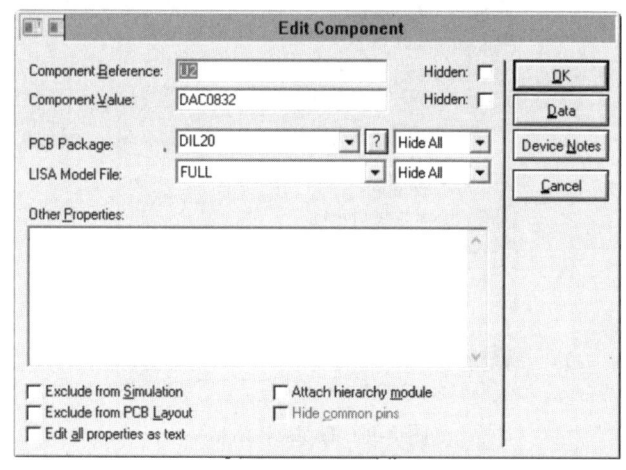

图8-8 编辑元件对话框

（3）Delete Object：删除对象。删除的方法有好几种，通过鼠标左键单击选中元件，按键盘上的"delete"键可以删除元件；通过右键单击元件，在对话框中选择"Delete Object"也可以删除元件；或右键双击元件也可进行删除。

（4）Rotate Clockwise：顺时针旋转元件，每点一次该选项顺时针旋转90°。另外，还可进行逆时针旋转、旋转180°操作。

（5）X-Mirror：水平镜像，可以使元件在水平方向上镜像。

（6）Y-Mirror：垂直镜像，可以使元件在垂直方向上镜像。

8.2.4 电路连线

在完成了对元件的编辑后，就可以连线了。在连线后仍然可以按上述方法进行元件的编辑。

将系统默认的自动捕捉功能打开，只要将光标放在需要连线的元器件引脚附近，就会自动捕捉到引脚。单击第一个对象的连接点，拖动鼠标到另一个对象的连接点处单击即可自动生成连线。在拖动过程中，需要拐弯时单击鼠标左键即可。这是一种最常用的连线方式，也可采用网络标号进行连线：在第一个连接点处放置一个输入终端INPUT，在另一个连接点处放置一个输出终端OUTPUT，利用对象的编辑属性方法对两个终端进行标号（也可以用普通导线加网络标号），两个终端的标号（Label）必须一致。

8.2.5 电气规则检查（ERC）

原理图绘制完成后，可进行电气规则检查。点击"Tools"菜单，在弹出的对话框中选择"Electrical Rule Check…"，如图8-9所示。

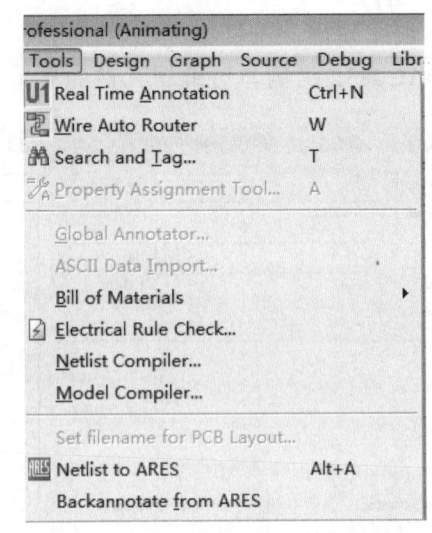

图 8-9 Tools 对话框

电气规则检查后，生成 ERC 报告。如图 8-10 所示，出现一些警告，可以帮助规范芯片引脚的连接。若出现错误，可根据提示修改电路图并保存，直至检测成功。

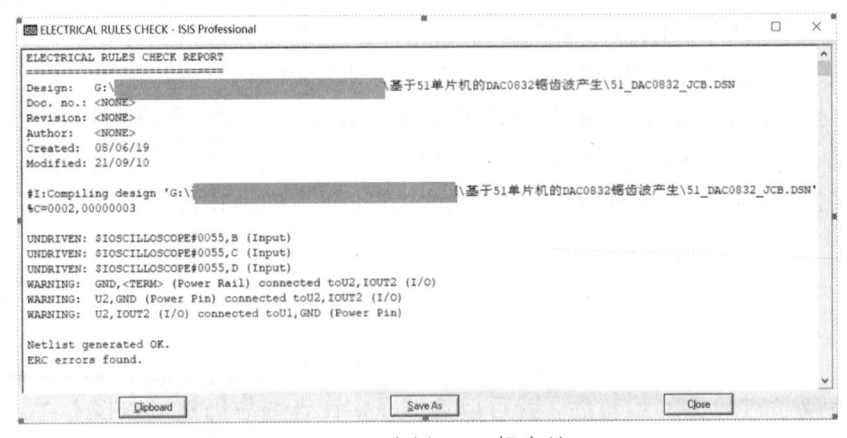

图 8-10 本例 ERC 报告单

任务 8-3　Proteus 仿真运行调试

在 Proteus 软件中完成电路原理图的绘制后，可进行仿真调试，以确定锯齿波信号发生器电路的正确性和程序逻辑功能的正确性。

简易锯齿波信号发生器的仿真设计过程

8.3.1　Keil 项目创建与编译

图 8-11 所示为在 Proteus 软件中绘制的锯齿波信号发生器电路原理图，在这个原理图中，元件连线方法采用了直接连线和网络标号连线两种方式。

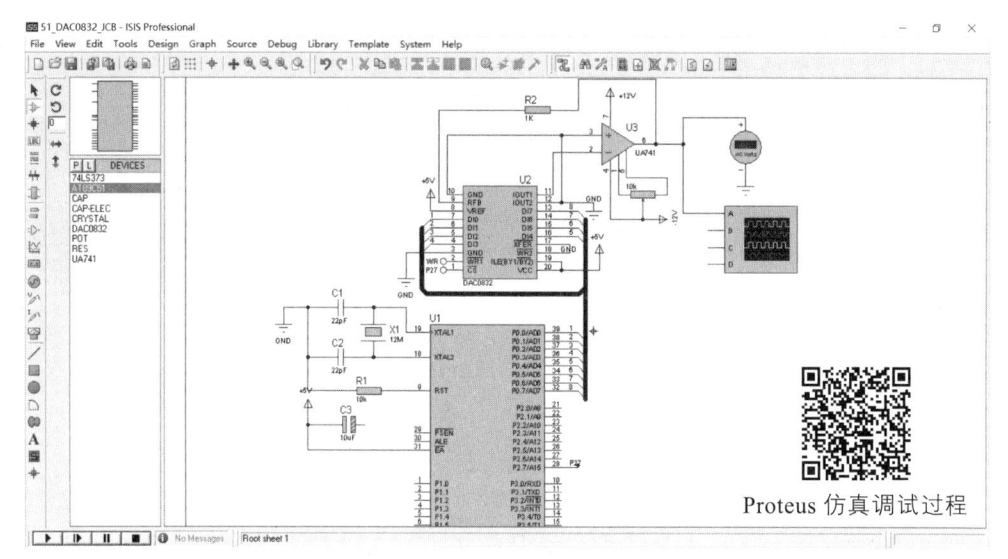

图 8-11 锯齿波信号发生器电路原理图

启动 Keil μVision4 新建一个 51 单片机的工程，如图 8-12 所示，输入 C51 代码，调试后编译生成.HEX 文件。

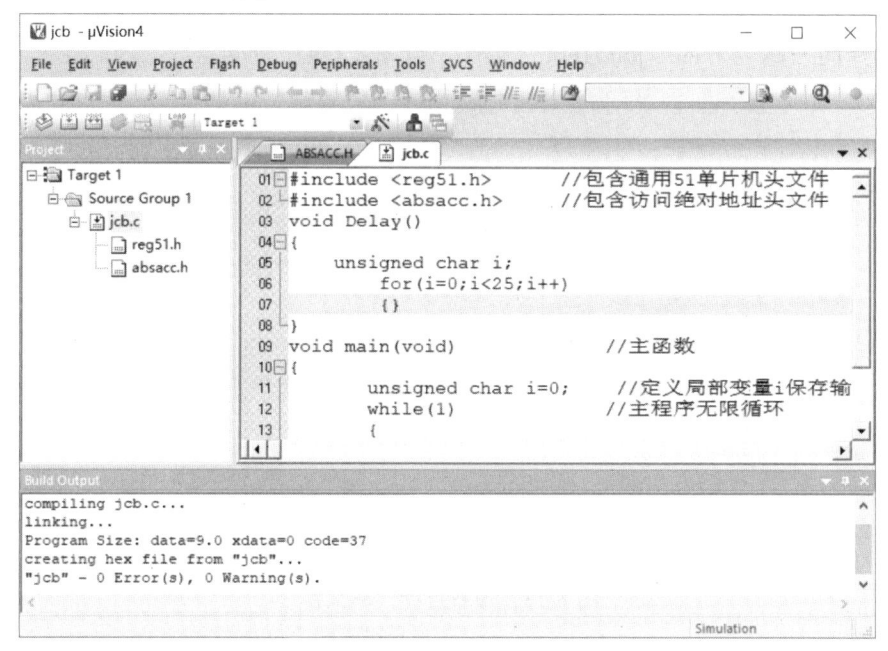

图 8-12 Keil μVision 界面

本例中的 C51 源程序如下：
```
#include <reg51.h>              //包含通用 51 单片机头文件
#include <absacc.h>             //包含访问绝对地址头文件
void Delay()
{
    unsigned char i;
```

```c
            for(i=0;i<25;i++)
            {}
}
void main(void)                          //主函数
{
        unsigned char i=0;               //定义局部变量 i 保存输出数据
        while(1)                         //主程序无限循环
        {
          XBYTE[0x7fff]=i++;             //DAC0832 对应地址输出数据
          Delay();                       //调用 100 μs 延时函数
        }
}
```

8.3.2　加载目标代码文件

在原理图中用左键双击单片机，或者右键单击单片机选择"Edit Properties"，弹出编辑元件对话框，如图 8-13 所示，在"Program File"栏选择目标.HEX 文件，这里选择同一路径下的"jbc.HEX"文件。点击"OK"即可。

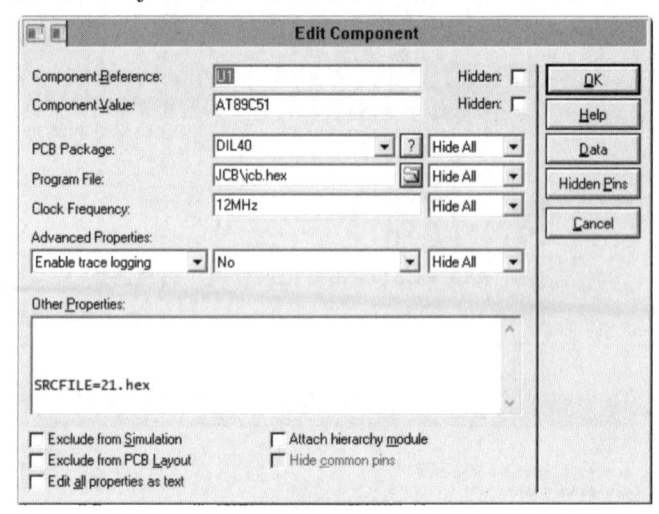

图 8-13　加载目标代码文件

8.3.3　仿真运行调试

接下来开始运行调试，点击工具条 中的按钮 ，进入单步运行状态。单击"Debug"→8051 CPU Registers，单击"Debug" 8051→CPU SFR Memory，分别打开工作寄存器和特殊功能寄存器窗口。单击源代码调试窗口"单步执行"按钮，执行一条指令，通过各调试窗口观察每条指令执行后数据的处理结果，以加深对硬件结构和指令的理解。图 8-14 所示为 Keil 与 Proteus 联合调试界面。

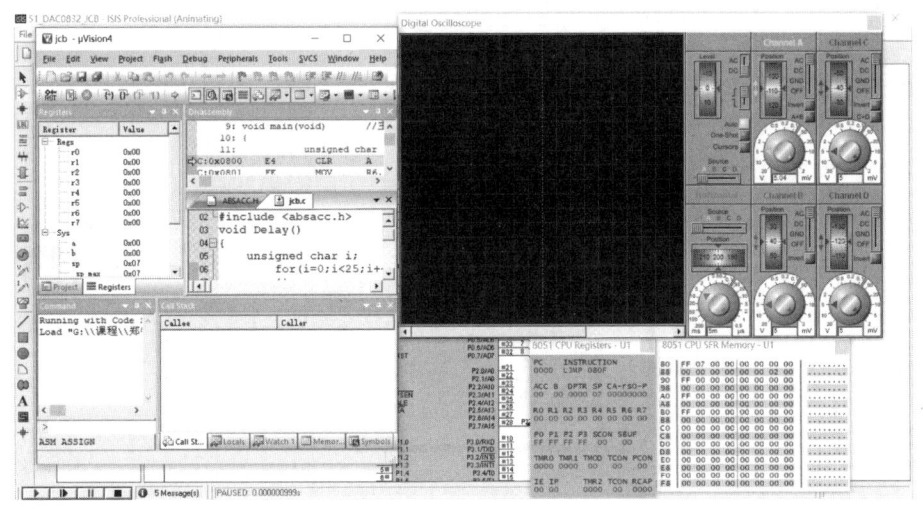

图 8-14 Keil 与 Proteus 联合调试界面

调试后观察仿真运行状态，点击工具条 中的按钮 ，就可以看到 Proteus 软件关于锯齿波信号仿真的结果，如图 8-15 所示。硬件的正确与否、程序的正确与否在这里都可以得到仿真验证。

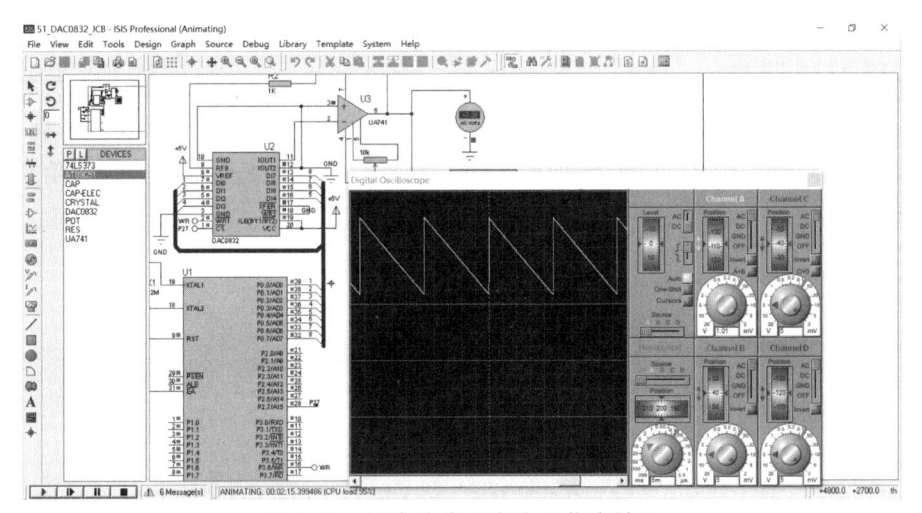

图 8-15 锯齿波信号发生器仿真结果

8.3.4 其他仿真实例

利用单片机和 DAC0832，可以很方便地设计出一个波形发生器，产生正弦波信号。

1. 设计规划

（1）整体构思系统，确定工作原理。
（2）用 Proteus 软件设计电路图，确定所需元件参数。
（3）用 Keil C51 编写程序，并在 Proteus 软件中仿真通过。
（4）创新改进系统，使之有更多功能。

2. 硬件电路设计

正弦波发生器原理如图 8-16 所示。

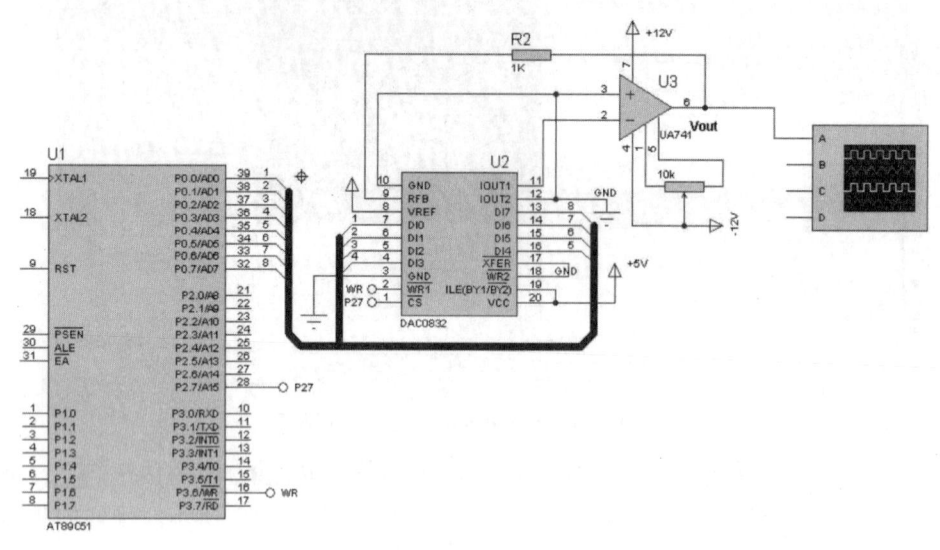

图 8-16　正弦波发生器原理

3. 程序设计

图 8-16 中最右边的器件为虚拟示波器，本例与锯齿波一样只用 A 路，连接到 DAC0832 外围转换电路中运放的输出端。DAC0832 是一种常见的 8 位 D/A 转换器，它可以根据输入的 8 位二进制数据的大小转换成一定的电压量，该实例利用查表法输出正弦波。

程序如下：

```c
#include"reg52.h"
#include"absacc.h"
#define uchar unsigned char

uchar code tab[128]={128,134,140,146,152,158,165,170,176,182,188,193,198,203,208,213,218,222,226,230,234,237,240,243,245,248,250,251,253,254,254,255,255,255,254,254,253,251,250,248,245,243,240,237,234,230,226,222,218,213,208,203,198,193,188,182,176,170,165,158,152,146,140,134,127,121,115,109,103,97,90,85,79,73,67,62,57,52,47,42,37,33,29,25,21,18,15,12,10,7,5,4,2,1,1,0,0,0,1,1,2,4,5,7,10,12,15,18,21,25,29,33,37,42,47,52,57,62,67,73,79,85,90,97,103,109,115,121};   //正弦波数据表格

void delay()            //延时子程序，调节 i 的大小可改变输出频率
{
    unsigned char i;
    for(i=100;i>0;i--);
}
```

```
void main(void)              //主函数
{   unsigned char i;
    P0=0xff;
    while(1)
        {
          if(++i==128)
          i=0;
          XBYTE[0x7FFF]=tab[i];
          delay();           //延时,调节波形输出频率
        }
}
```

4. 系统仿真

程序和 MCU 关联后,运行即可看到正弦波波形,如图 8-17 所示。

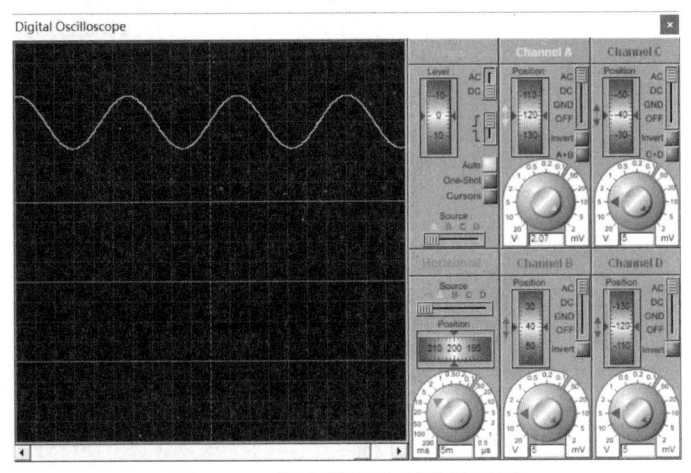

图 8-17 仿真得到的正弦波波形

项目实施

任务 8-4　电子秒表的设计与仿真开发

电子秒表的
仿真设计

8.4.1　设计任务

设计一个电子秒表,由两个独立按键,其中一个为"开始/暂停",另一个为"清零"。当按下"开始/暂停"键,秒表开始计时;再次按下时,秒表停止计时;再次按下时,秒表继续计时;当按下"清零"键,计时归零。

显示采用 4 位动态数码管,显示分、秒、100 毫秒。格式为"5.12.6",为 5 分 12 秒及 600 毫秒。最大计时为 9 分 59.9 秒。

8.4.2 原理图设计

电路原理图设计如图 8-18 所示,具体电路连接情况如图 8-19 所示。

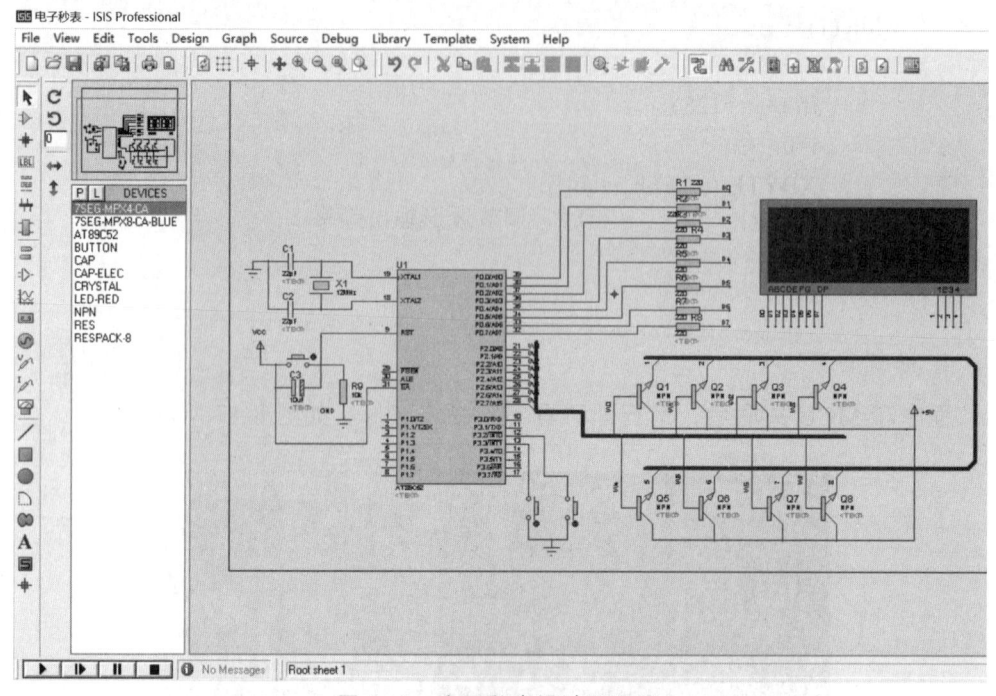

图 8-18 电子秒表设计原理图

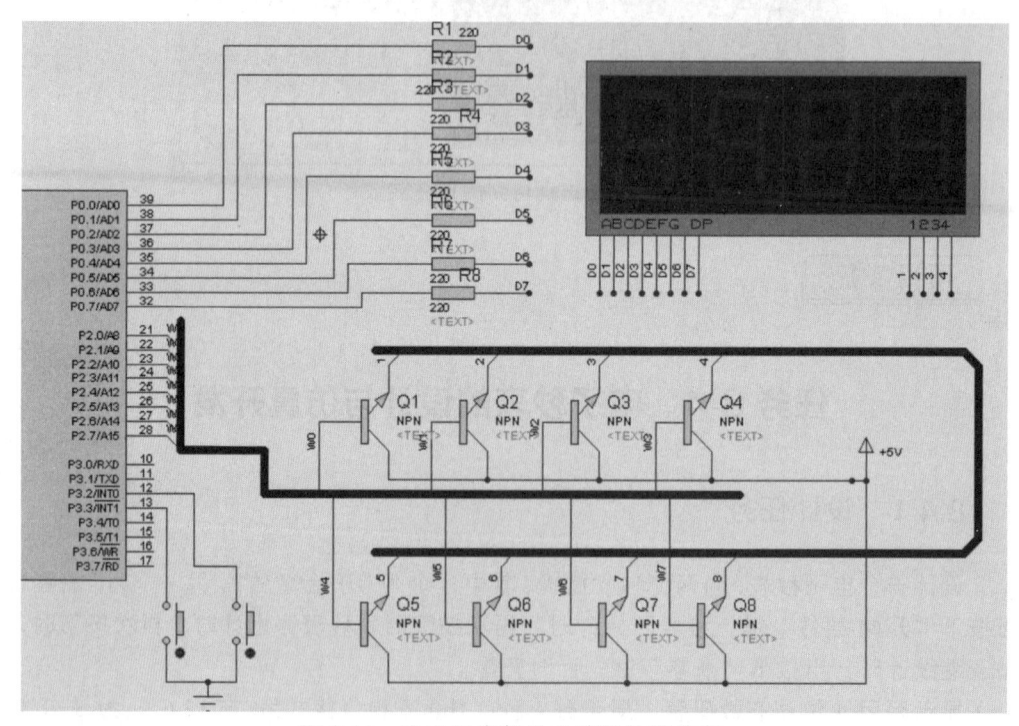

图 8-19 电子秒表部分电路具体连接图

8.4.3 软件开发

```c
#include<reg51.h>
#define DUAN    P0                          //段控制端口
#define WEI     P2                          //位控制端口
unsigned char    pp;                        //全局计数器
unsigned char    m100ms,second,minute;      //100 毫秒、秒、分变量
unsigned char code wei[]={0x0FE,0x0FD,0x0FB,0x0F7};
unsigned char code table[]={0xC0,0xF9,0xA4,0xB0,0x99,0x92,0x82,0xF8,0x80,0x90};
void delay(unsigned char i)                 //延时函数
{   unsigned char j,k;
    for(j=i;j>0;j--)
    for(k=125;k>0;k--);
}
void main()
{   TMOD=0x01;                              //定时器初始化
    TR0=1;ET0=1;                            //开定时，开定时中断
    TH0=(65536-46080)/256;                  //定时初值，晶振为 11.0592 MHz,
                                计数 46 080 次（50000*11.0592/12）产生 50 ms 定时
    TL0=(65536-46080)%256;
    IP=0x05;                                //外部中断初始化
    IT0=1;IT1=1;                            //外部中断设为下降沿触发
    EX0=1;EX1=1;EA=1;                       //开中断 0，中断 1 及总中断
    while(1)
    {   DUAN=table[m100ms];
        WEI=wei[0];
        delay(5);
        DUAN=table[second%10]&0x07f;
        WEI=wei[1];
        delay(5);
        DUAN=table[second/10];
        WEI=wei[2];
        delay(5);
        DUAN=table[minute%10]&0x07f;
        WEI=wei[3];
        delay(5);
    }
}
```

```c
void ISR0(void)interrupt 0            //外部中断 0 服务函数
{    TR0=~TR0;                        //定时器开寄存器取反
}
void ISR1(void)interrupt 2            //外部中断 1 服务函数
{    second=0;                        //秒清零
     minute=0;                        //分清零
}

void time0()interrupt 1               //定时中断服务函数
{    TH0=(65536-46080)/256;
     TL0=(65536-46080)%256;
     if(pp>=19)                       //20 次*50 ms=1 s。
     {   pp=0;
         second++;                    //秒变量加 1
         if(second>=60)
         {   second=0;
             minute++;                //分变量加 1
             if(minute>=10)
             {   minute=0;
             }
         }
     }
     else
     {   pp++;
         m100ms=pp/2;                 //100 ms
     }
}
```

8.4.4 仿真实现

通过 keil 与 Proteus 软件的联合调试后仿真运行，能够实现电子秒表设计任务的具体要求。图 8-20 所示为仿真结果。

8.4.5 功能拓展

利用单片机定时器中断原理实现简易数字时钟设计，在前面电子秒表设计与仿真的基础上实现"小时-分钟-秒钟"的功能扩展。

单片机控制的
数字时钟仿真设计

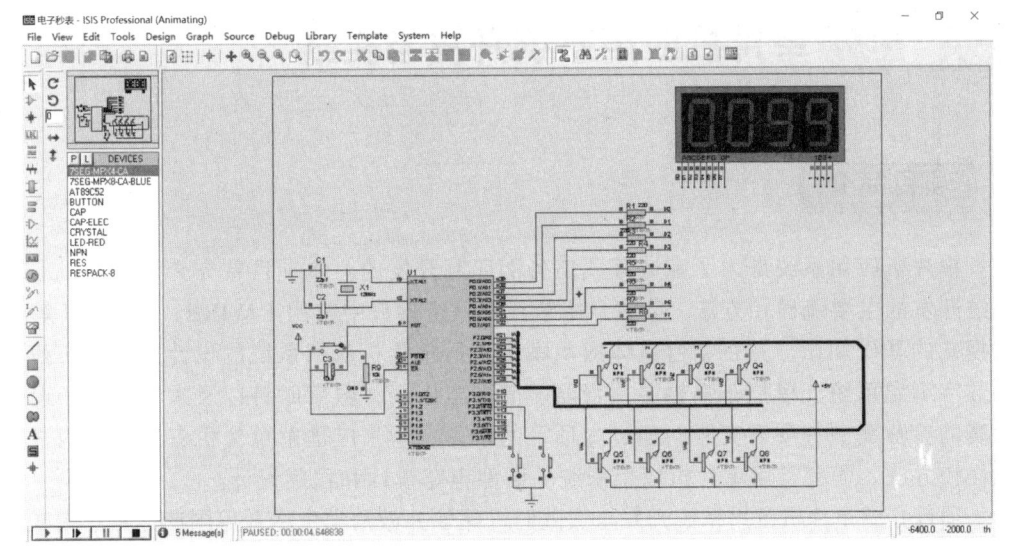

图 8-20　电子秒表仿真结果

思考与练习

（1）Proteus 软件中电路连线的方式有哪几种？

（2）Proteus 软件中删除一个元件可以采用哪几种方式？

（3）如何用 Proteus 软件进行软件和硬件的仿真调试？

（4）使用 Keil 和 Proteus 软件进行联合调试时，还需要安装什么驱动？需要在两个软件中分别怎样设置？

（5）用 Proteus 软件设计一个 8 位 LED 流水灯的硬件电路，画出其原理图，并编写源程序，然后在 proteus 软件中进行软硬件仿真调试。

（6）用 Proteus 软件设计一个单片机控制的 2 位 LED 秒表的硬件电路（显示 00~99），画出其原理图，并编写源程序，然后在 Keil 中进行联合调试。

项目 9　单片机应用系统开发与实践

项目简介

单片机应用系统是为了完成某项任务而研制开发的。本项目首先介绍单片机应用系统开发的主要流程和方法，然后介绍单片机串行接口中常用 1-WIRE、I^2C、SPI 等通信模式的基础知识，并且结合具体应用案例进行单片机应用系统的设计开发与实践，如数字测温系统、模拟车辆轴温报警器、简易电压表、数字时钟以及大学生电子设计竞赛的参赛案例等项目实例。通过本项目的学习，学生应理解单片机应用系统的开发流程和方法，学会常用单片机应用系统的硬件电路设计和程序设计。

项目介绍单片机应用系统开发与实践时，建议并鼓励学生尽量用国产芯片来完成设计制作，培养学生的家国情怀，激发学生的爱国热情。在介绍数字测温系统时进行任务拓展，结合铁道车辆轴温报警器进行设计开发，培养学生在具体行业背景下的单片机应用系统设计与开发的能力以及创新精神和实践能力，同时培养学生大国工匠的使命担当。

任务 9-1　单片机应用系统设计开发方法

单片机应用系统是以单片机为核心，配以外围电路和软件，能实现确定的任务、功能的实际应用系统。随着其用途不同，其配置的硬件和软件均不相同，但它们的设计开发流程和方法大致相同，一般都分为总体设计、硬件电路设计、软件设计和仿真调试几个阶段，如图 9-1 所示。虽然单片机的硬件选型不尽相同，软件编写也千差万别，但系统的研制步骤和方法是基本一致的，下面对各个阶段做简要介绍。

单片机应用系统的设计开发流程

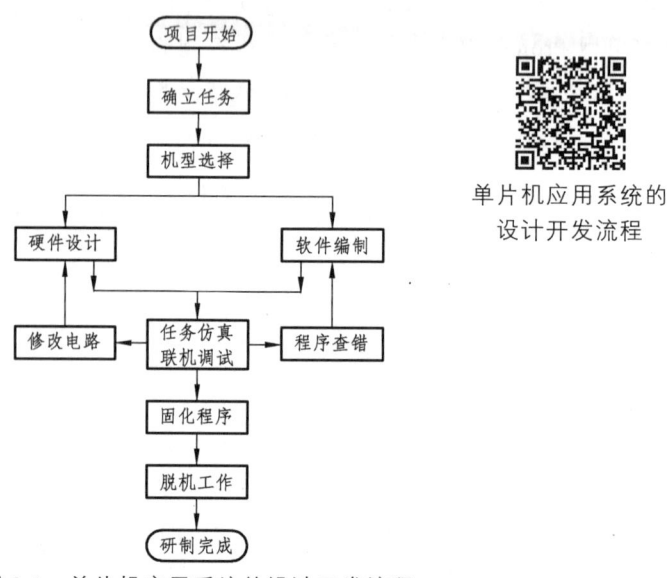

图 9-1　单片机应用系统的设计开发流程

9.1.1 总体设计

1. 确立系统性能指标

无论是工程控制系统还是智能仪器仪表，都必须先分析和了解项目的总体要求，输入信号的类型和数量，输出控制的对象及数量，辅助外设（如传感器）的种类及要求，使用的环境及工作的电源要求，产品的成本、可靠性要求和可维护性及经济效益等因素，必要时可参考同类产品的技术资料，制定出可行的性能指标。

2. 单片机的选型

现在的单片机数量品种繁多，各种专用功能的单片机基本上都有，这给用户带来的好处很多，可节约很多外接扩展器件。单片机的选型很重要，选择时需考虑其能全部满足规定的要求，如控制速度、精度、控制端口的数量、驱动外设的能力、存储器的大小、软件编写的难易程度、开发工具的支持程度等。再如要驱动 LED 显示器，可选用多端口的单片机直接驱动，还可利用少端口加扩展电路构成，这就要具体分析选用何种器件有利于降低成本、电路易于制作、软件便于编写等因素。再如，如果要求输出 PWM 波，也可选用具有直接输出 PWM 的单片机，还可加外接驱动芯片实现该功能。这些要求在应用时具体问题具体分析。

此外，选择某种单片机还需考虑货源是否充足，是否便于批量生产，在考虑性价比的时候同样需研究易实现产品技术指标的因素。

3. 软件的编写和支持工具

单片机应用软件的设计与硬件的设计一样重要，没有控制软件的单片机是毫无用处的，它们紧密联系，相辅相成，并且硬件和软件具有一定的互换性。在应用系统中，有些功能既可用硬件来实现，也可以用软件来完成，因此应多利用硬件，这样可以提高研制速度，减少编制软件的工作量，争取时间，争取商机。但这样会增加产品的单位成本，对于以价格为竞争手段的产品就不宜采用。相反，以软件代替硬件来完成一些功能，最直观的是降低成本，提高可靠性，增加仿制者的仿制难度，但同时也增加了系统软件的复杂性，软件的编制工作量大，研制周期可能会加长，系统运行的速度可能也会降低等。因此在总体考虑时，必须综合分析以上因素，合理制定某些功能硬件和软件的比例。

对于不同的单片机，甚至同一公司的单片机开发工具不一定相同，这就要求在选择单片机时，需考虑开发工具的因素，原则上是以最少的开发投资满足某一项目的研制过程，最好是使用现有的开发工具或增加少量的辅助器材就可达到目的。当然，开发工具是一次性投资，而形成产品却是长远的效益，这就需平衡产品和开发工具的经济性和效益性。

9.1.2 硬件电路设计

总体设计中确立了系统性能要求，确定了单片机的型号、所需外围扩展芯片、存储器、I/O 电路、驱动电路，可能还有 A/D 和 D/A 转换电路以及其他模拟电路、传感检测电路等，据此可以设计出应用系统的电路原理图。

1. 存储器

存储器的设计和选择包括程序存储器和数据存储器的设计和选择。

现在的单片机普遍都带有程序存储器，容量也分有不同的等级，从几百字节到几百千字节都有，这为它们的应用提供了更为广阔的前景。而且这些单片机价格也并不昂贵，同时，这些内置 ROM 的单片机基本上均可实现软硬件的程序加密，为保护自己的知识产权提供了强有力的措施，所以这些单片机深得用户喜爱，可以说这类单片机正逐渐成为市场的主流产品。

在少数应用系统中，需外扩程序存储器。随着微电子技术的发展，现在可用作程序存储器的芯片类型相当多，各大半导体公司都推出了一系列程序存储器，如 EPROM、EEPROM、FLASH 存储器以及 OTP 存储器等。这些存储器各有特点，互有所长。EEPROM 和 FLASH 适合于多次擦写的场合，最适用于开发调试阶段，当然它们的价格也稍比其他的高些。对于批量生产已成熟的应用系统最好选用 EPROM 和 OTP 存储器，最主要的原因是它们的价格稍低，对降低产品的成本是相对有利的。一般情况下，为节约单片机 I/O 口资源和简化硬件电路，尽量扩展串行的程序存储器，如 24XX 系列程序存储器。

所有 51 系列单片机都带内部数据存储器（RAM），从几十字节到几千字节都有，对于数据存储器容量的要求，各个系统之间差别很大，要求也不尽相同，像 8051/52 系列单片机片内置有 128 和 256 字节的 RAM，这对于一般中小型应用系统（如实时控制系统和智能仪器仪表）已能满足要求。若要求 RAM 的容量稍大一点，可采用外扩数据存储器芯片；如果是数据采集对 RAM 容量要求较大的系统，则需要采用更大容量的数据存储器，当然，外扩的 RAM 也以尽可能少的芯片为原则。

2. 单片机的系统总线

标准的 8051 单片机总共有 32 个 I/O 口，如果使用内置程序存储器的芯片，可用作 I/O 口线的就较多，一般均可满足要求。但如需外接 ROM 和 RAM，P0 口为标准的双向数据/地址总线口，P2 为高 8 位地址总线口，即使高 8 位的地址总线口没有完全使用，余下的 I/O 口也不能当作它用，否则编程将相当麻烦。这样 8051 用作 I/O 的端口只有 16 个。此外，P3 口的中断功能更为重要，一般在使用中都用作中断处理，剩下的也只有 P1 口，这 8 个 I/O 口就显得相当宝贵。P0 和 P2 口作数据和地址总线，一般可驱动数个外接芯片（视外接芯片要求的驱动电流而异），也即 P0 和 P2 口的驱动能力还是有限的，P0 口为 LSTTL 电路，P2 口为 4 个 LSTTL 电路，如果外接的芯片过多，负载过重，系统将可能不能正常工作，此时必须加接缓冲驱动器予以解决。如可以采用 74LS244、74LS273 等缓冲驱动器进行总线或 I/O 口的缓冲。

3. I/O 接口

单片机应用系统设计中，单片机的 I/O 口分配至关重要，对 I/O 口的使用时还应注意从其功能和驱动能力上加以考虑，对于仅需增加少量的 I/O 口，选用价格低廉的 TTL 或 CMOS 电路扩展即可，这样也可提高单片机口线的利用率；对于需扩展更多的 I/O 口，则可选用串入并出或并入串出的器件作为 I/O 口扩展，如 74HC164、74HC595、74HC165 等，这些芯片接口电路简单，编程方便，使用灵活，价格适中。

4. A/D、D/A 转换器及其他传感检测器件的应用

数据采集及处理是单片机系统的主要任务。现在可使用的 A/D 转换器数量繁多，品种齐全，各种分辨率、精度及速度的芯片应有尽有，如美国的模拟数字器件公司（Analog）的一系列转换器，此外还有 Motorola 和 MAXIM 公司等生产的诸多 A/D 转换器，这给使用提供了很多便利条件。不少单片机生产厂商都推出了内带 A/D 转换器的单片机，这种芯片性价比一般都较高。由于 A/D 或 D/A 转换器与单片机没有外部连线，工作也更可靠，体积更小。对转换器的控制均可使用软件的方法实现，使用十分方便，如果能满足要求，建议首选这种机型，而不用外挂转换器件。当然内置转换器的单片机，转换器一般都在 12 位以下，对那些有更高要求的应用系统，也只能外接转换器芯片。

随着技术的快速发展，各类新型传感检测器件不断涌现，工程技术人员应及时了解电子市场新型器件的供应信息，将新器件应用到单片机系统中，这将有助于系统功能的提高，并有可能会大大简化单片机应用系统的硬件电路。总之，单片机硬件系统设计的原则是用最少的芯片实现最多的功能。

9.1.3 抗干扰措施

单片机产品的工作环境往往都是具有多种干扰源的现场，抗干扰措施在单片机产品设计中显得尤为重要。

根据干扰源引入的途径，抗干扰措施可以从以下两个方面考虑。

（1）电源供电系统。为了克服电网以及来自系统内部其他部件的干扰，可采用隔离变压器、交流稳压器、滤波器、稳压电路各级滤波等防干扰措施。

（2）电路上的考虑。为了进一步提高系统的可靠性，在硬件电路设计时，应采取一系列防干扰措施：

① 大规模 IC 芯片电源供电端 V_{CC} 都应加高频滤波电容，根据负载电流的情况，在各级供电节点还应加足够容量的退耦电容。

② 开关量 I/O 通道与外界的隔离可采用光电耦合器件，特别是与继电器、可控硅等连接的通道，一定要采用隔离措施。

③ 可采用 CMOS 器件提高工作电压（+15 V），这样干扰门限也相应提高。

④ 传感器后级的变送器尽量采用电流型传输方式，因电流型比电压型抗干扰能力强。

⑤ 电路应有合理的布线及接地方式。

⑥ 与环境干扰的隔离可采用屏蔽措施。

9.1.4 软件设计

1. 系统资源

在单片机应用系统的开发中，软件的设计是最复杂和最困难的，大部分情况下工作量都较大，特别是对于那些控制系统比较复杂的情况。如果是机电一体化的设计人员，往往需要同时考虑单片机的软硬件资源分配。软件设计一般可按如下步骤进行，设计流程图如图 9-2 所示。

在考虑一个应用工程项目时，就需先分析该系统完成的任务，明确软硬件分别承担哪些工作，实际上这种情况很多，就是一些任务可用软件完成，也可以用硬件完成，还需考虑采用软件或硬件的优势，一般均以最优的方案为首选。

2. 程序结构

一个优秀的单片机程序设计人员，设计的软件程序结构是合理、紧凑和高效的。同一种任务，有时用主程序完成是合理的，但有时子程序执行效率最高，占用 CPU 资源最少。一些要求不高的中断任务或单片机的速度足够高，可以使用程序扫描查询，也可以用中断申请执行，这也要具体问题具体分析。对于多中断系统，当它们存在矛盾时，需区分轻重缓急，以区别对待主要和次要问题，并适当地授权不同的中断优先级别。

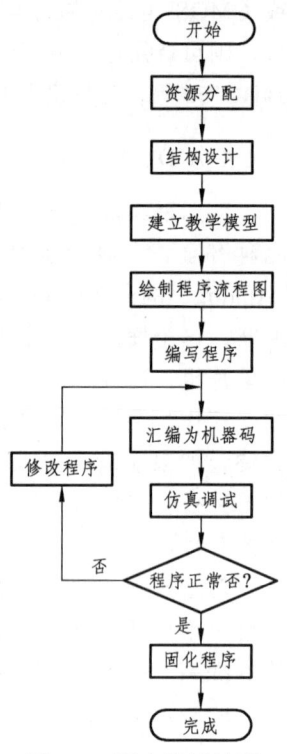

图 9-2　程序设计流程

在单片机的软件设计中，任务可能很多，程序量很大，是否意味着程序也按部就班从头到尾编写下去呢？答案是否定的。在这种情况下，一般都需把程序分成若干个功能独立的模块，这也是软件设计中常用的方法，即俗称的"化整为零"的方法。理论和实践都证明，这种方法是行之有效的。这样可以分阶段对单个模块进行设计和调试，一般情况下单个模块利用仿真工具即可将它们调试好，最后再将它们有机地联系起来，构成一个完整的控制程序，并对它们进行联合调试即可。

对于复杂的多任务实时控制系统，要处理的数据就非常庞大，同时又要求对多个控制对象进行实时控制，要求对各控制对象的实时数据进行快速的处理和响应，这对系统的实时性、并行性提出了更高的要求。这种情况下一般要求采用实时的任务操作系统，并要求该系统具备优良的实时控制能力。

3. 数学模型

一个控制系统的研制，明确了它们需完成的任务，那么摆在设计人员面前的就是一堆需要协调解决的问题了，这时设计人员必须进一步分析各输入、输出变量的数学关系，即建立数学模型。该步骤对一般较复杂的控制系统是必不可少的，而且不同的控制系统，它们的数学模型也不尽相同。

在很多控制系统中都需要对外部的数据进行采集取样、处理加工、补偿校正和控制输出。外部数据可能是数字量，也可能是模拟量。对于模拟量的输入，则通过传感器件进行采样，由单片机进行分析处理后输出，输出的方式很多，可以显示、打印或终端控制。从模拟量的采样到输出的诸多环节，这些信号都可能会"失真"，即产生非线性误差，这些都需要单片机进行补偿、校正和预加重，这样才能保证输出量达到所要求的误差范围。

对于复杂参数的计算，例如非线性数据、对数、指数、三角函数、微积分运算，使用PC（32位）的软件编程相对简单，并且具有大量的应用软件可利用。但单片机要完成这种运算，程序结构是很复杂的，程序编写也较困难，甚至难以建立数学模型。要解决这个问题，简单的方法是采用查表法实现。查表法即事先将测试和计算的数据按一定规律编制成表格，并存于存储器中，CPU根据被测参数值和近似值查出最终所需的结果。查表法是一种行之有效的方法，它可对输入参数进行补偿校正、计算和转换，程序编制简单，是将复杂的数值运算简化为简单的数据输出的好办法，常被设计人员采用。

4. 程序流程

较复杂的控制系统一般都需要绘制一份程序流程图，可以这样说，它是程序编制的纲领性文件，可以有效地指导程序的编写。当然，程序设计伊始，流程图不可能尽善尽美，在编制过程中仍需进行修改和完善，认真地绘制程序流程图，可以起到事倍功半的效果。

流程图就是根据系统功能的要求及操作过程，列出主要的各功能模块，复杂程序流向多变，需要在初始化时设置各种标志，程序根据这些标志控制程序的流向。当系统中各功能模块的状态改变时，只需改变相应的标志即可，无须具体地管理状态变化对其他模块的影响。这就需要在绘制流程图时，清晰地标识出程序流程中各标志的功能。

5. 编制程序

上述工作做好后，即可开始编制程序。编写程序时，首先需对用到的参数进行定义，与标号的定义一样，使用的字符必须易于理解，可以使用英文单词和汉语拼音的缩写形式，这对今后自己的辨读和排错都是有好处的。然后初始化各特殊功能寄存器的状态，定义中断口的地址区，安排数据存储区，根据系统的具体情况，估算中断、子程序的使用情况，预留出堆栈区和需要的数据缓存区。

在工程实践中，单片机程序编写应以C51语言为主，特殊对实时性要求非常高的模块可采用汇编和C51语言混合编程，但不管是使用何种语言，最终还是需要汇编成机器语言，调试正常后，通过烧录器固化到单片机或ROM中。

9.1.5 软硬件调试、程序固化和脱机运行

1. 硬件调试

硬件调试是利用开发系统、基本测试仪器（万用表、示波器等），通过执行开发系统的有关命令或测试程序，检查用户系统硬件中存在的故障。硬件调试可分为静态调试和动态调试两步进行。

静态调试是在用户系统未工作时的一种硬件检查。一般方法是采用目测、万用表测试、加电测试对印制电路板及各芯片、器件进行检查。主要内容包括：检查电路、核对元器件、检查电源系统及外围电路调试等。

动态调试是在用户系统工作时发现和排除硬件故障的一种硬件检查。一般方法是按由近及远、由分到合的原则来进行检查的，即先进行各单元电路调试，再进行全系统调试。主要内容包括：测试扩展 RAM、I/O 接口和 I/O 设备、试验晶振电路和复位电路、测试 A/D 和 D/A 转换器、试验显示、打印、报警等电路。

2. 软件调试

软件调试是通过对用户程序的汇编、连接、执行来发现程序中存在的语法错误与逻辑错误并加以排除纠正的过程。

软件调试的一般方法是先独立后联机、先分块后组合、先单步后连续。

3. 系统联调

系统联调是指让用户系统的软件在其硬件上实际运行，并进行软、硬件联合调试。应注意以下几点：

（1）对于有电气控制负载（加热元件、电动机）的系统，应先试验空载。

（2）要试验系统的各项功能，避免遗漏。仔细调整有关软件或硬件，使检测和控制达到要求的精度。

（3）当主电路投切电气负载时，注意观察微机是否有受干扰的现象。

（4）综合调试时，仿真器采用全速断点或连续运行方式，在综合调试的最后阶段应使用用户样机中的晶振。

（5）系统要连续稳定运行相当时间，以考验硬件部分的稳定性。

（6）有些系统的实际工作环境是在生产现场，在实验室作调试时某些部分只能进行模拟，这种系统必须到生产现场最终完成综合调试工作。

4. 程序固化

51 单片机中固化程序就是烧写程序，把编写好的程序写入单片机内部的程序存储器中，该程序即为应用程序。

5. 系统脱机独立运行

脱机独立运行即单片机重新上电，且不带仿真器独立运行。单片机系统通过脱机运行来验证系统的正确性、可靠性等。

9.1.6 技术文档编制

系统开发结束后，应对系统进行设计文件和工艺文件的编制和整理，应包括：任务描述；设计的指导思想及设计方案论证；性能测定及现场试用报告与说明；使用指南；软件资料，如流程图、子程序使用说明、地址分配、程序清单；硬件资料，如电路原理图、元件布置图及接线图、接插件引脚图、印制线路板图、注意事项等。

任务 9-2　数字测温系统设计

9.2.1　任务分析

DS18B20 是 DALLAS 公司生产的一线式数字温度传感器，具有 3 引脚 TO-92 小体积封装形式。系统设计采用 DS18B20 数字温度传感器为检测器件，进行单点温度测量，用数码管直接显示温度值。

9.2.2　技术准备

单总线与温度传感器 DS18B20 应用

1-WIRE 又称作单总线，与目前多数标准串行数据通信方式，如 SPI 或 IIC 不同，它采用单根信号线，既传输时钟，又传输数据，而且数据传输是双向的，它具有节省 I/O 口线资源、结构简单、成本低廉、便于总线扩展和维护的诸多优点。

1. 1-WIRE 总线技术

单总线适用于单主机系统，能够控制一个或多个从机设备。主机通常是单片机，从机可以是单总线器件，它们之间通过一条信号线进行数据交换。单总线上同样允许挂接多个单总线器件。因此，每个单总线器件必须有各自固有的地址。

（1）硬件结构

顾名思义，单总线只有一根数据线。主机或从机通过一个漏极开路或三态端口连接至该数据线，这样允许设备在不发送数据时释放数据总线，以便总线被其他设备所使用。单总线端口为漏极开路，其内部等效电路如图 9-3 所示。

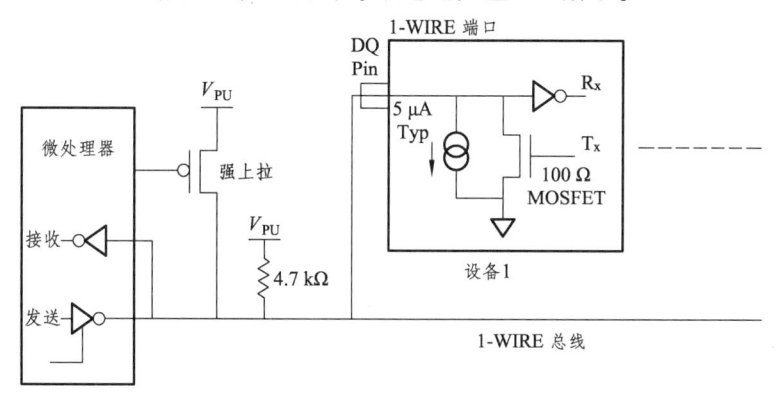

图 9-3　单总线的硬件接口示意图

单总线通常需要接一个 4.7 kΩ 的上拉电阻。这样当总线空闲时，其状态为高电平。无论什么原因，如果传输过程需要暂时挂起且要求传输过程还能够继续的话，则总线必须处于空闲状态。总线上如果保持超过 480 μs 的低电平，则总线上的所有器件将复位。另外，在寄生方式供电时，为了保证单总线器件在某些工作状态下（如温度转换期间、EEPROM 写入等）具有足够的电源电流，必须在总线上提供强上拉。

（2）命令序列

典型的单总线命令序列如下：

第一步：初始化。

基于单总线上的所有传输过程都是以初始化开始的。初始化过程由主机发出的复位脉冲和从机响应的应答脉冲组成，应答脉冲使主机知道总线上有从机设备且准备就绪。复位和应答脉冲的时序如图 9-4 所示。

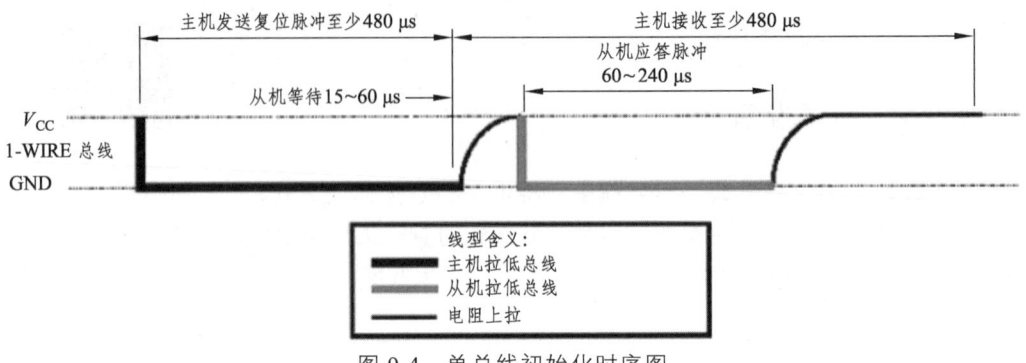

图 9-4 单总线初始化时序图

第二步：识别单总线器件命令。

主机在单总线上连接多个从机设备时，需要指定操作某个从机设备参与交互过程，因此在主机复位后检测到从机的应答脉冲后，就需要发出与各个从机设备相关的唯一 64 位 ROM 代码，允许主机能够检测到总线上有多少个从机设备以及其设备类型，或者有没有设备处于报警状态等信息。

第三步：数据交换功能命令。

在主机发出 ROM 命令以访问某个指定的从机参与交互后，主机接着就可以发出从机支持的某个功能命令，这些命令允许主机写入或读出单总线从机设备的信息，以及其他相对于从机功能的操作指令。

2. DS18B20 数字温度传感器简介

DALLAS 公司的数字化温度传感器 DS18B20 是世界上第一片支持"单总线"接口的温度传感器，DS18B20 的外观如图 9-5 所示。它具有以下基本特性：

（1）全数字温度转换及输出，无须外围器件。

（2）先进的单总线数据通信。

（3）最高 12 位分辨率，精度可达 ±0.5 ℃。

（4）12 位分辨率时的最大工作周期为 750 ms。

（5）可选择寄生工作方式。

（6）检测温度范围为 −55 ~ +125 ℃。

（7）内置 EEPROM，限温报警功能。

（8）64 位光刻 ROM，内置产品序列号，方便多机挂接。

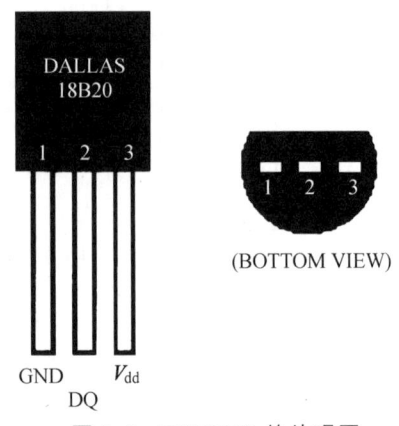

图 9-5 DS18B20 的外观图

（9）多样封装形式，适应不同硬件系统。

DS18B20 引脚功能：

GND：地信号。

DQ：数据输入/输出引脚。开漏单总线接口引脚。当被用在寄生电源下时，也可向器件提供电源。

V_{dd}：外接供电电源输入端。当工作于寄生电源时，此引脚必须接地。

3. DS18B20 数字温度传感器读写时序

单总线协议是通过时隙的概念在总线上传输信息的，具体分为写时隙和读时隙。在写时隙期间，主机向单总线器件写入数据。而在读时隙期间，主机读入来自从机的数据。在每一个时隙，总线只能传输一位数据，多位数据的传输可经过传输多个时隙来实现。

（1）写时隙

存在两种写时隙：写 1 和写 0。都是从主机发出由从机接收的过程。所有写时隙至少需要 60 μs 且在两次独立的写时隙之间至少需要 1 μs 的恢复时间，两种写时隙均起始于主机拉低总线，如图 9-6 所示。产生写 1 时隙的方式：主机在拉低总线后接着必须在 15 μs 之内释放总线，由 5 kΩ 上拉电阻将总线拉至高电平。产生写 0 时隙的方式：在主机拉低总线后，只需在整个时隙期间保持低电平至少 60 μs 即可。

在写时隙起始后 15～60 μs，单总线器件采样总线电平状态，如果在此期间采样为高电平，则逻辑 1 被写入该器件，如果为 0 则写入逻辑 0。

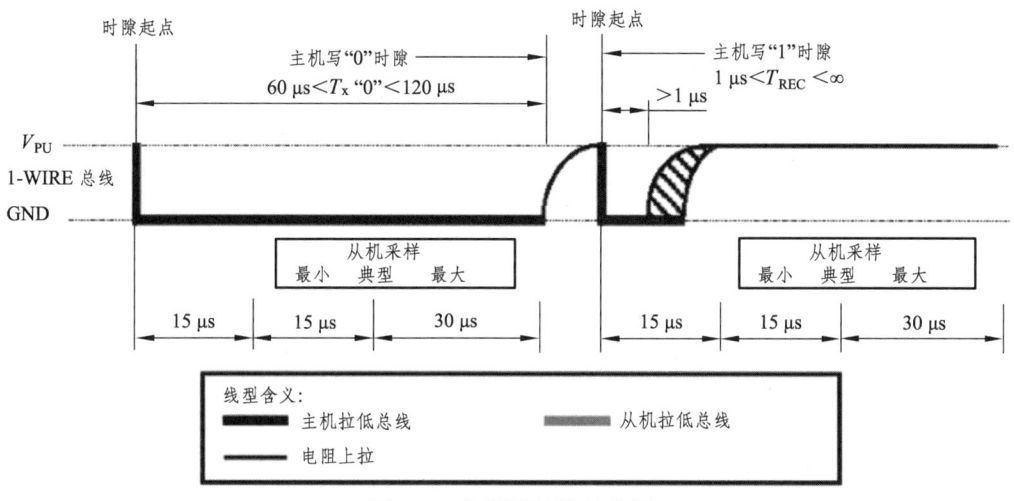

图 9-6 主机写时隙时序图

（2）读时隙

单总线器件仅在主机发出读时隙时才向主机传输数据，所以，在主机发出读数据命令后必须马上产生读时隙，以便从机能够传输数据。所有读时隙至少需要 60 μs 且在两次独立的读时隙之间至少需要 1 μs 的恢复时间。每个读时隙都由主机发起，至少拉低总线 1 μs，如图 9-7 所示。在主机发起读时隙之后，单总线器件才开始在总线上发送 0 或 1。若从机发送 1，则保持总线为高电平，若发送 0，即从机拉低总线。当发送 0 时，从机在该时隙结束后释放总线，由上拉电阻将总线拉回至空闲高电平状态。从机发出的数据在起始时隙之后保持有效时间 15 μs，因而，主机在读时隙期间必须释放总线，并且在时隙起始后的 15 μs 之内采样总线状态。

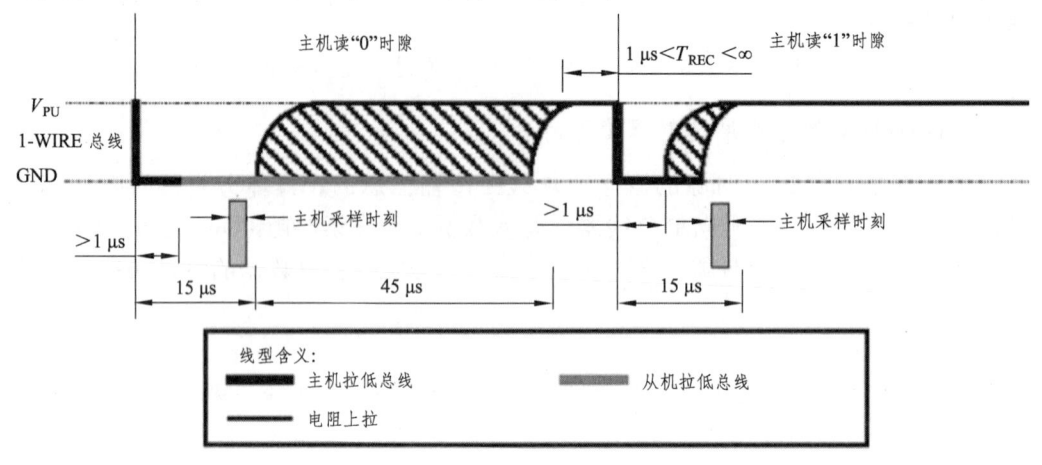

图 9-7　主机读时隙时序图

4. DS18B20 数据输出格式

DS18B20 读出的温度结果数据为 2 字节，用 16 位符号扩展的二进制补码读数形式提供。因此，在系统中要将得到温度值数据进行格式转换，才能用于显示。该 2 字节的数据格式如图 9-8 所示。

图 9-8　DS18B20 的数据格式

高 8 位中的高 5 位是符号位，表示温度是 0 ℃ 以上还是 0 ℃ 以下。

高 8 位中的低 3 位 $D^6 D^5 D^4$ 和低 8 位中的高 4 位 $D^3 D^2 D^1 D^0$ 构成温度的整数部分。低 8 位中的 $D^{-1} D^{-2} D^{-3} D^{-4}$ 为温度的小数部分（为 0.5 + 0.25 + 0.125 + 0.062 5）。表 9-1 是几个温度值的格式举例。

表 9-1　DS18B20 的温度举例

温度值/°C	数据输出		数据输出（十六进制）
	高位字节	低位字节	
+125	0000 0111	1101 0000	07D0H
+85	0000 0101	0101 0000	0550H
+25.0625	0000 0001	1001 0001	0191H
+10.125	0000 0000	1010 0010	00A2H
+0.5	0000 0000	0000 1000	0008H
0	0000 0000	0000 0000	0000H

续表

温度值/°C	数据输出 高位字节	数据输出 低位字节	数据输出（十六进制）
-0.5	1111 1111	1111 1000	FFF8H
-10.125	1111 1111	0101 1101	FF5DH
-25.0625	1111 1110	0110 1111	FE6FH
-55	1111 1100	1001 0000	FC90H

5. DS18B20 功能命令集

使用 DS18B20 测温时，首先要对 DS18B20 进行初始化，由主机发出的复位脉冲和跟在其后的由 DS18B20 发出的应答脉冲构成。当 DS18B20 发出响应主机的应答脉冲时，即向主机表明 DS18B20 已处在总线上并且准备工作。

DS18B20 相关操作命令有两类：一类是 ROM 命令，通过每个器件 64 位的 ROM 码，使主机指定某一特定器件（如果有多个器件挂在总线上）与之进行通信；另一类是功能命令，通过功能命令对 DS18B20 的 Scratchpad 存储器进行读/写，或者启动温度转换。

ROM 命令及功能命令如表 9-2 所示。

表 9-2 ROM 及功能命令

命令	描述	命令代码	发送命令后单总线上的响应信息	注释
转换温度	启动温度转换	44h	无	1
读暂存器	读全部的暂存器内容，包括 CRC 字节	BEh	DS18B20 传输多达 9 个字节至主机	2
写暂存器	写暂存器第 2、3 和 4 个字节的数据，即 TH、TL 和配置寄存器	4Eh	主机传输 3 个字节数据至 DS18B20	3
复制暂存器	将暂存器中的 TH、TL 和配置字节复制到 EEPROM 中	48h	无	1
回读 EEPROM	将 TH、TL 和配置字节从 EEPROM 回读至暂存器中	B8h	DS18B20 传送回读状态至主机	

9.2.3 硬件电路设计

图 9-9 所示为温度计硬件原理图电路，单片机通过控制 DS18B20 数字温度传感器，进行单点温度检测，用共阳极数码管显示出所测量的温度值。

数字温度计的设计与制作

图 9-9 温度计硬件设计电路

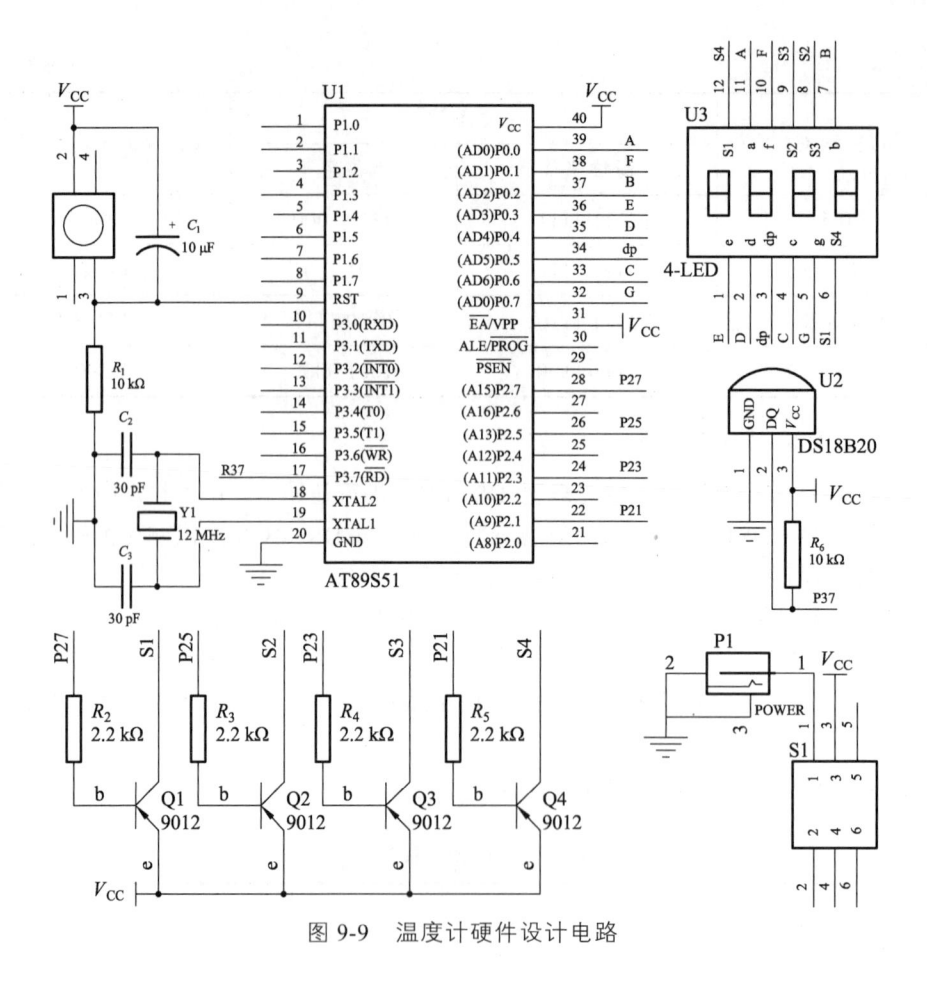

9.2.4 软件开发

参考程序如下:

```
#include<reg52.h>
#define ui unsigned int
#define uc unsigned char            //宏定义
sbit DQ=P3^7;                       //定义 DS18B20 总线 I/O
bit bdata fuhao;
uc qian,bai,shi,ge;
uc code led[ ]={0x5F,0x44,0x9D,0xD5,0xC6,0xD3,0xDB,0x47,0xDF,0xD7};
uc code led_dian[ ]={0x7f,0x64,0xbd,0xf5,0xe6,0xf3,0xfb,0x67,0xff,0xf7};
/*****延时子程序*****/
void Delay(int num)
{
    while(num--);
}
```

/*****初始化 DS18B20*****/
```c
void Init_DS18B20()
{
    DQ=1;              //DQ 复位
    Delay(8);          //稍做延时
    DQ=0;              //单片机将 DQ 拉低
    Delay(80);         //精确延时,大于 480 μs
    DQ=1;              //拉高总线
    Delay(40);
}
```
/*****读一个字节*****/
```c
uc ReadOneChar()
{
    uc i=0;
    uc dat=0;
    for(i=8;i>0;i--)
    {
        DQ=0;          // 给脉冲信号
        dat>>=1;
        DQ=1;          // 给脉冲信号
        if(DQ)
        dat|=0x80;
        Delay(4);
    }
    return(dat);
}
```
/*****写一个字节*****/
```c
void WriteOneChar(uc dat)
{
    uc i=0;
    for(i=8;i>0;i--)
    {
        DQ=0;
        DQ=dat&0x01;
        Delay(5);
        DQ=1;
        dat>>=1;
    }
}
```

```c
/*****读取温度*****/
ui ReadTemperature()
{
    ui a=0,b=0,t=0;
    float tt=0;
    Init_DS18B20();
    WriteOneChar(0xCC);        //跳过读序列号的操作
    WriteOneChar(0x44);        //启动温度转换
    Init_DS18B20();
    WriteOneChar(0xCC);        //跳过读序列号的操作
    WriteOneChar(0xBE);        //读取温度寄存器
    a=ReadOneChar();           //读低 8 位
    b=ReadOneChar();           //读高 8 位
    t=b;
    t<<=8;
    t=t|a;
    if(t&0xf800)
    {
        t=~t+1;
        fuhao=1;
    }
    else
    fuhao=0;
    tt=t*0.0625;
    t=tt*10+0.5;               //放大 10 倍输出并四舍五入
    return(t);
}
/*****读取温度*****/
void check_wendu()
{
    ui f;
    f=ReadTemperature();       //获取温度值并减去 DS18B20 的温漂误差
    qian=f/1000;
    bai=(f%1000)/100;          //计算得到十位数字
    shi=((f%1000)%100)/10;     //计算得到个位数字
    ge=((f%1000)%100)%10;      //计算得到小数位
}
/*****显示开机初始化等待画面*****/
void Disp_init()
```

```c
{
    P0=0x7f;                    //显示----
    P2=0x7f;
    Delay(100);
    P2=0xdf;
    Delay(100);
    P2=0xf7;
    Delay(100);
    P2=0xfd;
    Delay(100);
    P2=0xff;                    //关闭显示
}
/*****显示温度子程序*****/
void Disp_Temperature()         //显示温度
{
    if(qian==0)
    {
        if(fuhao==1)
        P0=0x7f;                //1011 1111
        else
        P0=0xff;
        P2=0xfd;
        Delay(10);
        P2=0xff;
    }
    else if(qian!=0)
    {
        P0=~led[qian];
        P2=0xfd;
        Delay(10);
        P2=0xff;
    }
    if((bai==0)&&(qian==0))
    {
        P0=0xff;    //
        P2=0xf7;
        Delay(10);
        P2=0xff;
    }
```

```c
        else if((bai==0)&&(qian!=0))
        {
            P0=~led[bai];
            P2=0xf7;
            Delay(10);
            P2=0xff;
        }
        else if(bai!=0)
        {
            P0=~led[bai];
            P2=0xf7;
            Delay(10);
            P2=0xff;
        }
        P0=~led_dian[shi];
        P2=0xdf;
        Delay(10);
        P2=0xff;
        P0=~led[ge];            //显示符号
        P2=0x7f;
        Delay(10);
        P2=0xff;                //关闭显示
    }
    /*****主函数*****/
    void main()
    {
        uc z;
        for(z=0;z<100;z++)
        {
            Disp_init();
            check_wendu();
        }
        while(1)
        {
            check_wendu();
            for(z=0;z<10;z++)
            Disp_Temperature();
        }
    }
```

9.2.5 模拟车辆轴温报警器设计

1. 任务要求

机车车辆的轴承温度对列车行驶安全至关重要，本任务为模拟车辆轴温报警器设计。通过多路（如 2 路）温度传感器 DS18B20 测量相对应的各路轴承位置的温度，并用 LCD1602 显示出各路 1、2 号轴位温度，超过温度阈值 N 蜂鸣报警。

利用 1-WIRE 总线搜索算法可以实现对挂接在 1-WIRE 总线上的所有器件的识别和调用。这里需要强调一点：一旦将两个 DS18B20 并联在一起，就只能使用搜索的方法来读取它们的各种参数，除非用户事先知道它们的 ID。

2. 硬件设计

硬件电路包括单片机最小系统控制电路和外围电路，其中外围电路有：1-WIRE 总线 DS18B20 电路、LCD1602 显示电路以及蜂鸣报警电路，如图 9-10 所示。

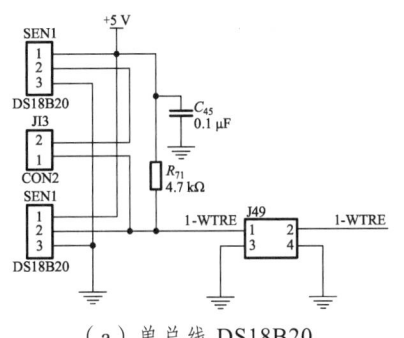

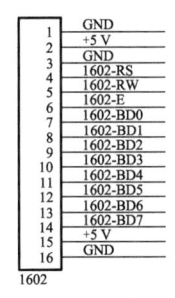

（a）单总线 DS18B20　　（b）LCD1602 液晶显示　　（c）蜂鸣器电路

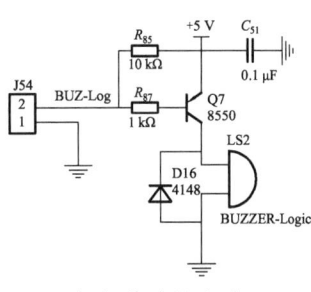

图 9-10　外围硬件电路

3. 软件开发

```
/*****************************************************************
项目名称：模拟车辆轴温报警器设计
电路连线：51 单片机 I/O 口------温度传感器/液晶/蜂鸣电路
                P1.3 --------- 1-WIRE
                P1.0 --------- RS
                P1.1 --------- RW
                P1.2 --------- E
                P0.0 ~ P0.7 -------- BD0 ~ BD7
                P1.4---------Buz
现象描述：读出环境的温度，超限报警
*****************************************************************/
//程序：匹配序列号，并读温度。
#include <reg51.h>
```

```c
#include <intrins.h>
#define uchar unsigned char
#define uint unsigned int
#define Data P0
sbit DQ = P1^3;                    //DS18B20与单片机连接口
sbit RS = P1^0;
sbit RW = P1^1;
sbit EN = P1^2;
sbit BEEP = P1^4;
uchar code str1[] = {0x28, 0x40, 0xAD, 0x82, 0x03, 0x00, 0x00, 0x8E};  //ROM1
uchar code str2[] = {0x28, 0x65, 0xA5, 0x82, 0x03, 0x00, 0x00, 0xED};  //ROM2
uchar code table[8] = {0x0c, 0x12, 0x12, 0x0c, 0x00, 0x00, 0x00, 0x00};
                                   //摄氏温度符号
uchar data disdata[5];
uint tvalue;                       //温度值
uchar tflag;                       //温度正负标志
/*********************LCD1602程序************************/
void delay1ms(uint ms)     //延时1ms(不够精确的)
{
    uint i,j;
    for(i=0;i<ms;i++)
    for(j=0;j<100;j++);
}
void wr_com(uchar com)//写指令//
{
    delay1ms(1);
    RS=0;
    RW=0;
    EN=0;
    Data=com;
    delay1ms(1);
    EN=1;
    delay1ms(1);
    EN=0;
}
void wr_dat(uchar dat)//写数据//
{
    delay1ms(1);
    RS=1;
```

```
        RW=0;
        EN=0;
        Data=dat;
        delay1ms(1);
        EN=1;
        delay1ms(1);
        EN=0;
}
void wr_new()                        //写新字符
{
    uchar i;
    wr_com(0x40);
    for(i=0;i<8;i++)
    {
        wr_dat(table[i]);
    }
}
void lcd_init()//初始化设置//
{   delay1ms(15);
    wr_com(0x38);delay1ms(5);
    wr_com(0x08);delay1ms(5);
    wr_com(0x01);delay1ms(5);
    wr_com(0x06);delay1ms(5);
    wr_com(0x0c);delay1ms(5);
    wr_new();
    wr_com(0x80);
    wr_dat('N');
    wr_com(0x81);
    wr_dat('o');
    wr_com(0x82);
    wr_dat('1');
    wr_com(0x83);
    wr_dat(':');
    wr_com(0x8b);
    wr_dat(0x00);
    wr_com(0x8c);
    wr_dat('C');
    wr_com(0xcb);
    wr_dat(0x00);                    //摄氏温度字符
```

```c
        wr_com(0xcc);
        wr_dat('C');
        wr_com(0xc0);
        wr_dat('N');
        wr_com(0xc1);
        wr_dat('o');
        wr_com(0xc2);
        wr_dat('2');
        wr_com(0xc3);
        wr_dat(':');
    }
/*************DS18B20 程序***************************************/
void delay_18B20(uint i)        //延时 1 ms
{
    while(i--);
}
void ds1820rst()/*DS1820 复位*/
{   uchar x=0;
    DQ=1;                       //DQ 复位
    delay_18B20(4);             //延时
    DQ=0;                       //DQ 拉低
    delay_18B20(100);           //精确延时大于 480 μs
    DQ=1;                       //拉高
    delay_18B20(40);
}

uchar ds1820rd()/*读数据*/
{ uchar i=0;
  uchar dat=0;
  for(i=0;i<8;i++)
    {
        DQ=0;                   //给脉冲信号
        dat>>=1;
        DQ=1;                   //给脉冲信号
        if(DQ)
        dat|=0x80;
        delay_18B20(10);
    }
    return(dat);
```

```c
}
void ds1820wr(uchar dat)/*写数据*/
{    uchar i=0;
     for(i=0;i<8;i++)
     { DQ=0;
       DQ=dat&0x01;
       delay_18B20(10);
       DQ=1;
       dat>>=1;
     }
}
void b20_Matchrom(uchar a)        //匹配ROM
{
     char j;
     ds1820wr(0x55);              //发送匹配ROM命令
     if ( a = = 1 )
     {
     for(j=0;j<8;j++)
          ds1820wr(str1[j]);      //发送DS18B20的序列号,先发送低字节
     }
     if(a==2)
     {
     for(j=0;j<8;j++)
          ds1820wr(str2[j]);      //发送DS18B20的序列号,先发送低字节
     }

}
read_temp(uchar z)/*读取温度值并转换*/
{    uchar a,b;
     float tt;
     ds1820rst();
     ds1820wr(0xcc);              //读序列号
     ds1820rst();
     if(z==1)
     {
          b20_Matchrom(1);        //匹配ROM 1
     }
     if(z==2)
     {
```

```c
            b20_Matchrom(2);              //匹配 ROM 2
    }
    ds1820wr(0x44);//*启动温度转换*/
    delay1ms(5);
    ds1820rst();
    ds1820wr(0xcc);                       //读序列号
    ds1820rst();
    if(z==1)
    {
        b20_Matchrom(1);                  //匹配 ROM 1
    }
    if(z==2)
    {
        b20_Matchrom(2);                  //匹配 ROM 2
    }
    ds1820wr(0xbe);//*读取温度*/
    a=ds1820rd();
    b=ds1820rd();
    tvalue=b;
    tvalue<<=8;
    tvalue=tvalue|a;
    if(tvalue<0x0fff)
    tflag=0;
    else
        {
            tvalue=~tvalue+1;
            tflag=1;
        }
    tt=tvalue*0.0625;
    tvalue=tt*10;
    return(tvalue);
}

/******************显示函数***************************/
void ds1820disp(uchar z)                  //温度值显示
{
    uchar flagdat;
    disdata[0]=tvalue/1000+0x30;          //百位数
    disdata[1]=tvalue%1000/100+0x30;      //十位数
```

```
        disdata[2]=tvalue%100/10+0x30;      //个位数
        disdata[3]=tvalue%10+0x30;          //小数位

    if(tflag==0)
    flagdat=0x20;                           //正温度不显示符号
    else
    flagdat=0x2d;                           //负温度显示负号:-
    if(disdata[0]==0x30)
    {disdata[0]=0x20;                       //如果百位为0,不显示
    if(disdata[1]==0x30)
    {disdata[1]=0x20;                       //如果百位为0,十位为0也不显示
    }
    }
if(z==1)
    {
        wr_com(0x84);
        wr_dat(flagdat);                    //显示符号位
        wr_com(0x85);
        wr_dat(disdata[0]);                 //显示百位
        wr_com(0x86);
        wr_dat(disdata[1]);                 //显示十位
        wr_com(0x87);
        wr_dat(disdata[2]);                 //显示个位
        wr_com(0x88);
        wr_dat(0x2e);                       //显示小数点
        wr_com(0x89);
        wr_dat(disdata[3]);                 //显示小数位
    }
if(z==2)
    {
        wr_com(0xc4);
        wr_dat(flagdat);                    //显示符号位
        wr_com(0xc5);
        wr_dat(disdata[0]);                 //显示百位
        wr_com(0xc6);
        wr_dat(disdata[1]);                 //显示十位
        wr_com(0xc7);
        wr_dat(disdata[2]);                 //显示个位
        wr_com(0xc8);
```

```c
            wr_dat(0x2e);                    //显示小数点
            wr_com(0xc9);
            wr_dat(disdata[3]);              //显示小数位
        }
    }
/******************主程序******************************/
void main()
{   uchar temp1,temp1,N;                     //温度阈值 N
    lcd_init();                              //初始化显示
    while(1)
    {
        temp1=read_temp(1);                  //读取温度
        ds1820disp(1);                       //显示
        temp2=read_temp(2);                  //读取温度
        ds1820disp(2);                       //显示
        if((temp1>=N)|(temp2>=N))
        { P1_0=~P1_0;                        //蜂鸣器间断报鸣
          delay1ms(100);                     //产生报鸣的延迟
        }
    }
}
```

任务 9-3　简易数字电压表的设计

9.3.1　设计任务

系统用单片机模拟 I^2C 总线，连接 PCF8591 实现 A/D 转换，采集 0～5 V 连续可变的模拟电压信号，用电位器调节来实现这个模拟信号。转变为 8 位二进制数字信号（0x00～0xFF）后，送单片机处理，并在 4 位 LED 上显示出 0.000～5.000 V（小数点可不显示）。

9.3.2　技术准备

I^2C 总线（Inter IC Bus）由 PHILIPS 公司推出，是近年来微电子通信控制领域广泛采用的一种新型总线标准，它是同步通信的一种特殊形式，具有接口线少、控制简单、器件封装形式小、通信速率较高等优点。在主从通信中，可以有多个 I^2C 总线器件同时接到 I^2C 总线上，所有与 I^2C 兼容的器件都具有标准的接口，通过地址来识别通信对象，使它们可以经由 I^2C 总线互相直接通信。

1. I²C 总线结构

I²C 总线由数据线（SDA）和时钟线（SCL）两条线构成通信线路，既可发送数据，也可接收数据。在 CPU 与被控 IC 之间、IC 与 IC 之间都可进行双向传送，最高传送速率为 400 kb/s，各种被控器件均并联在总线上，但每个器件都有唯一的地址。在信息传输过程中，I²C 总线上并联的每一个器件既是被控器（或主控器），又是发送器（或接收器），这取决于它所要完成的功能。CPU 发出的控制信号分为地址码和数据码两部分：地址码用来选址，即接通需要控制的电路；数据码是通信的内容，这样各 IC 控制电路虽然挂在同一条总线上，却彼此独立。

图 9-11 为 I²C 总线系统的硬件结构图，其中，SCL 是时钟线，SDA 是数据线。总线上各器件都采用漏极开路结构与总线相连，因此 SCL 和 SDA 均需接上拉电阻，总线在空闲状态下均保持高电平，连到总线上的任一器件输出的低电平，都将使总线的信号变低，即各器件的 SDA 及 SCI 都是线"与"关系。

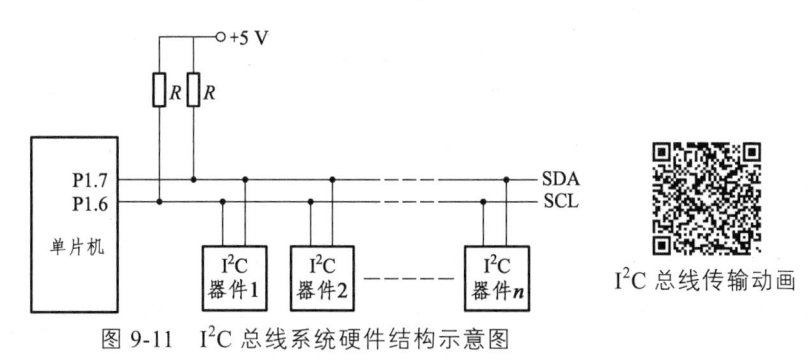

图 9-11 I²C 总线系统硬件结构示意图

I²C 总线支持多主和主从两种工作方式，通常为主从工作方式。在主从工作方式中，系统中只有一个主器件（单片机），其他器件都是 I²C 总线的外围从器件。在主从工作方式中，主器件启动数据的发送（发出启动信号），产生时钟信号，发出停止信号。

2. I²C 总线通信格式

图 9-12 为 I²C 总线上进行一次数据传输的通信格式。

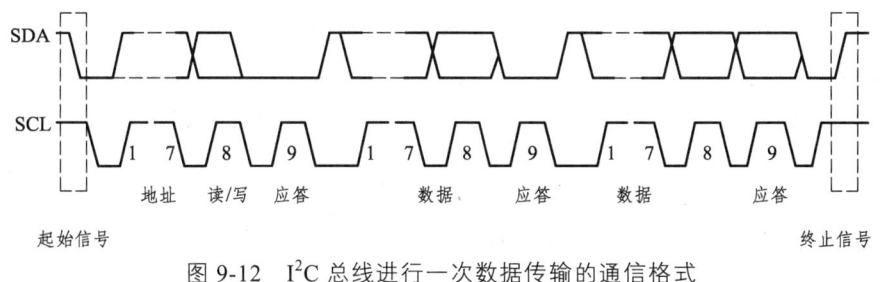

图 9-12 I²C 总线进行一次数据传输的通信格式

I²C 总线进行数据传送时，时钟信号为高电平期间，数据线上的数据必须保持稳定，只有时钟信号为低电平期间，数据线上的高电平或低电平状态才允许变化，如图 9-13 所示。

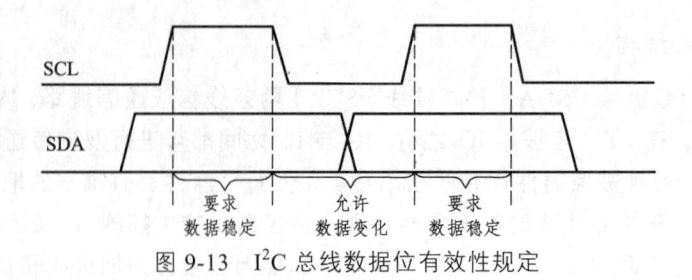

图 9-13 I²C 总线数据位有效性规定

3. 单片机模拟 I²C 总线通信

目前,市场上很多单片机都已经具有硬件 I²C 总线控制单元,这类单片机在工作时,总线状态由硬件监测,无须用户介入,操作非常方便。但是还有许多型号的单片机并不具有 I²C 总线接口,我们可以在单片机应用系统中通过软件模拟 I²C 总线的工作时序,在使用时,只需正确调用各个函数就能方便地扩展 I²C 总线接口器件。

在 I²C 总线的一次数据传送过程中,可以有以下几种组合方式。

(1)主机向从机发送数据,数据传送方向在整个传送过程中不变。

(2)主机在第一个字节后,立即从从机读数据。

(3)在传送过程中,当需要改变传送方向时,需将起始信号和从机地址各重复产生一次,而两次读/写方向位正好相反。

为了保证数据传送的可靠性,标准 I²C 总线的数据传送有严格的时序要求。模拟 I²C 总线时,起始信号、终止信号、应答或发送 "0"、非应答或发送 "1" 应按标准时序进行,可以将总线初始化、启动信号、应答信号、停止信号、写一个字节、读一个字节写成独立的子函数。

4. I²C 总线接口 A/D 转换模块 PCF8591

(1)PCF8591 概述

PCF8591 是一个单片集成、单独供电、低功耗、8 位 CMOS 数据获取器件,其功能包括多路模拟输入、内置跟踪保持、8 位模数转换和 8 位数模转换。它既可以进行 A/D 转换,以进行 D/A 转换,进行 A/D 转换时为逐次比较型转换。PCF8591 器件的地址、控制信号都通过 I²C 总线以串行的方式进行传输。PCF8591 的最大转换速率由 I²C 总线的最大速率决定。

PCF8591 芯片为 16 引脚、SOP 或 DIP 封装,其引脚如图 9-14 所示。PCF8591 具有 4 路模拟输入、1 路模拟输出、1 个串行总线接口用来与 MCU 通信。3 个地址引脚 A0、A1、A2 用于编程硬件地址,允许最多 8 个器件连接到 I²C 总线,而不需要额外的片选电路。器件的地址、控制以及数据都通过 I²C 总线传输。

(2)单片机与 PCF8591 接口电路

单片机与 PCF8591 接口电路如图 9-14 所示。其中 1、2、3、4 脚是 4 路模拟输入。电路中,在 AIN0 引脚连接了一个可变电阻,作为模拟电压输入;5、6、7 脚是 I²C 总线的硬件地址;8 脚是数字 GND;9、10 脚是 I²C 总线的

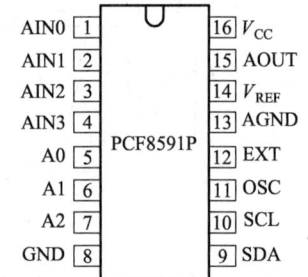

图 9-14 PCF8591 芯片引脚图

SDA 和 SCL，可以与单片机的 I/O 口连接；12 脚是时钟选择引脚，如果接高电平，表示用外部时钟输入，接低电平则用内部时钟，电路中用的是内部时钟，所以 12 脚直接与地相接，同时 11 脚悬空；13 脚是模拟 GND；14 脚是基准源；15 脚是 DAC 的模拟输出；16 脚是供电电源 V_{CC}。

PCF8591 内部的可编程功能控制字有两个：一个为地址选择字，另一个为转换控制字。PCF8591 采用典型的 I²C 总线接口的器件寻址方法，即总线地址由器件地址、引脚地址和方向位组成，如图 9-15 所示。NXP 公司规定 A/D 器件高 4 位地址为 1001，低 3 位地址为引脚地址 A0A1A2，由硬件电路决定。所以，I²C 系统中最多可接 $2^3 = 8$ 个具有 I²C 总线接口的 A/D 器件，地址的最后一位为方向位 R/$\overline{W}$，当主控器件对 A/D 器件进行读操作时为 1，进行写操作时为 0。总线操作时，地址选择字为主控器发送的第 1 个字节。

PCF8591 的转换控制字存放在控制寄存器中，用于实现器件的各种功能。总线操作时，转换控制字为主控器发送的第 2 字节。转换控制字格式如图 9-16 所示。其各位功能如下：

D0D1：通道选择位。00：通道 0，01：通道 1，10：通道 2，11：通道 3。

D2：自动增量允许位。为 1 时，每次对一个通道转换后，自动切换到下一通道进行转换；为 0 时，不自动进行通道转换，可通过软件修改进行通道转换。

D3：特征位，固定为 0。

D4、D5：模拟量输入方式选择位。00：输入方式 0，4 路单端输入；01：输入方式 1，3 路差分输入；10：输入方式 2，2 路单端输入，1 路差分输入；11：输入方式 3，2 路差分输入。

D6：模拟输出允许位，A/D 转换时设置为 0，D/A 转换时设置为 1。

D7：特征位，固定为 0。

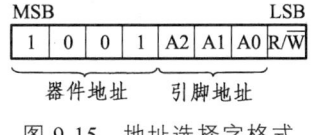

图 9-15　地址选择字格式

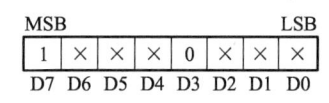

图 9-16　转换控制字格式

9.3.3　硬件电路设计

数字电压表的硬件电路如图 9-17 所示。这个电路包括可变电阻器构成的模拟电压输入电路、PCF8591 转换芯片及由 4 位 LED 数码管组成的显示电路。模拟电压信号从 PCF8591 的第 1 引脚 A1N0 输入。4 位 LED 数码管采用动态显示方式连接，用 P2 口控制段码，P0.0 ~ P0.3 控制位选码，P0.0 位控制最低位 LED 的显示，P0.3 位控制最高位 LED 的显示。

数字电压表的硬件电路

9.3.4　软件开发

系统需要将模拟信号转变为数字信号，再将数字信号转化为输入模拟信号的电压值，并进行显示，所以需要 2 次转换和 1 次显示操作。

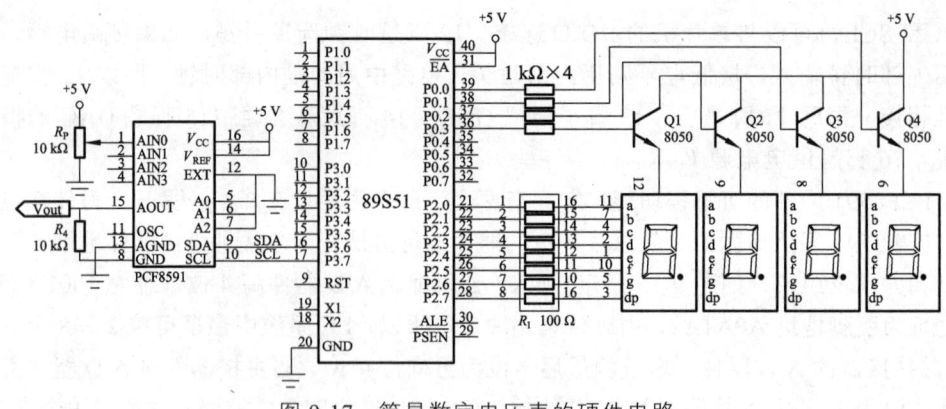

图 9-17 简易数字电压表的硬件电路

程序设计主要包括 3 个部分：主函数、数据处理和动态显示。主函数的功能是启动 A/D 转换器，进行 A/D 转换，读取转换结果。A/D 转换的结果是一个 8 位二进制数。数据处理模块的功能是将 A/D 转换的 8 位二进制数（00H～FFH）转换成 0.000～5.000 的字行形式。当测量 +5.0 V 电压时，A/D 转换器转换的结果为 255。假设实际电压值为 V_i，A/D 转换结果为 i。则二者之间的关系如下：

$$V_i - (5/255) i (V) = 0.0196 i (V)$$

为了在 4 位 LED 上显示电压值 "5.000"，可以将 A/D 转换值 255 乘以 196，将结果扩大为 10 000 倍，这时的电压数值应为 50 000。将这个值存在变量 temp 中，在 4 位 LED 数码管上需要显示的是其中的高 4 位数，即万位、千位、百位、十位。"0～5 V" 模拟电压信号测量，在 4 位 LED 数码管上即显示出 "0000～5000"。

程序如下：

```
#include <reg51.h>          //包含头文件 reg51.h，定义了 51 单片机的专用寄存器
#include <INTRINS. H>
sbit SDA=P3^6;              //定义 P3.6 引脚位名称为 SDA
sbit SCL=P3^7;              //定义 P3.7 引脚位名称为 SCL
#define delayNOP();{_nop_();_nop_();_nop_();_nop_();};    //无符号字符型变量
unsigned char code SEGTAB[] = {0xC0, 0xF9, 0xA4, 0xB0, 0x99, 0x92, 0x83,
0xF8,0x80,0x98};            //定义共阳极 7 段 LED 数码管显示字形码
#define   SEGDATA   P2      //定义 LED 数码管段选信号数据接口
#define   SEGSELT   P0      //定义 LED 数码管位选信号数据接口
#define   PCF8591_WRITE   0x90   //PCF8591 器件写地址
#define   PCF8591_READ    0x91   //PCF8591 器件读地址
unsigned char disp [4]={0,0，0，0};     //定义全局变量 disp []，存储 4 个 LED 数
                                        //码管对应的显示值
bit SystemError;
//函数名：delay_ms
void delay_ms(uint ms)
```

```c
unsigned int i,j;
for(;ms> 0;ms--)
for(i=0;i <7;i++)
for(j-0;j <210;j++);
)

//函数名：iic_init
//函数功能：I2C 总线初始化
void iic_init()
{
SDA=1;
delayNOP();
    SCL=1;
delayNOP();
}


//函数名：iic_start
//函数功能：启动 I2C 总线,即发送 I2C 起始条件
void  iic_start()
{
EA=0;                //关中断
SDA=1;               //时钟保持高，数据线从高到低一次跳变，I2C 通信开始
SCL=1;
delayNOP();          //起始条件建立时间大于 4.7 ps，延时
SDA=0;
delayNOP();          //起始条件锁定时间大于 4 μs
SCL=0;               //钳住 I2C 总线，准备发送或接收数据
}
//函数名：iic_stop
//函数功能：停止 I2C 总线数据传输
void  iic_stop()
{
SDA=0;               //时钟保持高，数据线从低到高一次跳变，I2C 通信停止
SCL=1;
delayNOP();
SDA=l;
delayNOP();
SCL=0;
}
```

```c
//函数名：slave_ACK
//函数功能：从机发送应答位
void slave_ACK()
{
SDA=0;
SCL=1;
delayNOP();
SDA=1;
SCL=0;
}
//函数名：slave_NOACK
//函数功能：从机发送非应答位,迫使数据传输过程结束
void slave_NOACK()
{
SDA=1;
SCL=1;
delayNOP();
SDA=0;
SCL=0;
}
//函数名：check_ACK
//函数功能：主机应答位检查,迫使数据传输过程结束
void check_ACK()
{
SDA=1;                  //将IO设置成输入，必须先向端口写1
SCL=1;
 F0=0;
 if(SDA==1)             //如果SDA=1表明非应答,置1非应答标志F0
 F0=1;
SCL=0;
}
//函数名：IICSendByte
//函数功能：发送1字节
//形式参数：要发送的数据
//返回值：无
void IICSendByte(unsigned char ch)
{
unsigned char idata n=8;    //向SDA上发送1字节数据，共8位
 while(n--)
```

```
    {
    if((ch&0x80)==0x80)             //如果要发送的数据最高位为1,则发送位1
    {
    SDA=1;                          //传输位1
    SCL=1;
    delayNOP();
    SDA=0;
    SCL=0;
    }
    else
    {
    SDA=0;                          //否则传输位0
    SCL=1;
    delayNOP();
    SCL=0;
    }
    ch=ch<<1;                       //数据左移1位
    }
    }
//函数名：IICreceiveByte
//函数功能：接收1字节数据
//形式参数：无
//返回值：返回接收的数据
unsigned char IICreceiveByte()
{unsigned char idata n=8;           //从SDA线上读取1字节,共8位
unsigned char tdata;
while(n--)
{
SDA=1;
SCL=1;
tdata=tdata<<1;                     //左移一位,或_crol (temp, 1)
if(SDA==1)
tdata=tdata|0x01;                   //如果接收到的位为1,则将数据的最后一位置1
else
tdata=tdata&0xfe;                   //否则将数据的最后一位置0
SCL=0;
}
  return(tdata);
}
```

```c
//函数名：ADC PCF8591
//函数功能：读取 A/D 转换结果
///形式参数：controlbyte 控制字(控制字的 D1 和 D0 位表示通道号)
//返回值：转换后的数字值
unsigned char ADC PCF8591(unsigned char controlbyte)
{
unsigned char idata receive da,i=0;
iic_start();                       //启动信号
IICSendByte(PCF8591 WRITE);        //发送器件总地址(写)
check_ACK();                       //主机检查应答位
if(F0==1)
{
SystemError=1;
return 0;
}
IICSendByte(controlbyte);          //写入控制字
check_ACK();
if(F0==1)
{
SystemError=1;
return 0;
}
iic_start();                       //重新发送开始命令
IICSendByte(PCF8591_READ);         //发送器件总地址(读)
check_ACK();
if(F0==1)
{   SystemError=1;
        return 0;
}
receive_da=IICreceiveByte();       //接收 1 字节
slave_ACK();                       //收到 1 字节后发送 1 个应答位
slave NOACK();                     //收到最后 1 字节后发送 1 个非应答位
iic_stop();                        //结束信号
return(receive_da);
}


//函数名：data_process
//函数功能：把 ADC 转换的 8 位数据转换为实际的电压值
```

```c
//形式参数：输入数据
//返回值：无，实际电压值分离后存放在全局数组 disp[]中
void data_process(unsigned char value)
{unsigned int temp;
temp=value*196;                //0～255 转换为 0～50000
disp [3]=temp/10000;           //得到万位
disp [2]=(temp/1000)%10;       //得到千位
disp [1]=(temp/100)%10;        //得到百位
disp [0]=(temp/10)%10;         //得到十位，个位不需要，只显示高 4 位
}
//函数名：seg_display
//函数功能：将全局数组变量的值动态显示在 4 个 LED 数码管上
//形式参数：引用全局数组变量 disp
//返回值：无
void seg_display(void)
{
unsigned char i,scan;
scan=1;
for(i=0;i <4;i++)
{
SEGDATA=0xFF;                  //控制 4 位数码管显示
SEGSELT=~scan;                 //送位选码
SEGDATA=SEGTAB [disp [i] ];    //送段选码
delay_ms(5);
scan < <=1;                    //位选码左移 1 位
}
}
void main()                    //主函数
{
unsigned char voltage;
iic_init();                    //I²C 初始化
while(1)
{
voltage-ADC_PCF8591(0);        //数据处理
data_process(voltage);         //测 0 通道电压
seg_display();                 //数据显示
delay_ms(10);
}
}
```

任务 9-4 数字时钟的设计

9.4.1 设计任务

单片机扩展 DS1302 实现数字电子时钟,能够将当前时间包括年、月、日、星期、时、分、秒的信息显示到液晶 LCD1602 上,显示的格式如图 9-18 所示。

2	0	1	4	/	0	1	/	1	2		T	H	U
			0	9	:	1	0	:	2	3			

图 9-18 数字电子时钟显示示意图

9.4.2 技术准备

1. SPI 总线简介

同步串行外设接口(Serial Peripheral Interface,SPI)是由摩托罗拉公司开发的全双工同步串行总线,该总线大量用于与 EEPROM、ADC、FRAM 和显示驱动器之类的外设器件通信。

SPI 通信由一个主设备和一个或多个从设备组成,主设备启动一个与从设备的同步通信,从而完成数据的交换。其主要特点如下:

(1)SPI 总线在一次数据传输过程中,接口上只能有一个主机和一个从机进行通信。并且,主机总是向从机发送一个字节数据,而从机也总是向主机发送一个字节数据。

(2)在 SPI 传输中,数据是同步进行发送和接收的。

(3)数据传输的时钟基于来自主处理器的时钟脉冲。

(4)当 SPI 接口上有多个 SPI 接口的单片机时,应区别其主从地位,在某一时刻只能由一个单片机为主器件。

(5)从器件只能在主机发命令时,才能接收或向主机传送数据。

(6)其数据的传输格式是高位(MSB)在前,低位(LSB)在后。

(7)没有应答机制确认是否接收到数据。

(8)如果只是进行写操作,主机只需忽略收到的字节;反过来,如果主机要读取外设的一个字节,就必须发送一个空字节来引发从机的传输。

2. 总线工作原理

SPI 的通信原理很简单,它以主从方式工作,这种模式通常有一个主设备和一个或多个从设备,需要至少 4 根线(事实上在单向传输时 3 根也可以),也是所有基于 SPI 的设备共有的,它们是 SDI(数据输入)、SDO(数据输出)、SCK(时钟)、CS(片选)。

(1)SDO:主设备数据输出,从设备数据输入。

(2)SDI:主设备数据输入,从设备数据输出。

(3)SCLK:时钟信号,由主设备产生。

(4)CS:从设备使能信号,由主设备控制。

其中，CS 是控制芯片是否被选中的，也就是说只有片选信号为预先规定的使能信号时（高电位或低电位），对此芯片的操作才有效。这就允许在同一总线上连接多个 SPI 设备成为可能。SPI 通信框图如图 9-19 所示。

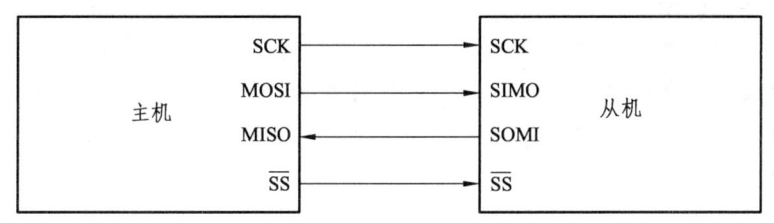

图 9-19　SPI 通信的典型系统框图

在数据交换之前，主控制器和从设备会将存储器数据加载至它们的内部移位寄存器。收到时钟信号后，主控制器先通过 MOSI 线路时钟输出其移位寄存器的 MSB。同时从设备会读取位于 SIMO 的主控器第一位元，将其存储在存储器中，然后通过 SOMI 时钟输出其 MSB。主控制器可读取位于 MISO 的从设备第一位元，并将其存储在存储器中，以便后续处理。整个过程将一直持续到所有位元完成交换，而主控器则可让时钟空闲并通过/SS 禁用从设备。

除设置时钟频率外，主控制器还可根据数据配置时钟极性和相位。这两个分别称为 OPOL 与 CPHA 的选项可实现时钟信号 180°的相移以及半个时钟周期的数据延迟。SPI 通信的时序图如图 9-20 所示。

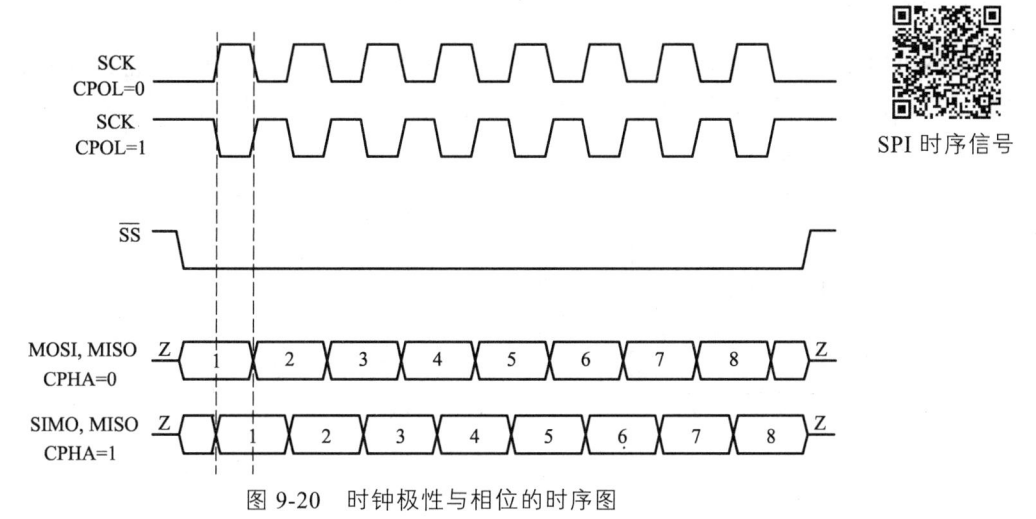

图 9-20　时钟极性与相位的时序图

CPOL：时钟极性选择，为 0 时 SPI 总线空闲为低电平，为 1 时 SPI 总线空闲为高电平。

CPHA：时钟相位选择，为 0 时在 SCK 第一个跳变沿采样，为 1 时在 SCK 第二个跳变沿采样。根据 CPHA 和 CPOL 的组合，可形成 4 种工作方式：

（1）工作方式 1

当 CPHA = 0、CPOL = 0 时，SPI 总线工作在方式 1。

MISO 引脚上的数据在第一个 SPSCK 沿跳变之前已经上线了，而为了保证正确传输，MOSI 引脚的 MSB 位必须与 SPSCK 的第一个边沿同步。在 SPI 传输过程中，首先将数据上线，然后在同步时钟信号的上升沿时，SPI 的接收方捕捉位信号，在时钟信号的一个周期结束时（下降沿），下一位数据信号上线，再重复上述过程，直到一个字节的 8 位信号传输结束。

（2）工作方式 2

当 CPHA = 0、CPOL = 1 时，SPI 总线工作在方式 2。

与前者唯一不同之处只是在同步时钟信号的下降沿时捕捉位信号，上升沿时下一位数据上线。

（3）工作方式 3

当 CPHA = 1、CPOL = 0 时，SPI 总线工作在方式 3。

MISO 引脚和 MOSI 引脚上的数据的 MSB 位必须与 SPSCK 的第一个边沿同步，在 SPI 传输过程中，在同步时钟信号周期开始时（上升沿）数据上线，然后在同步时钟信号的下降沿时，SPI 的接收方捕捉位信号，在时钟信号的一个周期结束时（上升沿），下一位数据信号上线，再重复上述过程，直到一个字节的 8 位信号传输结束。

（4）工作方式 4

当 CPHA = 1、CPOL = 1 时，SPI 总线工作在方式 4。

与前者唯一不同之处只是在同步时钟信号的上升沿时捕捉位信号，下降沿时下一位数据上线。

3. SPI 总线的多机通信

在 SPI 中，主控制器可与单个或多个从设备通信。如果是一个单从设备，从设备选择信号可连接至从设备的本地接地电位，实现永久接入。对使用多个从设备的应用，可参考图 9-21。

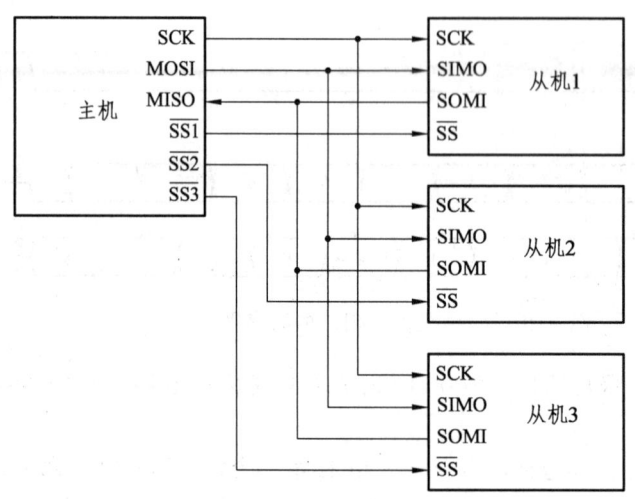

图 9-21 主控制器与独立从设备

要与从设备单独通信，主控制器必须提供多重从设备选择信号。该配置通常用于必须单独访问多个模数转换器（ADC）及数模转换器（DAC）的数据采集系统中。

4. SPI 接口的串行时钟芯片 DS1302 简介

DS1302 是美国 DALLAS 公司推出的一种高性能、低功耗、带 RAM 的实时时钟芯片，芯片特性如下：

（1）实时时钟，可对秒、分、时、日、周、月以及带闰年补偿的年进行计数。

（2）工作电压为 2.5～5.5 V。

（3）采用 SPI 的三线接口与 CPU 进行同步通信，并可采用突发方式一次传送多个字节的时钟信号或 RAM 数据。

（4）DS1302 内部有一个 31×8 的用于临时性存放数据的 RAM 寄存器。

（5）可外接备份电池，保证掉电后时间不丢失。

DS1302 为 8 管脚芯片，其中各引脚功能如图 9-22 所示。

X1、X2：32.768 kHz 晶振管脚；

GND：地；

RST：复位端；

I/O：数据输入/输出引脚；

SCLK：串行时钟；

V_{CC1}、V_{CC2}：电源供电管脚。

图 9-22 DS1302 引脚图

5. 单片机与 DS1302 的接口应用

DS1302 与 51 单片机的电路连接如图 9-23 所示。

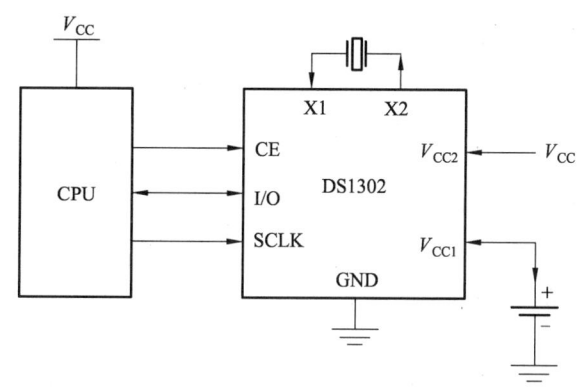

图 9-23 DS1302 与单片机电路连接图

DS1302 外接 32.768 kHz 的晶振。芯片内部的电路对晶振分频后获得周期为 1 s 的秒信号，然后对秒信号计数，获得分钟、小时、天、星期、月、年等的数值。

DS1302 的时间信息以寄存器的形式存储在芯片内部，通过 SPI 接口，对相应的寄存器进行读操作，可以获得当前时间数值；写操作，可以设定当前时间。

寄存器是年、月、日、时、分、秒、星期等数值的映射。对其进行写入之前，要先将 WP 设为 0，对应的读/写命令分别为 0x8F、0x8E。表 9-3 为 DS1302 主要寄存器及地址。

单片机开始数据传送时，必须将 DS1302 的 $\overline{RST}$ 置高，且把包含有地址和命令信息的 8 位数据发送给 DS1302。

表 9-3　DS1302 主要寄存器及地址

READ	WRITE	BIT7	BIT6	BIT5	BIT4	BIT3	BIT2	BIT1	BIT0	RANGE
81h	80h	CH		10 s			second			00~59
83h	82h		10 min				minute			00~59
85h	84h	12/$\overline{24}$	0	$\dfrac{10}{AM/PM}$	Hour		hour			1~12/0~23
87h	86h	0	0		10Date		Date			1~31
89h	88h	0	0	0	10Month		Month			1~12
8Bh	8Ah	0	0	0	0	0		Day		1~7
8Dh	8Ch		10Year				Year			00~99
8Fh	8Eh	WP	0	0	0	0	0	0	0	—
91h	90h	TCS	TCS	TCS	TCS	DS	DS	RS	RS	—

数据在 SCLK 的上升沿入，下降沿串行出。

单片机对 DS1302 的读/写是命令字来初始化的，命令字格式如图 9-24 所示。

7	6	5	4	3	2	1	0
1	RAM/$\overline{CK}$	A4	A3	A2	A1	A0	RD/$\overline{WR}$

图 9-24　单片机对 DS 1302 的读/写命令字格式

（1）命令字节的 D7 必须为 1，若 D7 = 0，写保护。
（2）D6 = 0，表示存取日历时钟数据；D6 = 1，表示存取 RAM 数据。
（3）D5~D1 指示操作单元的地址。
（4）D0 = 0，表示写；D0 = 1，表示读。

9.4.3　硬件电路的设计

数字时钟项目的电路原理如图 9-25 所示。

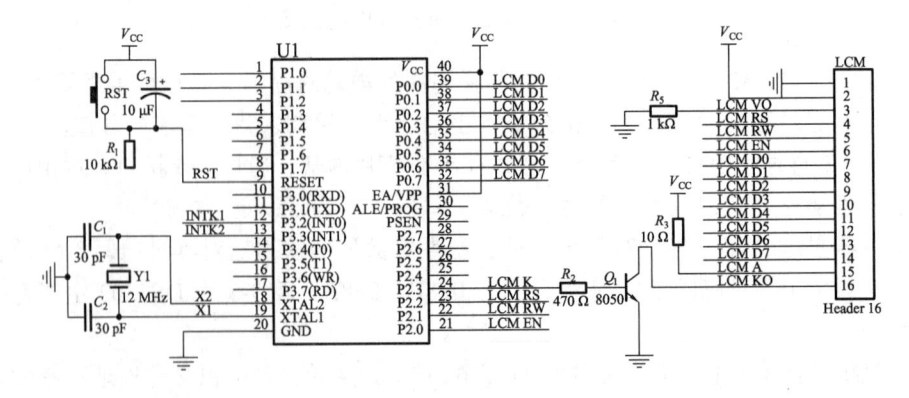

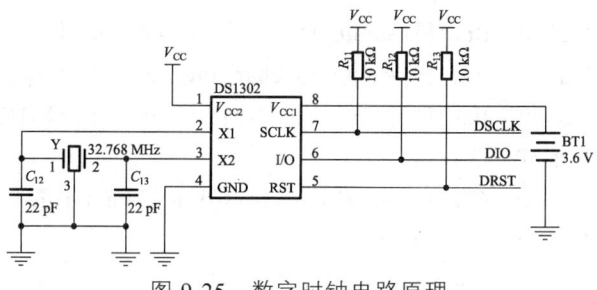

图 9-25 数字时钟电路原理

9.4.4 软件开发

主程序 main.c：

```
/*****************************************************************
DS1302 ---------- MCU            LCD1602----------- MCU
T_CLK ---------- P10             RS        ---------- P2^5
T_IO  ---------- P10             RW        ---------- P2^6
T_RST ---------- P10             EN        ---------- P2^7
                                 K         ---------- VCC
                                 D0 ~ D7   ---------- P00 ~ P07
*****************************************************************/
#include "reg51.h"
#include "DS1302_Drive.h"
#include "LCD1602_Drive.h"
unsigned char code mun_to_char[]={"0123456789ABCDEF"};
unsigned char data time_data_buff[7]={0x00,0x00,0x09,0x01,0x01,0x04,0x09};  //显示缓存
unsigned char data lcd1602_line1[]={" 2000/00/00   000"};
unsigned char data lcd1602_line2[]={"     00:00:00    "};
unsigned char code Weeks[][3]={{"SUN"},{"MON"},{"TUE"},{"WED"},{"THU"},{"FRI"},{"SAT"},{"SUN"}};
void main()
{   unsigned char i;
        lcd_system_reset();
        lcd_data_port=0xff;
        Set1302(time_data_buff);
        while(1)
        {   Get1302(time_data_buff);
            lcd1602_line1[3] =mun_to_char[time_data_buff[6]/0x10];
            lcd1602_line1[4] =mun_to_char[time_data_buff[6]%0x10];
            lcd1602_line1[6] =mun_to_char[time_data_buff[4]/0x10];
```

```c
            lcd1602_line1[7] =mun_to_char[time_data_buff[4]%0x10];
            lcd1602_line1[9] =mun_to_char[time_data_buff[3]/0x10];
            lcd1602_line1[10]=mun_to_char[time_data_buff[3]%0x10];
            for(i=0;i<3;i++)
                lcd1602_line1[i+13]=Weeks[time_data_buff[5]&0x07][i];
            lcd1602_line2[4] =mun_to_char[time_data_buff[2]/0x10];
            lcd1602_line2[5] =mun_to_char[time_data_buff[2]%0x10];
            lcd1602_line2[7] =mun_to_char[time_data_buff[1]/0x10];
            lcd1602_line2[8] =mun_to_char[time_data_buff[1]%0x10];
            lcd1602_line2[10]=mun_to_char[time_data_buff[0]/0x10];
            lcd1602_line2[11]=mun_to_char[time_data_buff[0]%0x10];
            for(i=0;i<16;i++)
                lcd_char_write(i,0,lcd1602_line1[i]);
            for(i=0;i<16;i++)
                lcd_char_write(i,1,lcd1602_line2[i]);
        }
}
```

驱动程序 DS1302_Drive.h:

```c
#ifndef _DS1302_Drive_H_
#define _DS1302_Drive_H_
sbit  T_CLK=P1^0;           //DS1302 时钟线
sbit  T_IO=P1^1;            //DS1302 数据线
sbit  T_RST=P1^2;           //DS1302 片选端
sbit  ACC0=ACC^0;
sbit  ACC7=ACC^7;
void RTInputByte(unsigned char d)
{   unsigned char i;
    ACC=d;
    for(i=8;i>0;i--)
    {   T_IO=ACC0;
        T_CLK=1;
        T_CLK=0;
        ACC=ACC >> 1;
    }
}
unsigned char RTOutputByte(void)
{   unsigned char i;
    for(i=8;i>0;i--)
    {   ACC=ACC >>1;
```

```c
        ACC7=T_IO;
            T_CLK=1;
            T_CLK=0;
        }
        return(ACC);
}
void W1302(unsigned char ucAddr,unsigned char ucDa)
{   T_RST=0;
    T_CLK=0;
    T_RST=1;
    RTInputByte(ucAddr);
    RTInputByte(ucDa);
    T_CLK=1;
    T_RST=0;
}
unsigned char R1302(unsigned char ucAddr)
{   unsigned char ucData;
    T_RST=0;
    T_CLK=0;
    T_RST=1;
    RTInputByte(ucAddr);
    ucData=RTOutputByte();
    T_CLK=1;
    T_RST=0;
    return(ucData);
}
void Set1302(unsigned char *pClock)
{    unsigned char i;
    unsigned char ucAddr=0x80;
        EA=0;
    W1302(0x8e,0x00);
    for(i=7;i>0;i--)
        {   W1302(ucAddr,*pClock);
            pClock++;
            ucAddr+=2;
        }
    W1302(0x8e,0x80);
        EA=1;
}
```

```c
void Get1302(unsigned char ucCurtime[])
{   unsigned char i;
        unsigned char ucAddr=0x81;
        EA=0;
    for(i=0;i<7;i++)
        {   ucCurtime[i]=R1302(ucAddr);
            ucAddr+=2;
        }
        EA=1;
}
#endif
```

驱动程序 LCD1602_Drive.h:

```c
#ifndef _LCD1602_Drive_H_
#define _LCD1602_Drive_H_
#define lcd_data_port P0
sbit lcd_k_port=P2^3;
sbit lcd_rs_port=P2^2;//LCD1602 控制端
sbit lcd_rw_port=P2^1;
sbit lcd_en_port=P2^0;
void lcd_delay(unsigned char ms)
{   unsigned char j;
    while(ms--)
{
for(j=0;j<250;j++)   {;}
}
}
void lcd_busy_wait()
{   lcd_rs_port=0;
    lcd_rw_port=1;
    lcd_en_port=1;
    lcd_data_port=0xff;
    while(lcd_data_port&0x80);
    lcd_en_port=0;
}
void lcd_command_write(unsigned char command)
{   lcd_busy_wait();
    lcd_rs_port=0;
    lcd_rw_port=0;
    lcd_en_port=0;
```

```c
        lcd_data_port=command;
        lcd_en_port=1;
        lcd_en_port=0;
}
void lcd_system_reset()
{   lcd_delay(20);
    lcd_command_write(0x38);
    lcd_delay(100);
    lcd_command_write(0x38);
    lcd_delay(50);
    lcd_command_write(0x38);
    lcd_delay(10);
    lcd_command_write(0x08);
    lcd_command_write(0x01);
    lcd_command_write(0x06);
    lcd_command_write(0x0c);
        lcd_data_port=0xff;
}
void lcd_char_write(unsigned char x_pos,y_pos,lcd_dat)
{   x_pos &=0x0f;
    y_pos &=0x01;
    if(y_pos==1)x_pos+=0x40;
    x_pos+=0x80;
    lcd_command_write(x_pos);
    lcd_busy_wait();
    lcd_rs_port=1;
    lcd_rw_port=0;
    lcd_en_port=0;
    lcd_data_port=lcd_dat;
    lcd_en_port=1;
    lcd_en_port=0;
lcd_data_port=0xff;
}
#endif
```

任务 9-5　简易多功能液体容器的设计

9.5.1　任务要求

本任务为 2019 年全国大学生电子设计竞赛（高职高专组）参赛项目，要求设计制作一个简易多功能液体容器。该容器为容量不小于 0.5 L、高于 20 cm、带有（或自制）液位标记的透明塑料容器；可以自动测量给定液体的液位、质量等参数；可判别给定液体的种类（如纯净水、白糖水、盐水、牛奶、白醋等）；可显示测量数据。所有测试项目均要求使用同一启动键启动，并且每次启动只允许按一次启动键，否则不予测试。

1. 基本要求

（1）能检测液体液位、质量等参数，可显示检测结果。

（2）分别装载一定量（200～500 mL）的不同液体进行测量，要求液位测量绝对误差的绝对值≤2 mm；质量测量绝对误差的绝对值≤1 g。

（3）在上述测量基础上，能够区分不同浓度的盐水。要求显示第二次测量液体的名称（根据两次测量盐水的浓度，相对显示是浓盐水或淡盐水）。

2. 发挥部分

（1）根据液体特征可分辨纯净水、盐水、牛奶、白醋四种液体种类（限定采用电子测量技术，传感器与测量方法不限，可同时采用多种测量方法）。

（2）根据液体特征可分辨出纯净水和白糖水的种类（限定采用电子测量技术，传感器与测量方法不限）。

（3）其他。

9.5.2　系统设计与分析

系统以单片机为主控制器，通过特定传感器采样液体信息，如液体质量、液面高度等，并通过公式换算得到液体密度。此外，系统通过光电传感器辨别容器里的牛奶；通过电导率传感器采样液体中导电粒子的浓度，进而辨别液体浓度，最终将测试结果显示在 LCD1602 液晶显示器上。系统包括单片机主控模块、称重传感器模块、光电传感器模块、显示模块、电源模块、TDS 传感器模块和超声波模块以及 pH 传感器模块等。

本系统要求制作一个多功能容器，该容器必须采用电子测量技术，对多种液体进行定性、定量分析。首先，被测量可通过传感器获得，如通过测距传感器采集距离信息、通过重力传感器测量重力信息、通过酸碱传感器测量酸碱信息、通过电导率大小间接测量导电溶液的浓度等。然后通过不同液体的属性做出判断。由题意可知，构建如图 9-26 所示的电子测量系统。

综上所述，系统主要包含信号采集、信号处理两大部分。信号采集部分主要通过传感器完成液体数据信息采集。根据现有技术路线，可采取三种实施方案：

图 9-26　系统框图

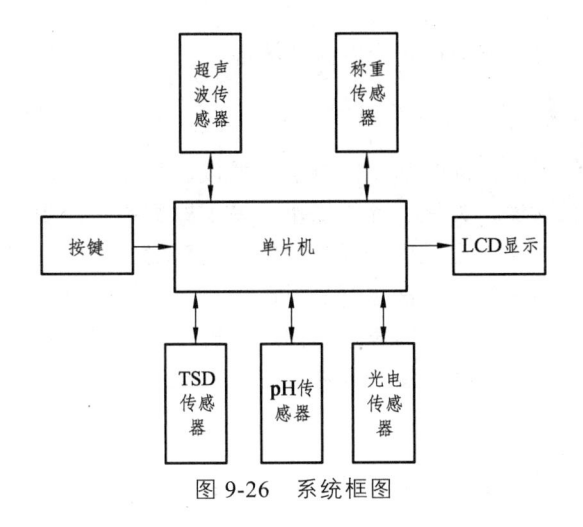

方案一：基于 FPGA 的系统设计。

采用 FPGA 同步采样各传感器信息，结合液体属性判断液体类别。FPGA 是一种可编程的逻辑电路，集成度高，处理速度快，广泛应用于实时性强且需并行数据处理的场合，如音视频处理、图像处理等。本任务中被测量的液体基本处于静止状态，需要准确采样液体基本信息即可，无须实时同步采样。此外，采用此系统时，还需扩展 ADC 模块，这无疑会增加系统复杂度。

方案二：基于 LINUX 嵌入式的系统设计。

采用 LINUX 嵌入式操作系统。操作系统能实时处理多任务，内核小，效率高，但是开发难度较高，占用内存大，成本高。

方案三：基于单片机处理器的系统设计。

单片机由于体积小，采用基于 C 语言编程的微处理器，如 Atmel 51 单片机等。C 语言应用广泛，支持多平台，属于串行操作，状态转换结构简单，性价比高，且很多处理器的外设相当丰富，如 ADC、USART、Timer 等均可简化开发难度，综合考虑任务要求，最终选择方案三。以单片机为控制核心，结合现有传感器模块，采集、处理、输出任务要求的液体信息。

系统主要包含电源、按键、液晶、传感器模块等。

1. 电源部分

电源采用传统线性电源，前级采用变压器降压，经 LC 滤波后输入线性稳压芯片，最终输出系统需要的 5 V 电压。

2. 显示模块

显示模块采用常见的 LCD1602 液晶。与数码管相比，液晶不需要动态扫描，显示效果好，驱动简单，综合考虑任务要求的显示内容，选择 LCD1602 能满足要求。

3. 键盘模块

根据任务要求，不需要使用过多的按键，除系统复位按键外，本设计选用独立按键即可。由于任务要求使用按键较少，矩阵按键占用 I/O 口较多且编程较为复杂；独立按键编程简单,适用于按键在 6 个以内的场合。

4. 液位检测模块

超声波检测。超声波指向性强,能量消耗缓慢,在介质中传播的距离较远。利用超声波检测往往比较迅速、方便、计算简单、易于做到实时控制。由超声波穿透技术可知,超声波穿过液体进入空气界面时会发生界面反射,液体越高反射的超声波就越少。根据该原理选用超声波传感器在测量过程中具有明显优势:超声波在介质中传播时,有较好的方向性,波速与普通声波相同,具有传播过程中能量损失较少、遇到分界面时能形成反射的特性。故可采用回波测距原理。

5. 重力检测模块

称重传感器测质量。传感器是弹性体(弹性元件、敏感梁)在外力作用下产生弹性变形,使粘贴在它表面的电阻应变片也随同产生变形,电阻应变片变形后,值将发生变化,再经相应的测量电路把这一电阻变化转换为电信号,从而完成了将外力变换为电信号的过程。

因此,电阻应变片、弹性体和检测电路是电阻应变式称重传感器中的几个主要部分。弹性体是一个有特殊形状的结构件。它有两个功能:首先是它承受称重传感器所受的外力,对外力产生反作用力,达到相对静平衡;其次,它要产生一个高品质的应变场(区),使粘贴在此区的电阻应变片比较理想地完成应变成电信号的转换任务。由于任何微小的力都会导致受力方形变,一个质量恒定的物体在稳定的环境下,若长度变长,则横截面面积减小(拉面原理),根据 $R = \rho \times L \div S$,则其电阻值变大,反之,电阻值变小。实际应用中,采用应变片贴在金属表面,将形变转换成电阻值,安装示意图如图 9-27 所示。

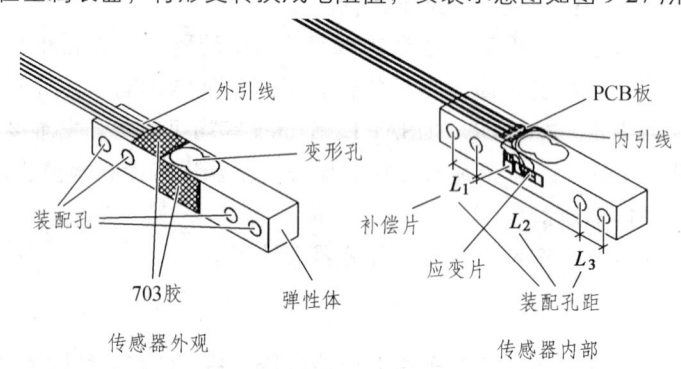

图 9-27 应变片安装示意图

6. 盐水浓度检测模块

由于不同浓度的盐水密度不同,通过比较盐水的密度来判定盐水的浓度。采用同样的容器,装两瓶质量一样,高度不同的盐水,分别求得密度进行比较继而区分出高低浓度。

液体密度:$\rho = m/V$;液体体积:$V = Sh$;则求得液体密度为

$$\rho = m/Sh$$

7. 酸碱度测试模块

由于白醋具有酸性，通过 pH 计测量液体的 pH 值来判断是否为白醋，pH<7 即为白醋。pH 是利用原电池的原理工作的，原电池的两个电极间的电动势与电极自身的属性有关，还与溶液里的氢离子浓度有关。原电池的电动势和氢离子浓度之间存在对应关系，氢离子浓度的负对数即为 pH 值。

8. 通透性检测模块

由于黏度或颜色问题，非水质液体可能会阻挡一部分发射光，所以通过光电传感器是否能穿透液体来判断是不是牛奶，没有穿透即为牛奶。

9. TDS 检测模块

由于水和糖水中的溶解物含量不同，所以可通过 TDS 传感器来判断水和糖水。TDS 是总溶解性固体物质，水中钙离子、钾离子、钠离子等离子的浓度越低，电导率越小。因此用 TDS 来衡量水中所有粒子的总含量，通常用 PPM 表示，溶液的电导率等于溶液中各种离子电导率之和。

9.5.3 硬件电路设计

1. 液体 TDS 测试电路图

水是一种很常见的溶剂，水的导电性和导电离子的浓度正相关，一般情况下，可根据其交流导电性判断水质中的杂质含量，即 TDS 指标。本设计中先用一个振荡器振荡出标准正弦波，然后将正弦波信号加载在水中，测量单位面积内水的电导率特性，测试电路如图 9-28 所示。

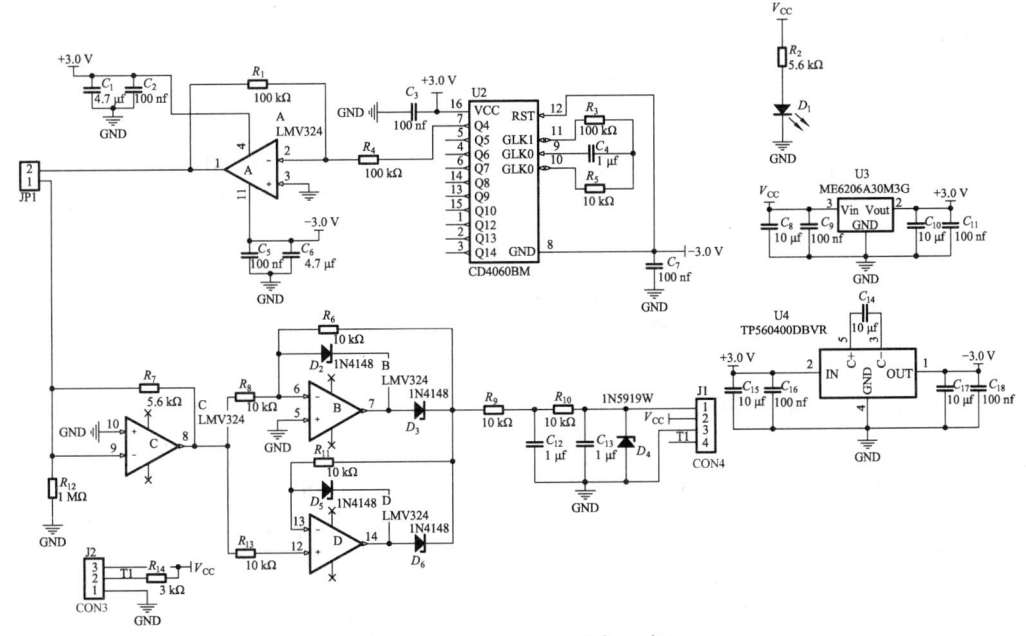

图 9-28　液体 TDS 测试电路图

2. 称重传感器核心模块 HX711 原理图

称重传感器的工作原理是利用应变片的可变电阻特性将压力信号转换成电信号，通过量化对比，换算成重力值。本设计中，称重传感器的核心是 HX711，现已广泛应用于电子秤、质量计量等领域。其电路图如图 9-29 所示。

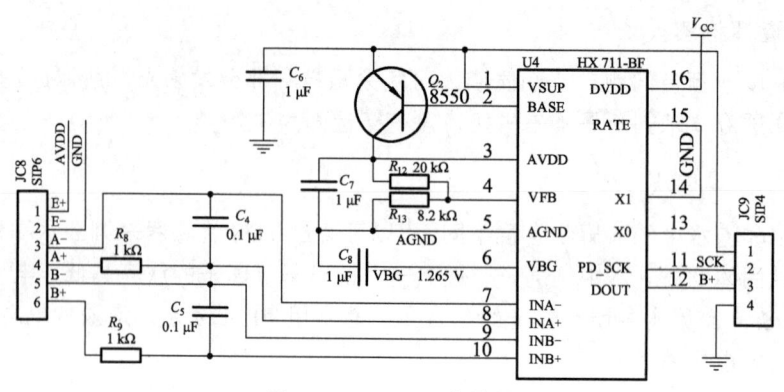

图 9-29 HX711 电路图

3. 光电传感器信号调理模块原理图

光电传感器包含两部分：前端是红外二极管，发射一定波长的线外线，后端是光敏二极管或者光电三极管，将接收到的光信号转换成电信号。由于牛奶不透光，其他液体均能透光，根据任务要求，只需光电开关信号即可判断出牛奶，开关信号可利用比较器实现，如图 9-30 所示。

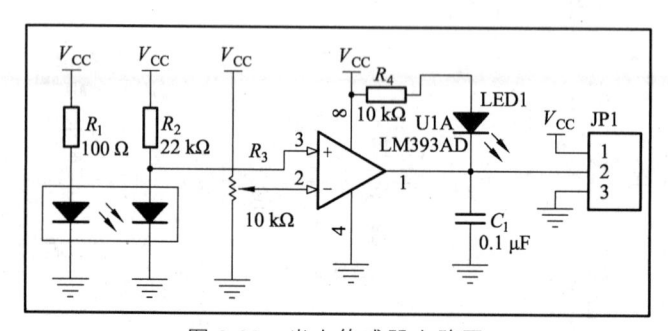

图 9-30 光电传感器电路图

9.5.4 软件总体框架

本任务要求一个按键实现功率测量，客观上加大了软件的设计难度。考虑到常规操作流程，本程序采用独立执行方案，确保各模块之间互不干扰，可完成各项数据的检测。其程序流程如图 9-31 所示。

图 9-31　程序流程

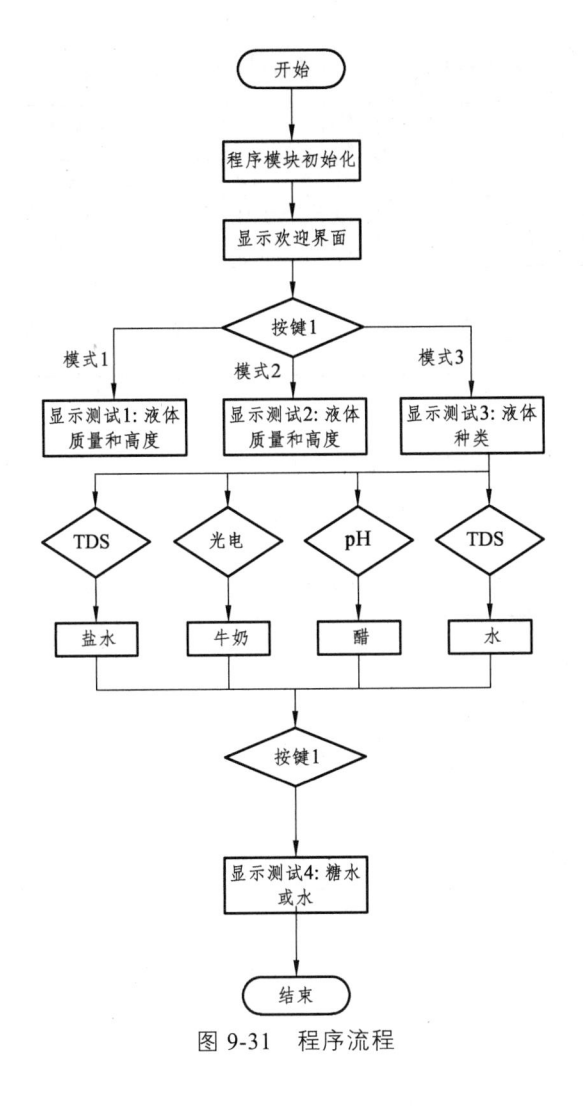

9.5.5　系统测试及结果分析

1. 系统测试性能指标

（1）测试条件

所需仪器为万用表、毫伏表、示波器、电子秤、钢尺、量杯等。首先，保证系统电源、信号线等硬件线路连接正确，各个液体浓度符合标准要求，保持液位水平后，输入按键值，根据按键顺序的不同，进入不同的测试选项，实现各项功能要求。

（2）测试结果

① 液位测量。

要求能读出液体的液位。倒入水后通过钢尺读取实际液位并记录，接着用超声波测量液位值。反复测量多次，计算测量偏差。实验数据如表 9-4 所示。

表 9-4　不同体积液体对应的刻度显示值

参　数	次　数				
	1	2	3	4	5
刻度尺测量液位 h_1/mm	80	78	130	64	58
液晶显示液位 h_2/mm	76	76	131	66	57
误差是否满足要求	是	是	是	是	是

② 质量测量。

倒入水后通过天平读取实际液体的质量并记录，接着用称重传感器测量质量。多次测量后，计算测量偏差。实验数据如表 9-5 所示。

表 9-5　不同质量液体对应的质量显示值

参　数	次　数				
	1	2	3	4	5
天平测量液体质量 m_1/g	100	200	300	400	500
液晶显示液体质量 m_2/g	101	201	299	400	501
误差是否满足要求	是	是	是	是	是

③ 不同浓度的盐水的导电率测量实验。

每次在 300 mL 的纯净水中加入 10 mL 盐水饱和溶液，利用放大电路在示波器上分别显示每次的波形和电压，结果如图 9-32 所示。

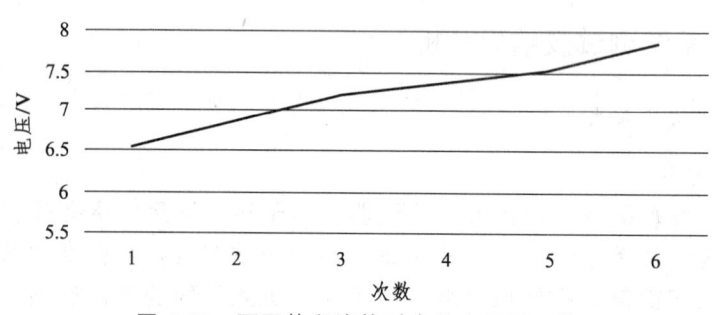

图 9-32　不同体积液体对应的电压显示值

2. 测试分析与结论

从测试结果可以看出，对于任务规定的每个要求，本系统都能够以较高的指标完整展现，并且功能完善、性能稳定可靠、抗干扰能力强，不仅可以准确完成任务规定的要求，而且也完成了可以测任何液体密度的拓展功能。

思考与练习

（1）简述单片机应用系统开发流程的步骤。

（2）单片机控制系统中的干扰主要来自哪些方面？

（3）DS18B20 属于什么总线？

（4）ROM 操作命令中属于对总线上的多个 DS18B20 进行识别的指令是什么？启动 DS18B20 温度转换的指令代码又是什么？

（5）在单片机串行接口中，常用的有哪些通信模式？

（6）SPI 通信的主要技术特点有哪些？

（7）使用温度传感器 DS18B20 设计 8 路温度测量系统。

（8）采用 DS1302 和 DS18B20 设计 LCD 显示的电子万年历。

参考文献

[1] 宋雪松. 手把手教你学 51 单片机——C 语言版[M]. 2 版. 北京：清华大学出版社，2020.

[2] 王静霞. 单片机基础与应用（C 语言版）[M]. 北京：高等教育出版社，2016.

[3] 张迎新，王盛军，等. 单片机初级教程——单片机基础[M]. 3 版. 北京：北京航空航天大学出版社，2019.

[4] 倪志莲. 单片机应用技术[M]. 北京：北京理工大学出版社，2011.

[5] 蔡杏山，蔡玉山. 新编 51 单片机 C 语言教程[M]. 北京：电子工业出版社，2018.

[6] 李大朋，刘涛，高春. 51 单片机实训教程[M]. 北京：北京航空航天大学出版社，2021.

[7] 赵威，乔鸿海、李彬. 单片机技术及项目训练[M]. 2 版. 北京：北京航空航天大学出版社，2005.

[8] 刘滨，马岩，马忠梅，等. 单片机 C 语言 Windows 环境编程宝典[M]. 北京：北京航空航天大学出版社，2004.

[9] 屈微，王志良. STM32 单片机应用基础与项目实践[M]. 北京：清华大学出版社，2020.

[10] 张宏伟，李新德. 单片机应用技术[M]. 北京：北京理工大学出版社，2010.

[11] 徐胜，王冬云. 单片机技术项目式教程（C 语言版）[M]. 北京：北京师范大学出版社，2015.

[12] 李庭贵. 单片机应用技术及项目化训练[M]. 成都：西南交通大学出版社，2009.

[13] 李文华. 单片机应用技术[M]. 北京：人民邮电出版社，2011.

[14] 高卫东. 51 单片机原理与实践[M]. 北京：北京航空航天大学出版社，2011.

[15] 瓮嘉民. 单片机应用开发技术——基于 Proteus 单片机仿真和 C 语言编程[M]. 2 版. 北京：中国电力出版社，2018.

[16] 余永权. 世界流行单片机技术手册[M]. 北京：北京航空航天大学出版社，2004.